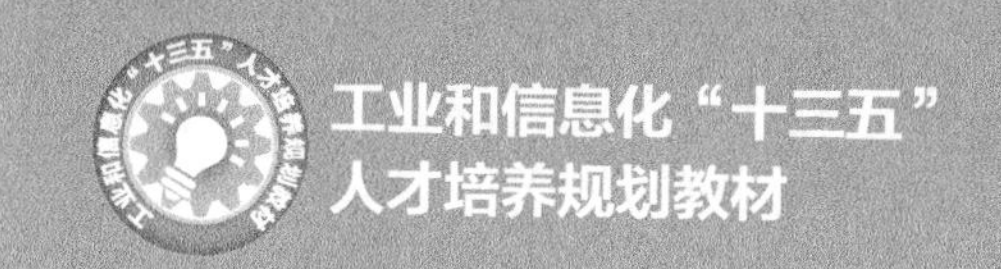

Java 系统化项目开发教程

Java Systematized Project Development Course

古凌岚 张婵 罗佳 ◎ 编著

人 民 邮 电 出 版 社

北 京

图书在版编目（CIP）数据

Java系统化项目开发教程 / 古凌岚，张婵，罗佳编著. -- 北京 : 人民邮电出版社，2018.2（2022.8重印）
工业和信息化“十三五”人才培养规划教材
ISBN 978-7-115-47670-8

Ⅰ. ①J… Ⅱ. ①古… ②张… ③罗… Ⅲ. ①JAVA语言—程序设计—高等学校—教材 Ⅳ. ①TP312.8

中国版本图书馆CIP数据核字(2018)第000028号

内 容 提 要

本书以培养面向对象编程思维、Java 桌面应用开发技能为目标，以提出问题、解读问题、知识探究和解决问题为基本思路，采用控制台窗口呈现方式，着重突出算法逻辑过程，以“图形参数计算程序”为载体，阐述面向对象的抽象概念及结合 Java 基本语法的编程应用；并进一步利用对用户更为友好的图形界面方式，以“闹钟工具软件”的设计实现为主线，融入 Java 的主要编程机制，如事件处理机制、输入/输出机制、异常处理机制等的应用，适时地补充一些实际应用需要，但常被忽视的知识点，如 this 关键字、匿名类、集合 Collection 等，达到学以致用的效果。考虑到以案例设计实施为线索展开阐述，可能会使得知识点较为松散，每个项目单元结尾还对相关知识点进行系统化梳理，便于学习者形成完整的知识链。

本书适合作为高等院校相关专业的 Java 课程教材使用，也可供编程爱好者自学使用。

◆ 编　　著　古凌岚　张　婵　罗　佳
　责任编辑　范博涛
　责任印制　马振武
◆ 人民邮电出版社出版发行　　北京市丰台区成寿寺路 11 号
　邮编　100164　　电子邮件　315@ptpress.com.cn
　网址　http://www.ptpress.com.cn
　北京九州迅驰传媒文化有限公司印刷
◆ 开本：787×1092　1/16
　印张：19.5　　　　　　　　2018 年 2 月第 1 版
　字数：488 千字　　　　　　2022 年 8 月北京第 8 次印刷

定价：49.80 元

前言 FOREWORD

运用知识来解决实际问题是学习的根本出发点和最终归宿。只有运用知识来解决问题，才能使所学知识成为学习者自身知识库的有机组成部分，进而逐步转化为专业能力。本书通过案例项目的开发过程，由浅入深地介绍 Java 知识，使之不再仅仅是抽象的概念、知识，而是切实可用的、解决实际问题的有力工具。

Java 语言自问世以来，就因其面向对象、支持多线程、与平台无关、语法简单等特点而独具魅力，很快得到了开发人员的青睐，尤其是在 Web 应用开发上。Java 技术包括 J2SE、J2EE 两个应用层面，前者是后者的基础，而后者则用于 Web 应用开发，本书主要介绍 J2SE 部分知识，同时注重后续 Web 应用开发的知识准备。

本书共 10 个项目，主要介绍了如何应用 Java 语言实现面向对象的编程。设计了一简一繁两个实际项目：利用简单项目，讲述面向对象思想、面向对象程序设计方法等抽象知识，让学习者更加容易接受；而复杂项目的实用性更强，涵盖了 J2SE 中的界面设计和编程机制，包括常用组件、事件处理的机制、异常处理的机制、读写文件/数据库表的操作、线程的实现及通信、网络应用程序开发等知识。

在知识点的引入及叙述方式上，本书以案例项目为载体，通过执行效果阐述学习目标，围绕问题，展开知识点的讲解和应用，并给出了完整的实施过程和源码。特别需要指出的是，在新概念的引入上，本书采用实际生活中大家所熟悉的例子来类比，从而使概念更加生动且人性化，更容易理解，进而对概念的运用也更加得心应手。在设计应用方面，先使用简单文本编辑工具，以便了解 Java 程序的编译、运行步骤，而后面的案例均使用主流开发工具软件 Eclipse。

本课程建议授课学时为 50，项目训练学时为 30。

本书的内容结构如下。

项目 1：通过面向过程到面向对象的演变，引入面向对象的基本概念，并介绍了 Java 的历史、特点以及应用领域。

项目 2：主要介绍 Java 程序分类、开发运行环境和工具，以及数据类型、变量、控制语句等基本语法。

项目 3：主要介绍 Java 面向对象的编程方法，并对类和对象的特性、接口等概念做进一步介绍。

项目 4：主要介绍 Java 的引用类型，主要 GUI 组件、布局管理的使用和 Java 2D 绘图机制。

项目 5：主要介绍事件及事件处理的机制。

项目 6：主要介绍 Java 的异常处理机制。

项目 7：主要介绍 Java 中的 I/O 机制，以及文件读写和数据库读写方法。

项目 8：主要介绍集合类、泛型，并重点阐述了 ArrayList、HashSet、HashMap、Properties 类的应用。

项目 9：主要介绍线程的概念、线程的创建，以及线程并发控制、线程通信机制和线程通信实现。

项目10：主要介绍TCP/IP、Socket概念，以及利用Socket进行网络编程的方法。

为方便读者使用，书中全部实例的源代码及电子教案均免费赠送给读者，读者可登录人民邮电出版社教育社区（www.ryjiaoyu.com）下载。

本书由古凌岚、张婵、罗佳编著，古凌岚审定。

由于编者水平有限，书中不妥之处在所难免，殷切希望广大读者批评指正。同时，恳请读者一旦发现问题，于百忙之中及时与编者联系，以便尽快更正，编者将不胜感激，E-mail：1999106010@gditc.edu.cn。

编者

2017年11月

知识组织结构图

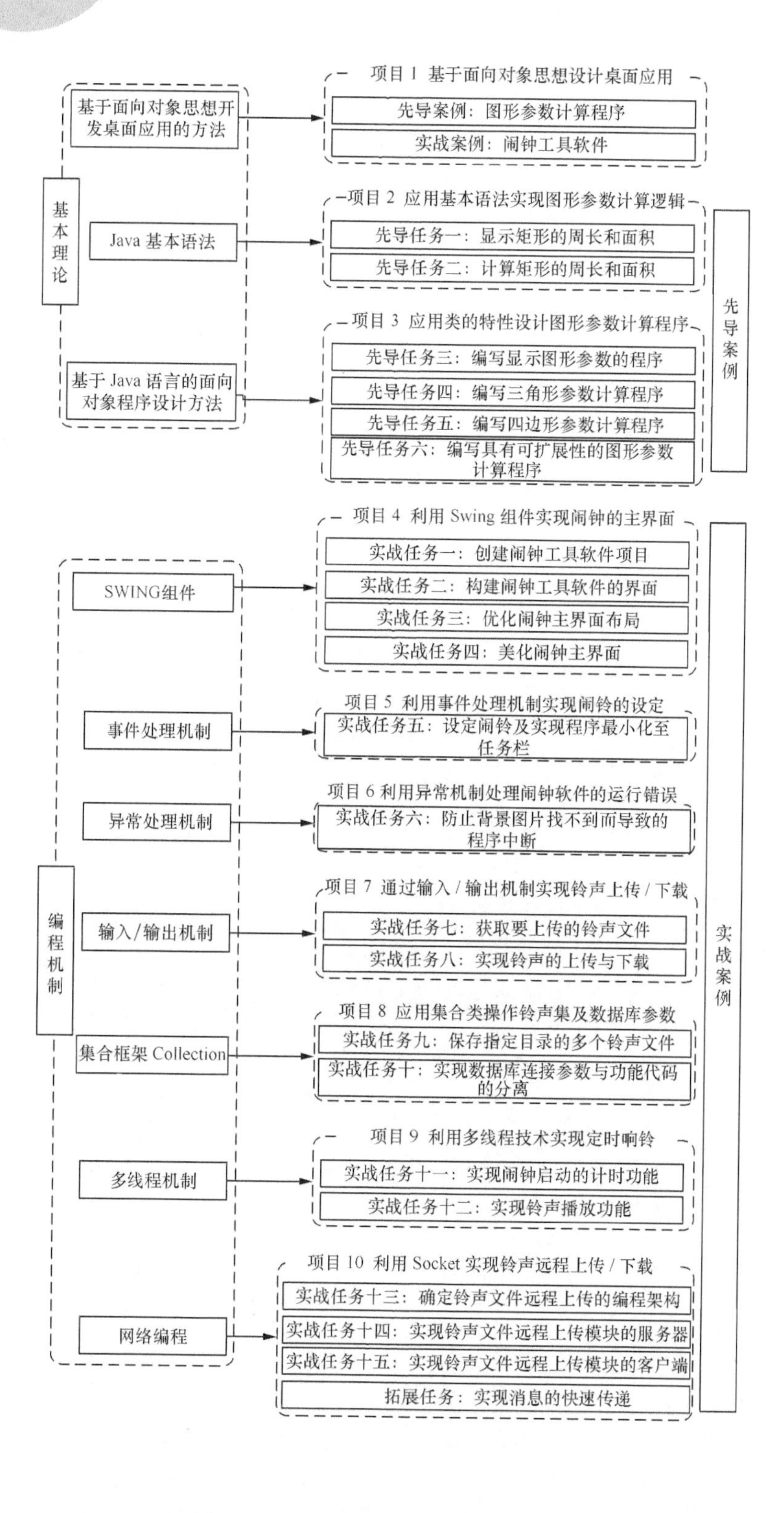

基本理论
基于面向对象思想开发桌面应用的方法
Java 基本语法
基于 Java 语言的面向对象程序设计方法
项目 1 基于面向对象思想设计桌面应用
先导案例：图形参数计算程序
实战案例：闹钟工具软件
项目 2 应用基本语法实现图形参数计算逻辑
先导任务一：显示矩形的周长和面积
先导任务二：计算矩形的周长和面积
项目 3 应用类的特性设计图形参数计算程序
先导任务三：编写显示图形参数的程序
先导任务四：编写三角形参数计算程序
先导任务五：编写四边形参数计算程序
先导任务六：编写具有可扩展性的图形参数计算程序
先导案例
编程机制
SWING组件
事件处理机制
异常处理机制
输入/输出机制
集合框架 Collection
多线程机制
网络编程
项目 4 利用 Swing 组件实现闹钟的主界面
实战任务一：创建闹钟工具软件项目
实战任务二：构建闹钟工具软件的界面
实战任务三：优化闹钟主界面布局
实战任务四：美化闹钟主界面
项目 5 利用事件处理机制实现闹铃的设定
实战任务五：设定闹铃及实现程序最小化至任务栏
项目 6 利用异常机制处理闹钟软件的运行错误
实战任务六：防止背景图片找不到而导致的程序中断
项目 7 通过输入 / 输出机制实现铃声上传 / 下载
实战任务七：获取要上传的铃声文件
实战任务八：实现铃声的上传与下载
项目 8 应用集合类操作铃声集及数据库参数
实战任务九：保存指定目录的多个铃声文件
实战任务十：实现数据库连接参数与功能代码的分离
项目 9 利用多线程技术实现定时响铃
实战任务十一：实现闹钟启动的计时功能
实战任务十二：实现铃声播放功能
项目 10 利用 Socket 实现铃声远程上传 / 下载
实战任务十三：确定铃声文件远程上传的编程架构
实战任务十四：实现铃声文件远程上传模块的服务器
实战任务十五：实现铃声文件远程上传模块的客户端
拓展任务：实现消息的快速传递
实战案例

目录 CONTENTS

Java

1 Chapter

项目 1 基于面向对象思想设计桌面应用

【知识要点】

- 面向过程和面向对象
- 类、对象和实体
- Java 语言特性

引子：程序设计思想与程序设计语言有什么关系？

当你使用软件时，你会发现同类软件的响应速度、易用性等方面可能有很大的差异。影响软件性能的主要因素是软件本身，而软件是由程序构成的。什么样的程序设计能让程序在实现功能的同时能够高效运行？我们先来看一个式子：程序=程序设计方法+算法+数据结构+语言工具及环境。程序设计思想是指程序设计方法和问题的分析模式；程序设计语言则是一种具体的表达方式。当你对一个问题，经过分析思考有了清晰的解决思路，就可以用计算机能够接受的描述方式（某种编程语言），在计算机上实现对问题的处理。简言之，程序设计思想就是使用程序设计方法去描述现实世界，程序设计语言则是在计算机世界中，对程序设计思想的具体表达。

“思想”比“语言”更重要，这话不无道理。一方面，我们要学习前人经验的结晶，如面向过程、面向对象思想，将其应用到程序设计中；另一方面，我们还可以通过语言的学习，体会这些编程思想，不断运用、总结、领悟，从而形成自己的思想。

1.1 面向过程和面向对象

1.1.1 两种分析问题的思维方式

设计程序是为了解决问题，而分析问题所采用的思维方式不同，将会导致编码方式的不同。面向过程和面向对象是目前主要的两种思维方式。我们先通过一个例子来初步了解一下。

例子：张三使用洗衣机洗衣服。

1）从面向过程的思想来看，张三先打开洗衣机的电源，打开洗衣机盖子，放衣服进去，洗好后关闭电源。

2）从面向对象的思想来看，张三告诉洗衣机自己要洗衣服，“洗衣机.打开电源”，“洗衣机.打开盖子”，“洗衣机.放衣服进去”，“洗衣机.关闭电源”。

对上面洗衣的过程做一个比较如下（见图 1–1）。

面向过程：张三是主体，需要完成一系列操作洗衣机的动作，如接电源、打开盖子……；

面向对象：洗衣机是主体，它就像是一个写好代码的机器人，张三只需要提出自己的要求，洗衣机会主动地打开电源、打开盖子……。

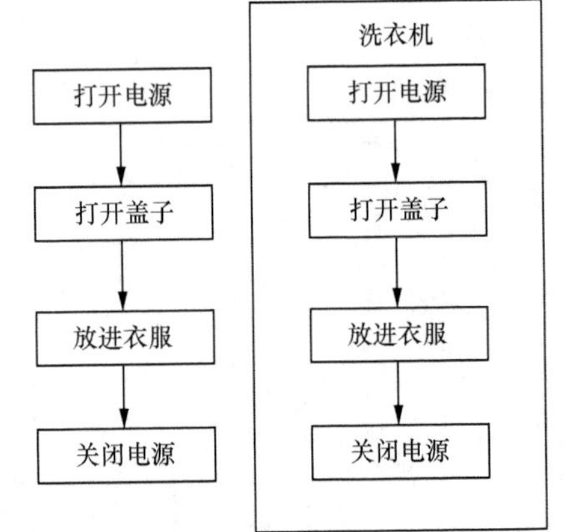

图1–1 面向过程和面向对象分析问题的比较

由上面的例子可知，面向过程和面向对象本质上都是可以解决问题的，相对而言，面向过程主要关注的是解决问题的每个步骤，面向对象会显得更为方便些，可直接使用某个对象（如洗衣机）提供的功能，当然，前提条件是对象事先已具备了这些功能。

1.1.2 两种程序设计方法

面向过程的程序设计方法，是针对解决问题的一系列步骤，编写相应的一系列函数来完成，且每个函数又通过基本程序结构（顺序、选择和循环结构），来描述对数据的操作。因此，这种程序设计方法，是以功能为中心来设计函数，但函数和对其操作的数据是分离开来的。

面向对象的程序设计方法，是先提炼数据，再编写一系列操作这些数据的函数，并将函数与其操作的数据有机地组装在一起，作为一个整体来处理。所以，这种方法是以数据为中心来描述系统的，相对而言，数据较功能更具稳定性，程序也就更加易于维护。

由于面向过程的程序设计结构与问题的解决流程相对应，所以，整个程序的执行控制流程也是由预先确定的顺序来决定的；而面向对象程序在运行时，是根据用户的实际需要，去触发相应的函数执行，如洗衣机打开电源后，可以多次或多人去洗衣服（即多次放衣服进去），最后再关闭电源，因此，这种方法更符合实际需要。

下面再通过使用上述两个方法设计“五子棋”游戏（见图 1-2），进一步了解各自的特点。

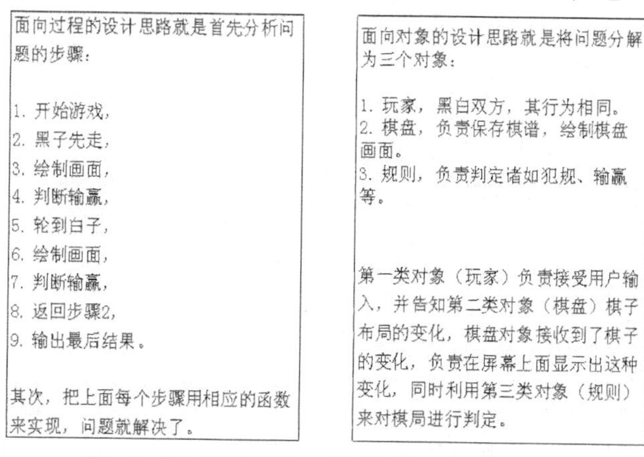

图1-2　面向过程和面向对象分析五子棋游戏的比较

有人形象地将面向过程和面向对象程序方法分别比喻为蛋炒饭和碟头饭（盖浇饭），蛋炒饭是所有材料味道融为一体，你要么接受这种混合味道，要么放弃，无法改变部分；而碟头饭是由饭、菜拼放一起，各自独立，你可以只要部分，还可以再加些什么。显然，面向对象中“各司其职”的特点，使得其可扩展性强，比如，“五子棋”要加入悔棋功能，面向过程的设计中的 2~7 步都必须修改，甚至调用顺序也要调整；而面向对象的设计中，只要修改棋盘对象，根据棋谱回溯一下即可，其他不变。

表 1-1 对面向过程和面向对象进行了比较，也让我们有了更全面的认识。

表 1-1　面向过程和面向对象比较

对比项	面向过程（PO）	面向对象（OO）
设计思想	分析问题，划分为多个步骤，用函数实现	分析问题，划分为多个功能，并用多个对象实现
构成公式	程序=算法+数据	程序=对象+消息
特点	基于算法，过程驱动	基于对象，事件驱动
优缺点	运行效率相对高，可重用性差，可扩展性差	运行效率相对低，可重用性好，可扩展性好
编程语言	C	Java、C#
适用范围	数据少操作多，如设备驱动程序、算法实现	数据多操作单一，如信息管理系统、网站

总之，面向过程是分析得到解决问题的步骤，然后用函数把这些步骤逐个实现，使用的时候逐个依次调用。面向对象是把构成问题的事务分解成各个对象，建立对象的目的不是为了完成一个步骤，而是为了描叙某个事物在整个解决问题步骤中的行为。它们都遵循将问题分解再解决的基本原则，但对问题的思考、处理方式以及编码实现却迥然不同，不能简单地评判孰优孰劣，而是要从实际出发，考虑系统规模、应用领域、扩展需要、执行效率等方面，选择适用的方法，或

是结合起来运用，以达到最佳开发效益的最终目标。

1.2 初识对象、类和实体概念

对象、类与实体是面向对象中的重要概念。对于初学者来说，理解起来比较困难。面向对象的方法类似于人类认识现实世界的思维过程，所以，先从身边事说起，想想我们生活的每一天，都会接触到许多事物，比如：乘公车去上学，为客户提供服务，看到飞着的鸟，小区里跑着的小狗小猫，去银行开个账户……，其中划线词都是事物，如何区分它们呢？我们是从这些事物的外观形态活动规律，总结归纳其共同点，逐渐地认识分清它们。比如动物，一般家养的小猫、小狗只是为了增添生活情趣，我们会将其与一般的猫狗区分开，称为宠物；而将在野外自生自灭的那些动物，称为野生动物；另外，根据动物的外貌特征、出行方式，还可以区分哪些是飞禽、走兽。我们来看一下图 1–3。

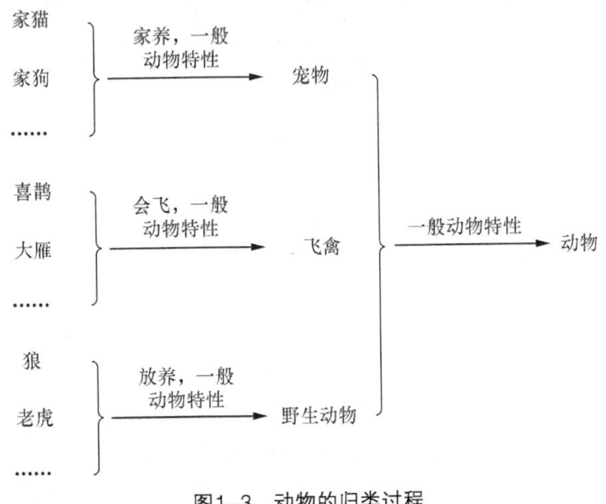

图1–3 动物的归类过程

从图 1–3 可以看出，这是一个归类过程，即将具有相似特征的事物归为一个类（Class）。为了更好地认识类，我们再画一个分类图（假设有只猫的名字叫小黑），如图 1–4 所示。

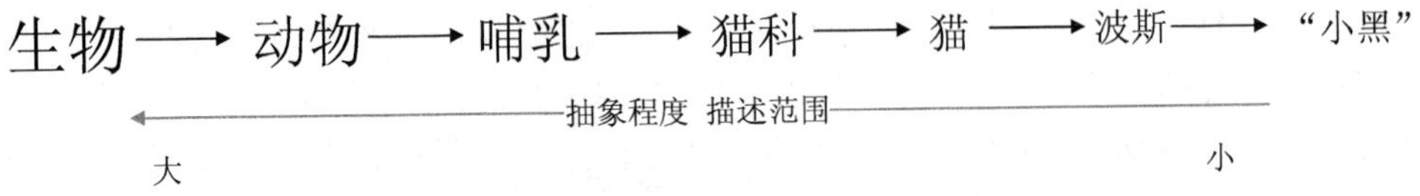

生物 ⟶ 动物 ⟶ 哺乳 ⟶ 猫科 ⟶ 猫 ⟶ 波斯 ⟶ “小黑”

⟵ 抽象程度 描述范围 —

大 小

图1–4 归类过程

看到猫的归类过程，我们会发现从波斯到生物类，抽象度越高的类，概括性越强，所指范围也越大，且抽象度高包含抽象度低的类，如哺乳类包括猫科、犬科……；猫科包括猫、虎……；猫类包括波斯、索马里……。进一步，以波斯类为例，我们知道，波斯猫具有头圆且大、长毛、短尾、毛色多为银灰或白、举止文雅、捕鼠高手等特点，其中“头圆且大、长毛、短尾、毛色为银灰或白”是描述猫的状态，而“举止文雅、捕鼠高手”是描述猫的行为。也就是说，**类**概括了一组相似事物的状态和行为，称状态为**属性**（Property），行为为**方法**（Method）。读者可以分析图中其他类，来进一步加深理解。接着，我们来看“小黑”，它是一只能看见摸得着的猫，毛长 5 厘米、银灰色、喜爱吃巧克力。那么，“小黑”是独一无二的，且有具体的属性（毛长、毛色）和行为（喜爱吃巧克力），我们将这样存在于现实世界中的具体事物称之为**对象**（Object）。要说明的一点是，这里所说的对象不一定都是看得见的，像上面提到的账户，它只是银行处理系统中的一些数据，但它也是对象。

另外，我们还可以发现类与对象间的联系，类描述的一些属性，如波斯猫毛的长度、颜色只是一个定性或范围，当这些属性定量时，如毛长为 5 厘米、毛色为银灰的那只叫“小黑”的猫，就是指一个对象了。

思考题：*分析自行车的状态、行为，并描述某辆自行车的具体属性和行为。*

刚才所讲到的事物如猫、账户、客户、“小黑”……，都是现实世界客观存在的，我们称为**实体**。但它们所描述的内容不同，如果所描述的内容是一个类，如猫、客户，称为**实体类**，若所描述的内容是现实世界中的一个对象，如“小黑”、一个真实的账户，则称为**实体实例**。

对于类、对象和实体有了一些感性认识后，再来看一下面向对象中的专业定义。

1）对象：将一组数据和作用于其的一组操作封装而形成的实体。

这里的数据是用于描述对象的状态，操作是指对象自身或外界施加的行为，通过操作将改变对象的状态。举个例子，运动员听到哨音，起跑。对象（运动员）通过自身的行为（起跑），改变了对象（运动员）的状态（静止->跑动）。

2）类：对具有相同或类似性质的一组对象的共同描述。

3）实体：客观存在并可相互区别的事物称之为实体。

我们研究上述概念的目的，实际是为了传递消息，所以，这里不得不提到消息（Message）这个概念。

4）消息：对象之间进行通信的结构。

举个例子，张三（对象）打电话给李四（对象），请他吃饭。消息包括：李四（消息接收对象）和应邀吃饭（接收对象要执行的操作信息）。所以，一条消息将包含消息的接收者和要求接收者完成某项操作。

思考题：*你骑自行车，识别其中的对象，分析自行车状态的改变，以及你和自行车之间的消息。*

1.3 了解 Java 语言

Java 是一种面向对象的程序设计语言，它诞生于 1995 年，在不长的发展历史中，很快受到业界和许多开发人员的推崇。它具有以下特性。

（1）简单性

Java 语言是一种面向对象的语言，它通过提供最基本的方法来完成指定的任务，只需理解一些基本的概念，就可以用它编写出适合于各种情况的应用程序。Java 略去了运算符重载、多重继承和数据类型自动转换等模糊的概念，并且通过实现自动垃圾收集大大简化了程序设计者的内存管理工作，有助于减少软件出现的错误。另外，Java 也适合于在小型机上运行，它的基本解释器及类的支持只有 40 KB 左右，加上标准类库和线程的支持也只有 215 KB 左右。

Java 语言的简单性是以增加运行时系统的复杂性为代价的。以内存管理为例，自动内存垃圾处理减轻了面向对象编程的负担。对开发人员而言，Java 的简单性可以使我们的学习曲线更趋于合理化，加快了我们的开发进度，减少了程序出错的可能性。

（2）面向对象

Java 语言的设计集中于对象及其接口，它提供了简单的类机制以及动态的接口模型。对象中封装了它的状态变量以及相应的方法，实现了模块化和信息隐藏；而类则提供了一类对象的原型，并且通过继承机制，子类可以使用父类所提供的方法，实现了代码的复用。

（3）可移植性

程序的可移植性（平台无关性）是指 Java 程序不经修改可以方便地被移植到网络上的不同机器上运行，包括在不同硬件和软件平台上运行。同时，Java 的类库中也实现了与不同平台的接口，使这些类库可以移植。另外，Java 编译器是由 Java 语言实现的，Java 运行时系统由标准 C 实现，这使得 Java 系统本身也具有可移植性。可移植性在一定程度上决定了程序的可应用性。

可移植性分为两个层次：源代码级可移植性和二进制代码可移植性。C 和 C++只具有一定程度的源代码级可移植性，其源程序要想在不同平台上运行，必须重新编译，而 Java 不仅源代码级是可移植的，甚至源代码经过编译之后形成的字节码，同样也是可移植的。

（4）安全性和稳定性

网络分布式计算环境要求软件具有良好的稳定性和安全性。为此，Java 首先摒弃了指针数据类型，这样，程序员就不能凭着指针在内存空间中任意“遨游”；其次，Java 提供了数组下标越界检查机制，从而使网络“黑客”无法构造出类似 C 和 C++语言所支持的那种指针；第三，Java 提供了自动内存管理机制，可以利用系统的空闲时间来执行诸如垃圾清除等操作。例如，Java 不支持指针，一切对内存的访问都必须通过对象的实例变量来实现，这样就防止了网络“黑客”使用“特洛伊木马”等欺骗手段访问对象的私有成员，大大提高了网络的安全性和稳定性，同时也避免了指针操作中容易产生的错误。

（5）高性能

在一般情况下，可移植性、稳定性和安全性几乎都是以牺牲性能为代价的，解释型语言（如 Python/JavaScript/Perl/Shell 等语言）的执行效率一般也要低于直接执行源码的速度，而 Java 字节码的设计和多线程的支持，很好地弥补了这些性能的不足，从而得到较高的性能。

① 高效的字节码

Java 字节码格式的设计充分考虑了性能因素，其字节码的格式非常简单，能很容易地直接转换成对应于特定 CPU 的机器码。

② 多线程

多线程机制使应用程序能够并行执行，而且同步机制保证了对共享数据的正确操作。通过使用多线程，开发人员可以分别用不同的线程完成特定的行为，而不需要采用全局的事件循环机制，这样就很容易地实现网络上的实时交互行为。Java 提供了完全意义上的多线程支持。

③ 即时编译和嵌入 C 代码

Java 的运行环境还提供了另外两种可选的性能提高措施：即时编译和嵌入 C 代码。即时编译的另一个作用是，在运行时把字节码编译成机器码，这意味着代码仍然是可移植的，但在开始时会有一个编译字节码的延迟过程；而嵌入 C 代码在运行速度方面效果当然是最理想的，但会给开发人员带来一些负担，同时还会降低代码的可移植性。

④ 动态性

Java 程序的基本组成单元为类，在类库中可以自由地加入新的方法和实例变量，类库升级后不会影响用户程序的执行，使 Java 程序适应于一个不断发展变化的环境。它允许程序动态地装入运行过程中所需要的类（在 C++中，类的变化必将要重新编译），Java 在运行时才确定引用类，而类的编译早在编译阶段已完成，正在编译到运行间的延迟使得 Java 可以引用最新的类。Java 的动态性使用户能够真正拥有“即插即用”的软件模块功能。

⑤ 分布性

分布式包括数据分布和操作分布。数据分布是指数据可以分散在网络的不同主机上，操作分布是指把一个计算分散在不同主机上处理。Java 支持浏览器/服务器（B/S）和客户端/服务器（C/S）两种分布式计算模式。对于前者，Java 提供了一个叫作 URL 的对象，利用这个对象，可以打开并访问指定 URL 地址上的对象，访问方式与访问本地文件系统相同。对于后者，Java 提供了 Socket 编程机制，以及一整套网络类库，开发人员可以利用类库进行网络程序设计，实现 Java 的分布式特性。

1.4 项目案例及设计

本书内容的展开，是以图形参数计算程序（项目 1~项目 3）和闹钟工具小软件（项目 4~项目 10）的实现为主要线索的，因此，我们有必要先了解下这两个案例的背景和设计思路。

1.4.1 先导案例：图形参数计算程序

（1）背景

Java 是一个纯面向对象语言，面向对象思想的理解和掌握是学习 Java 编程的基础，前三个单元就是主要介绍面向对象的基本概念，以及 Java 的基本语法。由于面向对象概念较为抽象，不易理解，因而，采用控制台窗口方式，突出算法逻辑过程，选取大家熟知的图形参数计算为载体，以便着力于面向对象编程方法的学习和应用。

（2）功能描述

实现常见图形名称的显示，以及周长和面积计算的功能。

（3）设计思路

常用图形包括三角形、四边形、梯形等多种，每种图形均有名称、周长和面积等参数，周长与面积的计算公式视图形形状的不同而不同。采用面向过程的编程方法，在设计图形参数计算程序时，根据每种图形形状不同，需要设计相应的计算逻辑，过程重复，可复用性差。

根据面向对象的编程思想，设计一个图形类，图形的参数作为该类的属性，参数计算则可通过定义该类的方法来实现。对于不同形状的图形，则可通过类的继承、多态特性来实现不同的计算逻辑，以适应多种图形特点的周长和面积计算需要，同时具有较好的可扩展性。

1.4.2 实战案例：闹钟工具小软件

（1）背景

在了解了 Java 面向对象编程方法基础上，后续单元则着重阐述如何应用 Java 基础类库和编程机制，来进行软件开发。由于篇幅有限，以知识点覆盖率高、业务流程完整、项目小而精为原则，选取了闹钟工具软件作为载体。

（2）功能描述

这是一个可视化的工具软件，主要功能如下。

① 设置闹钟（可以是一个或多个）。

② 选择铃声和试听铃声。

③ 实现主界面的图标最小化及还原。

④ 实现两种方式上传/下载铃声文件：一是利用服务器上传和下载；二是利用数据库实现上传和下载。

闹钟工具小软件运行效果如图 1-5 所示，其中图 1-5a 为主界面，图 1-5b 为版本说明界面。

（3）设计思路

① 为了提供更好的用户体验，采用 Java 提供的图形界面方式，进行用户界面设计，包括背

景图片、可视化操作按钮等。

a）主界面

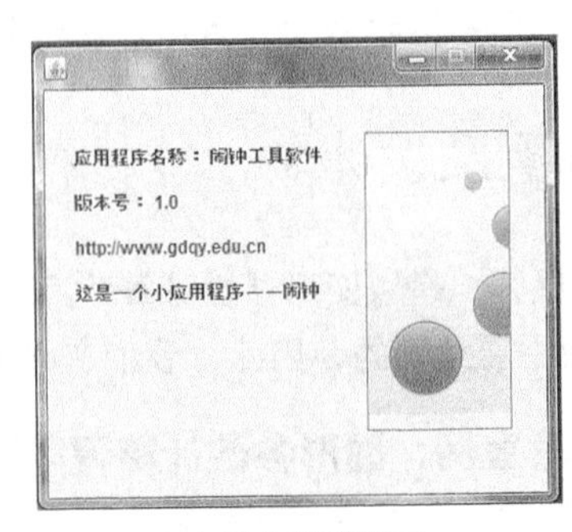

b）版本说明界面

图1-5 闹钟工具小软件主界面

② 通过事件处理机制实现用户交互，如设置提醒时间、选择铃声等。

③ 利用输入/输出机制实现系统目录上铃声文件的读取和保存，用于用户选取铃声。

④ 利用数据库或服务器目录，都可实现对客户端文件的存取，但在一般情况下，文件较小时（如本案例），会选择数据库，否则放在服务器目录。由于这两种方式都是必掌握内容，因此，在项目 7 和项目 10 中，分别采用数据库和访问远程服务器两种方式实现新铃声的上传/下载。

⑤ 对于中间结果数据的保存，根据情况进行设计，若为单个数值，如闹钟的时、分和秒，采用整型简单数据类型；对于类类型，采用对应类型的引用变量，如闹钟界面上的字体类 Font，针对一些数量不定的类类型数据序列，则采用集合类，如铃声文件序列。

⑥ 利用多线程技术，将每个闹铃的启动设计为一个线程，以达到可同时设置多个闹铃的需要。

知识梳理

- 程序的设计与实现：程序设计方法、算法、数据结构和语言工具及环境。
- 程序设计思想就是使用程序设计方法去描述现实世界，程序设计语言则是在计算机世界中，对程序设计思想的具体表达。
- 面向过程的程序设计方法，是针对解决问题的一系列步骤，编写相应的一系列函数来完成，且每个函数又通过基本程序结构（顺序、选择和循环结构），来描述对数据的操作。
- 面向过程的程序设计方法的特点，是以功能为中心来设计函数，但函数和对其操作的数据是分离开来的。适于解决有实时性和效率要求的问题。
- 面向对象的程序设计方法，是先提炼数据，再编写一系列操作这些数据的函数，并将函数与其操作的数据有机地组装在一起，作为一个整体来处理。
- 面向对象的程序设计方法的特点，是以数据为中心来描述系统的，数据及对其操作的函数组装在一起，适于事务性、综合性问题的解决。
- 面向对象的方法类似于人类认识现实世界的思维过程。类、对象、实体是面向对象中的重要概念。实体是指客观存在并可相互区别的事物；对象是将一组数据和作用于其的一组操作封装而形成的实体；类是对具有相同或类似性质的一组对象的共同描述；消息是对象之间进行通信的结构。
- Java 语言是一种面向对象的程序设计语言，具有的特性包括简单、面向对象、可移植、安全稳定和高性能。

Java

2 Chapter

项目 2
应用基本语法实现图形参数计算逻辑

【知识要点】

- Java 程序分类
- Java 开发环境及工具
- 计算机如何处理 Java 程序
- Java 语言基本语法

引子：如何利用 Java 基本语法编写控制台应用程序？

Java 程序号称“一次编译，到处运行”，虽然不完全准确，但却体现出 Java 的特色——采用 JVM（Java 虚拟机）来作为程序的运行环境。Java 程序运行效果的呈现，主要通过控制台窗口和图形界面两种方式，前者虽然不如后者的界面友好，但可更好地专注于算法逻辑过程，以及基本语法的学习。本章通过一些小例子，讲解 Java 语言基本语法的使用方法，为后续面向对象程序设计做一个铺垫。

2.1 先导任务一：显示矩形的周长和面积

2.1.1 什么是 Java 程序

例 2-1：输出“Welcome to Java World!”。

```
import java.lang.System;  //导入包

public class WelcomeApp{
    public static void main(String args[]) { //程序入口
        System.out.println("Welcome to Java World!");
    }
}
```

例 2-1 就是一个简单的 Java 程序，运行结果如图 2-1 所示。

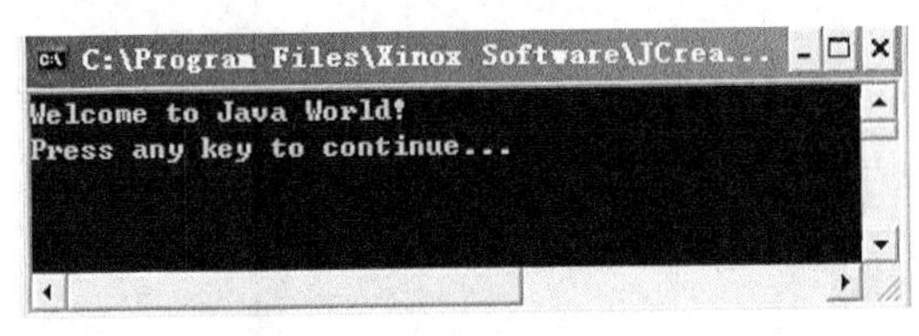

图2-1　例2-1的运行结果

图 2-1 是 Java 程序的一种执行形式，图 2-2、图 2-3 则展示了另两种执行效果。

图2-2　执行效果1

图2-3　执行效果2

这是怎么回事？我们来了解一下 Java 程序的分类就清楚了。根据 Java 程序的执行特点，它被分为两大类型：应用程序（Application）和小应用程序（Applet）。

应用程序是可以独立在任何操作系统平台上执行的程序。根据其界面效果，我们又把它分为基于窗体的应用程序和基于控制台的应用程序。基于窗体的应用程序（基于图形界面的应用程序），是在程序运行过程中始终以一种友好的窗体界面形式展现在用户面前，用户只需要轻点鼠标就可以完成大部分工作。而基于控制台的应用程序（基于字符界面的应用程序），在程序运行过程中始终是一行行的字符展现在用户面前，相对来说比较枯燥。

小应用程序是在 Web 页面内执行的 Java 程序。小应用程序需要浏览器的支持，它通过 Web 浏览器加载 Web 页面时被下载。小应用程序可以驻留在远程计算机上，当本地机器需要执行时，小应用程序被下载到本地计算机，由浏览器解释，并与本地的资源库链接起来执行。

因此，细分起来 Java 程序就有三种：基于控制台的应用程序、基于窗体的应用程序、小应用程序。图 2-1、图 2-2 和图 2-3 分别是上述三类程序的执行效果。

当然，它们各有用武之地。基于控制台的应用程序较适合于一些后台运行的应用，无须与用户太多交互，比如服务器端应用程序；基于窗体的应用程序较适合于需与用户频繁互动的应用，比如信息管理系统的前端功能，用户需通过它们输入数据和看到输出的结果，友好的界面会让用户感觉舒适，提高满意度；小应用程序则较适合于面向大众用户的系统，它不需把应用程序部署到每个用户的机器中，用户只需要浏览器就可以运行程序了，但由于目前使用较少，本书中不对其应用进行详细介绍。

2.1.2 Java 开发环境及工具

开发 Java 程序，无须从最初始的代码开始编写，而是基于 Java 提供的类集合（API），API 中已实现了诸如 I/O 处理、文件处理、网络传输、声音、图像处理和 XML 支持等基本功能，掌握了 API 的用法，可有效提高编程的效率，API 被集中存储在 Java 开发包中。下面我们来了解一下 Java 开发包和编写代码工具，并学习如何安装。

1. Java 开发包

Java 开发工具箱（JDK）是 SUN 的 Java 软件开发包。开发包中包含了实现各种各样底层技术的类的集合，这些类提供了很多属性和方法。除此之外，JDK 还提供了编译和解释 Java 应用程序的工具。表 2-1 中列出的就是它们所提供的部分工具。

表 2-1 JDK 提供的部分工具

工具	作用
Java 编译器	用于将 Java 源程序编译成字节码
Java 解释器	Java 解释器，用于解释执行 Java 字节码
AppletViewer	小应用程序浏览器，用于测试和运行 JavaApplet 程序
Javadoc	Java 文档生成器
Javah 工具	C 文件生成器，利用此命令可实现在 Java 类中调用 C++代码
JDB 工具	Java 调试器

由于应用领域不同，Oracle 公司提供了三种版本的 JDK：

SE（J2SE），standard edition，标准版，通用版本，用于开发桌面程序。

EE（J2EE），enterprise edition，企业版，用于开发 J2EE 应用程序。

ME（J2ME），microedition，主要用于移动设备、嵌入式设备上的 Java 应用程序。

随着版本的提升，JDK 版本描述方法也有所变化，1.5 之前是 JDK x.x 形式，如 JDK 1.4 表示 1.4 版本，1.5 开始使用 Java SE x 来表示，如 Java SE 8 表示 1.8 版本。

2. Java 开发工具

Java 源程序是以.java 为后缀的简单的文本文件，使用文本编辑工具如记事本、Editplus、Sublime Text 等，有助于初学者快速掌握 Java 语言的基本用法（包括编译、运行机制），但因没有智能缩进、不能智能感应等，开发大型应用程序时，代码编写效率不高。现在，Oracle、Borland、IBM 等公司，以及一些开源组织都开发出了 Java 开发工具，它们集成了编辑、编译、调试、运行等多功能，比如：JCreator、Eclipse、JBuilder、NetBean、VisualAge For Java 等，前两种工具最受欢迎，其中 JCreator 使用简单，适合初学者，适于编写单机程序，而 Eclipse 功能丰富，更适于开发大型项目。本书中项目 2、项目 3 的代码简单，将使用记事本工具 Sublime Text，从项目 4 开始，为了提高编码效率，将使用 Eclipse 工具。

3. JDK 的安装

JDK 最新使用版本是 9.0，这里以本书项目案例所用 7.0 版本（稳定性好）为例，下载网址为：

```
http://www.oracle.com/technetwork/java/javase/downloads/index.html
```

同时，还要下载 JDK 帮助文档，以便更快地掌握 API 中类的使用，安装步骤如下。

（1）安装 JDK

运行所下载的.exe 程序，利用安装向导，选择安装目录为默认目录 C:\Program Files\Java，按步骤安装好。

（2）环境配置

安装好 JDK 后，还需进行相应的环境配置，具体过程如下。

① 右键单击“我的电脑”，选择“属性”→“高级”→“环境变量”→“系统变量”。

② 新建一个变量，变量名为“JAVA_HOME”，变量值为“C:\Program Files\Java\jdk1.7.0”。若修改了安装目录，则需相应地修改 JAVA_HOME 变量值。

③ 新建一个变量，变量名为“CLASSPATH”，变量值为“.;%JAVA_HOME%\lib\tools.jar;%JAVA_HOME%\lib\dt.jar”，每个路径间用分号隔开。

④ 选择系统变量“PATH”，编辑该变量，在原有变量值后面添加“%JAVA_HOME%\bin”。

（3）JDK 测试

单击“开始”菜单，选择“运行”，输入“cmd”，选择“确定”，进入 DOS 控制台界面，输入命令 java –version，若出现以下说明，则表示成功。

```
java version "1.7.0"
Java(TM) 2 Runtime Environment, Standard Edition (build 1.7.0
Java HotSpot(TM) Client VM (build 1.7.0, mixed mode, sharing)
```

此时，JDK 的安装和配置就完成了，大家可能不明白为什么要进行这些配置，我们了解一下相关环境变量的作用，就会马上明白。

① PATH 环境变量：指定命令的搜索路径，在 DOS 命令行中执行命令，如利用 javac 命令编译 java 程序时，系统会到 PATH 变量所指定的路径中查找，看是否能找到相应的命令程序 javac.exe。

② CLASSPATH 环境变量：指定类的搜索路径，JVM 是通过 CLASSPATH 来寻找类，这样，我们就可以使用已编写好的类。

③ JAVA_HOME 环境变量：指向 JDK 的安装目录，配合通配符，提供给 PATH 和 CLASSPATH 变量直接引用，或是 Eclipse/NetBeans/Tomcat 等软件查找 JDK 安装目录。

④ J2EE_HOME 环境变量：如果安装了 J2EE，同时又安装了 Eclipse/NetBeans/Tomcat 等软件，则还要加上 J2EE_HOME 环境变量。

2.1.3　计算机处理 Java 程序的过程

Java 应用程序的特点是可以一次编译到处运行，那么它为什么可以实现这种特点？其中的奥妙就在于 Java 的运行环境——Java 虚拟机。

Java 虚拟机 JVM（Java Virtual Machine）是一种用于计算设备的规范，可用不同的方式（软件或硬件）加以实现。也就是说，它是一个通过软件方式来模拟实现的计算机，可以像物理机一样运行程序。JVM 可以在不修改 Java 代码的情况下，在所有的硬件环境上运行 Java 字节码。它包括一套字节码指令集、一组寄存器、一个栈、一个垃圾回收堆和一个存储方法域。

如图 2-4 所示，JDK 开发包中包括 JRE 和 JDK 两个部分，而 JVM 又是 JRE 的一部分。

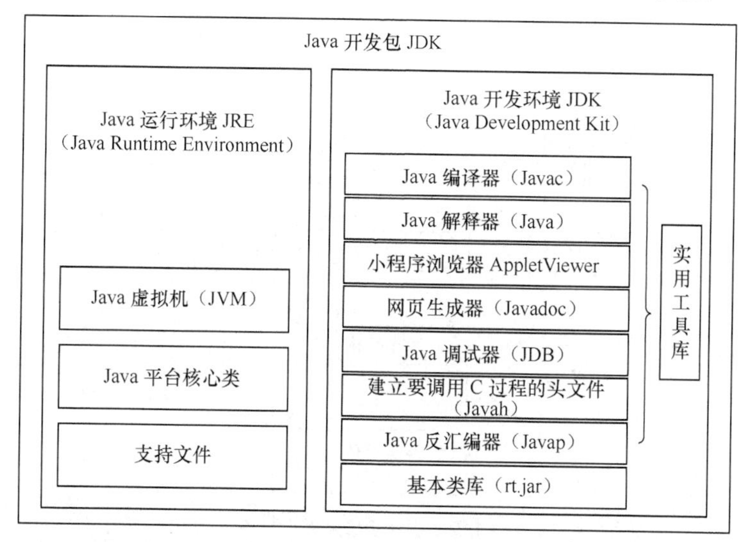

图2-4　JDK的构成

当我们开发编译 Java 程序时，需要开发环境——JDK；而当程序编译好后要运行时，则要依靠运行环境——JRE。由于一般的 JDK 安装软件中都附有 JRE，所以，无须另行下载安装。可以说，JVM 是一个假想的、用软件模拟出来的计算机，有着自己想象中的硬件，如处理器、堆栈、寄存器等，以及相应的指令系统。Java 程序是在 JVM 上运行，而不是直接运行于实际机器（硬件平台）上的，所以，只要安装有 JVM 的平台，都可以运行 Java 程序。JVM 的体系结构如图 2-5 所示。

JVM 体系结构中的类装载器子系统，负责将包含在类文件中的字节码装载到 JVM 中，并使其成为 JVM 一部分，即寻找一个类或是一个接口的二进制形式，并用该二进制形式来构造代表这个类或是这个接口的 class 对象，其中类或接口的名称是给定了的。而运行引擎，则负责执行包含在已装载的类或接口中的指令。至于 JVM 区的作用，在先导任务三的知识学习中再介绍。那么，Java 应用程序又是怎样在 JVM 上运行的呢？

Java 程序的运行包括编写、编译和执行 3 个步骤（见图 2-6）。

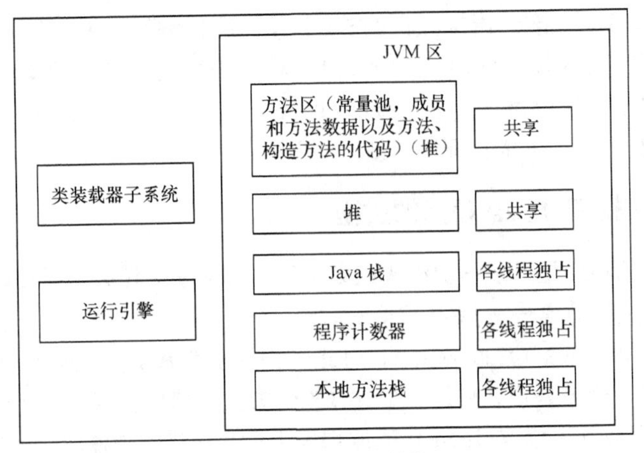

图2-5 JVM体系结构

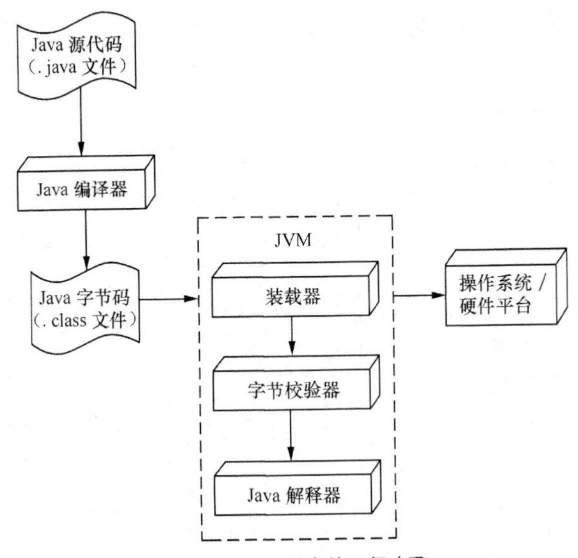

图2-6 Java程序的运行步骤

1）编码：开发人员编写源代码，生成扩展名为“.java”的Java源代码文件。

2）编译：Java编译程序将源程序翻译为JVM可执行代码——字节码（.class文件）。字节码文件是一种和任何具体机器环境及操作系统环境无关的中间代码，它是一种二进制文件，是Java源文件由Java编译器编译后生成的目标代码文件，它必须由专用的Java解释器来解释执行。与C/C++的编译有所不同。C编译器编译后，所生成的代码将在某一特定硬件平台运行，因此，编译时会通过查表将所有对符号的引用转换为特定的内存偏移量，以保证程序运行。Java编译器却将这些符号引用信息保留在字节码中，由解释器在运行过程中创立内存布局，然后通过查表来确定一个方法所在的地址。这样就有效地保证了Java的可移植性和安全性。

3）执行：字节码的执行由Java解释器完成。执行过程分三步：代码的装入、代码的校验和代码的执行。代码的装入是由类装载器（class loader）完成的，类装载器负责装入运行一个程序需要的所有代码，包括程序代码中的类所继承的类和被其调用的类，而后解释器便可确定整个可执行程序的内存布局；接着，进行代码的校验，由字节码校验器对被装入的代码进行检查，校验器可发现操作数栈溢出、非法数据类型转化等多种错误；通过校验后，代码便开始执行了。

2.1.4　任务实施

先定义两个变量：circum 和 area，分别表示矩形的周长和面积，为了简单起见，两个变量均为整型，并为其赋值，再输出矩形的周长和面积。

```
import java.lang.System;  //导入包

public class WelcomeApp{
    public static void main(String args[]) { //程序入口
        int circum = 30;
        int area = 50;
        System.out.println("矩形周长: " + circum );
        System.out.println("矩形面积: " + area);
    }
}
```

2.2　先导任务二：计算矩形的周长和面积

2.2.1　任务解读

当指定了矩形的宽和高，根据其周长和面积的计算公式，就可计算出其周长和面积。解决这个问题，需要先确定矩形的宽和高的数据类型，以及数值，因此，需要先了解 Java 所提供的数据类型，及如何使用 Java 的基本语法，表述周长和面积的计算过程。

2.2.2　知识学习

1. 基本数据类型

Java 中数据类型主要有基本类型和引用类型（详见项目 4）。基本数据类型有 8 种，其详细信息如表 2-2 所示。

表 2-2　基本数据类型

	基本数据类型	占用字节位数	取值范围	默认值
整型	byte	8 bit	$-2^{7}\sim2^{7}-1$（−128 ~ 127）	0
	short	16 bit	$-2^{15}\sim2^{15}-1$（−32 768 ~ 32 767）	0
	int	32 bit	$-2^{31}\sim2^{31}-1$（−2 147 483 648 ~ 2 147 483 647）	0
	long	64 bit	$-2^{63}\sim2^{63}-1$（−9 223 372 036 854 775 808 ~ 9 223 372 036 854 775 808）	0L
浮点型	float	32 bit	$2^{-149}\sim2^{128}$（1.4E−45 ~ 3.4028235E38）	0.0f
	double	64 bit	$2^{-1074}\sim2^{1024}$(4.9E−324 ~ 1.7976931348623157E308）	0.0
字符型	char	16 bit	$0\sim2^{16}-1$，使用 Unicode 编码，最多允许定义 65536 个字符	\u0000
布尔型	boolean	1 bit	true、false	false

除此之外，还有一个特殊的数据类型void，它是一个不可实例化的占位符类，可以理解为“空”类型，例2-1中main方法名前void关键字表示该方法无返回值。有些书籍如《Thinking in Java》将其归为基本数据类型。

（1）整型

Java语言中提供了4种整数类型：byte、short、int和long，且均为带符号、没有小数部分的数值。整数类型的数值可使用十进制、八进制和十六进制，表示方式分别为无前缀、前缀“0”和前缀“0x”，例如：

```
8        表示十进制数值8
010      表示八进制数值10（即十进制值8）
0x00A0   表示十六进制数值00A0（即十进制值160）
```

整数类型默认为int，也是最常用的类型，如后面有一个字母“l/L”（因小写l易与数字1混淆，通常使用L），则表示long类型值，通常用于表示具有唯一性的编号属性，byte类型则常用于表示网络传输或输入/输出流。

（2）浮点型

浮点型用于表示有小数部分的数值。Java有两种浮点型：单精度浮点类型float和双精度浮点类型double，表示方式分别为后缀“f/F”和后缀“d/D”，且通常使用小写字母后缀，如果无后缀则默认为double。如1.5f为float类型，1.5D或1.5为double类型。

（3）字符型

字符型用于表示单个字符。Java的字符型用char表示，通常用来表示字符常量。有如下三种表示方式。

① 直接表示：用单引号括起来直接指定常量，例如，'a'、'A'、'1'、'9'等。

② 十六进制表示：使用Unicode值表示，用\u后接一个十六进制数，表示范围为\u0000～\uFFFF。例如，\u0xA6、\u10B2等，其中A6和10B2均为十六进制数。

③ 转义字符表示：当表示一些特殊字符常量时，需要使用转义字符。Java中使用转义字符“\”来声明一个特殊的字符，如表2-3所示。

表2-3 转义字符

转义字符	对应的Unicode值	含义
\b	\u0008	Backspace（退格）
\t	\u0009	Tab（制表）
\n	\u000a	换行符
\r	\u000d	回车符
\"	\u0022	双引号
\'	\u0027	单引号
\\	\u005c	反斜杠

说明

在Java中，单引号和双引号引用的字符，其含义不同，前者表示字符，后者表示字符串。

（4）布尔型

布尔数据类型 boolean，只有两个取值：ture 和 false（默认值），常用来表示逻辑状态。boolean 类型的变量占用 1 个字节（8 位）的存储空间。

由于历史原因，在《Java 虚拟机规范》（第 2 版）中，boolean 类型才开始以虚拟机原始类型的形式定义，但 JVM 中没有供 boolean 值专用的字节码指令，因此，Java 语言中凡是涉及 boolean 类型的值运算，编译后均使用 int 代替。

2. 变量和常量

（1）变量

变量是用于存储某个数据的内存单元，在程序运行期间，该数据是可以被改变的。系统分配内存单元时，需要使用标识符来标识这个单元，标识符即变量名，而在存储单元中的数据就是变量值，程序可使用变量名来代表内存单元中的数据。依据存储数据类型的不同，对应有不同类型的变量。

在使用变量前需要先声明。所谓声明，即指定变量的数据类型。声明变量的格式为：

```
<数据类型> <变量名称> [, <变量名称>, <变量名称>, ……]
```

其中：

① 数据类型：可以是基本类型或引用类型。

② 变量名称：定义变量的标识符。

③ 方括号为可选，表示可以在同一行，定义多个相同数据类型的变量。

可以在声明变量同时赋初始值，即声明变量的格式也可以是：

```
<数据类型> <变量名称> = <对应的初始值> [,<变量名称> = <对应的初始值>, ……]
```

例如，基本类型的变量声明：

```
byte a = 0x44;//声明字节变量 a，并赋初始值 0x44
short b = 30;//声明 short 类型变量 b，并赋初始值 30
int c; //声明整型变量 c
int c=0;//声明整型变量 c，并赋初始值 0
long d = 0x11ffL;//声明 long 类型变量 d，并赋初始值 0x11ff
float e = 0.1f;//声明单精度浮点类型变量 e，并赋初始值 0.1
double f = 0.5; //声明双精度浮点类型变量 f，并赋初始值 0.5
```

下面的写法也是合法的：

```
int x, y; //声明整型变量 x 和 y
```

但为了提高可读性，不推荐这样写。

（2）常量

若变量所存储的数据，在程序运行期间不能被改变，则称为常量，它是一种特殊的变量。常量也有不同的数据类型。Java 中常用的常量有整型常量、浮点型常量、字符型常量、布尔型常量和字符串常量。定义形式如下：

```
final  <数据类型> <常量名> = <常量值>;
```

其中：

① 常量名：常量的名称。

② 常量值：赋给常量的数值。

③ final：关键字，用于标识所定义的<常量名>的值，在程序运行期间不能被改写。

例如：

```
final double PI = 3.14159265;
```

3. 数据类型转换

Java 语言是一种强类型的语言。强类型的语言有以下几个要求。

① 变量或常量必须有类型：声明变量或常量时，必须声明类型，且只能在声明以后才能使用。

② 赋值时类型必须一致：值的类型必须和变量或常量的类型完全一致。

③ 运算时类型必须一致：参与运算的数据类型必须一致才能运算。

而实际应用中，经常需要在不同类型的值之间进行操作，这就需要有相应的语法支持——数据类型转换。由于数值处理中，计算机对于不同数据类型，会在内存中分配不同大小的存储空间（如表 2-2 所示），因此，不同类型数据间操作时，类型转换在计算机内部是必须的。

Java 语言中的数据类型转换有两种。

① 自动类型转换：编译器自动完成类型转换，不需要在程序中编写代码。

② 强制类型转换：强制编译器进行类型转换，必须在程序中编写代码。

因 boolean 类型是非数字型类型，因此，基本数据类型的转换是除了 boolean 类型以外，其他 7 种类型之间的转换。下面来具体介绍两种类型转换的规则、适用场合以及使用时需要注意的问题。

（1）自动类型转换

自动类型转换（隐式类型转换），是指不需要书写代码，由 JVM 自动完成的类型转换。实际开发中，这样的类型转换很多。

转换规则是，从存储范围小的类型到存储范围大的类型：byte→short(char)→int→long→float→double。

例如，byte 类型的变量自动转换为 short 类型：

```
byte  b = 10;
short  sh = b;
```

上述代码中，JVM 首先将 b 的值转换为 short 类型，然后赋值给 sh。

在类型转换时也可以跳跃。例如，将 byte 类型的变量自动转为 int 类型：

```
byte b1 = 100;
int n = b1;
```

需要注意的是，整数之间进行类型转换时，数值是不会发生改变的，但将较大的整数类型转为较小的整数类型时，由于存储空间受限，则可能出现精度损失。如将值为 128 的 int 类型转为 byte，由于 byte 占 1 字节，而 int 占 4 字节，且数值已超出 byte 类型的数值范围，会报数据溢出错误，损失了精度。

（2）强制类型转换

强制类型转换（显式类型转换），是指必须书写代码才能完成的类型转换。需要特别注意的是，这种类型转换可能会有精度损失，如果不介意可以使用。

转换规则是从存储范围大的类型转为存储范围小的类型，即：double→float→long→int→short(char)→byte。强制类转换语法的语法格式：（转换后的类型）转换前的数据值：

例如：

```
double d = 3.10;
int n = (int)d; //转换后 n 值为 3
```

上述代码是将 double 类型变量 d 强制转换成 int 类型，再赋值给变量 n，由于小数强制转换为整数时，按照“去 1 法”规则，将无条件舍弃小数点的所有数字，所以，转换后 n 值为 3。另外，需要说明的是，整数强制转换为整数时，将取数字的低位，例如，int 类型的变量转换为 byte 类型时，则只取 int 类型的低 8 位（也就是最后一个字节）的值。

例如：

```
int n = 123; //小于 128
byte b1 = (byte)n;
int m = 1234; //大于 128
byte b2 = (byte)m;
```

这里 b1 的值仍是 123，而 b2 的值则为−46。b2 的计算方法如下：m 的二进制为 0100 1101 0010，其低 8 位的值作为 b2 的值，即 1101 0010，按照机器数的规定，最高位是符号位，1 代表负数，计算机中的负数所存储的都是其补码，则该负数的原码是 1010 1110，即十进制的−46。

4. 操作符

上节已介绍了数据的类型和表示形式，如何对其进行计算和处理呢？与数学中的计算类似，需要先列出由变量、运算符和括号等元素组成的算式，才能完成对数据的各种运算。Java 提供了算术运算符、关系运算符、逻辑运算符和位运算符。

（1）算术运算符

算术运算符用于实现数学运算，Java 中的二元算法运算符有“+”加法、“−”减法、“*”乘法、“/”除法、“%”求模。一元算术运算符有“+”正数、“−”负数、“++”递增、“−−”递减。下面主要介绍“%”求模、“++”递增、“−−”递减的使用方法。

① 求模（求余）运算符（%）

“%”求模运算符，用于两数相除后求其余数。例如：5 % 3 =2、7 % 7 = 0。这种运算符常用于判定某个整数是奇数还是偶数，具体方法是将该数与 2 相整数求其余数，如果余数是 0，则该数是偶数，否则，该数是奇数。例如：5 % 2 =1，　4 % 2 = 0。

② 递增运算符（++）

“++”（两个加号必需连写）运算符，用于对某个变量的值在原值的基础上自加 1 操作。该运算符有两种使用方式：++i 和 i++。其中，i 是变量名。

a. ++i：先对 i 进行加 1 操作，然后使用 i 的值。

b. i++：先使用 i 的值，然后对 i 进行加 1 的操作。

③ 递减运算符（--）

“--”（两个减号必需连写）运算符，用于对某个变量的值在原值的基础上自减 1 操作。该运算符也有两种使用方式：--i 和 i--。其中，i 是变量名。

a. --i：先对 i 进行减 1 操作，然后使用 i 的值。

b. i--：先使用 i 的值，然后对 i 进行减 1 的操作。

如果算术运算中，参与运算的操作数类型不同，则需先转换为同一种类型，Java 中会按照自动转换规则进行处理。

说明

① 当两个操作数均为 byte 或 short 类型时，表达式的结果也是 int 类型。

② 浮点数也可参与求模运算。

③ 对于两个字符串进行“+”运算，结果为前个字符串与后字符串相连接。

例 2-2：递增运算符的使用示例。

```
public class ArithOperator {
    public static void main(String[] args) {
        int x = 1;
        int y = 1;
        System.out.println(x++); //结果：1
        System.out.println(++y); //结果：2
    }
}
```

（2）关系运算符

关系运算符用来比较两个操作数，运算的结果是一个 boolean 类型的值：true（真）或 false（假）。

关系运算符有“>”大于、“<”小于、“>=”大于等于、“<=”小于等于、“==”等于、“!=”不等于。

例如：

10 > 5 的值为 true，5 > 10 的值为 false。

10 < 5 的值为 false，5 < 10 的值为 true。

10 >= 5 的值为 true，10 >= 10 的值为 true。

10 <= 5 的值为 false，5 <= 5 的值为 true。

10 == 10 的值为 true，10 == 5 的值为 false

10 != 10 的值为 false，10 != 5 的值为 true。

通常，关系运算符和逻辑运算符一起使用，用于表示条件表达式。

（3）逻辑运算符

逻辑运算符用于进行逻辑运算，即只对 boolean 类型数据进行运算，得到的结果还是 boolean 类型的值。Java 定义的逻辑运算符有“&&”与、“||”或、“!”非，前两个运算符均为二元运算符，“!”是一元关系运算符。若两个操作数均为 true，则“&&”操作输出 true，否则为 false；

若两个操作数至少有一个为 true，则“||”操作输出 true，仅当两个操作数均为 false 时，“||”操作才输出 false；当操作数为 true，“!”输出其相反值 false，反之亦然。

例 2-3：关系和逻辑运算符的使用示例。

```
public class LogicRelateOperator {
    public static void main(String[] args) {
        int x = 5;
        int y = 10;
        int z = 20;
        if(x < y){//关系运算符
            System.out.println("x 小于 y");
        }else{
            System.out.println("x 大于或等于 y");
        }
        if(x < y && y < z){//逻辑运算符，关系运算符
            System.out.println("x,y,z 中 x 值最小");
        }
        if(x == 0 || y == 0 || z == 0){//逻辑运算符，关系运算符
            System.out.println("x,y,z 中至少有一个值为 0");
        }
    }
}
```

（4）位运算符

位运算符用来操作二进制位，分为按位运算符和移位运算符，分别用于按位运算和移位运算。按位运算符包括“&”按位与、“|”按位或、“~”按位非、“^”按位异或；移位运算有“<<”左位移运算符、“>>”右位移运算符和“>>>”无符号右移运算符。

① 按位运算符

各种情况下按位运算操作结果如表 2-4 所示。

表 2-4　按位运算符的操作

第一个操作数	第二个操作数	按位与	按位或	按位异或	按位非
0	0	0	0	0	
0	1	0	1	1	
1	0	0	1	1	
1	1	1	1	0	
0					1
1					0

② 移位运算符

a. 左位移运算符（<<）

“<<”运算符执行一个左移位。作左移位运算时，右边的空位补 0。不产生溢出情况下，数据左移 1 位相当于乘以 2。

例如：

```
int x = 5;
x = x<<1;//结果：10
```

b. 右位移运算符（>>、>>>）

“>>”运算符执行一个右移位（带符号）。右移位运算时，左边按符号位补 0 或 1。右移数据相当于除以 2。

例如：

```
int x = 10;
x = x>>1; //结果：5
```

“>>>”运算符同样也执行一个右移位，只是它执行的是不带符号的移位。运算时，左边留下的空位一律补 0。

例 2-4：位运算符的使用示例。

```
public class BitOperator{
    public static void main(String[] args) {
        //按位与( & )：第一个操作数某位与第二个操作数对应位均为 1
        //则结果值对应位为 1，否则为 0
        System.out.println(5 & 1);// 结果为 1
        System.out.println(4 & 1);// 结果为 0

        // 按位或( | )：//第一个操作数某位与第二个操作数对应位均为 0
        //则结果值对应位为 0，否则为 1
        System.out.println(6 | 1);// 结果为 7

        // 按位异或( ^ )：第一个操作数某位与第二个操作数对应位值相反
        //则结果值对应位为 1，否则为 0
        System.out.println(5 ^ 3);//结果为 6

        // 按位非( ~ )：操作数某位为 1，那么结果的对应位为 0，反之亦然
        System.out.println(~6);// 结果为-7

        //左移( << )
        // 0000 0000 0000 0000 0000 0000 0000 0110 左移 2 位后，低位补 0
        // 0000 0000 0000 0000 0000 0000 0001 1000 换算成十进制为 24
        System.out.println(6<< 2);// 运行结果是 24
        // 右移( >> ) 高位补符号位
        // 0000 0000 0000 0000 0000 0000 0000 0110 右移 2 位，高位补 0
        // 0000 0000 0000 0000 0000 0000 0000 0001
        System.out.println(6>> 2);// 运行结果是 1
        // 无符号右移( >>> ) 高位补 0
        // 如 -6 换算成二进制后为：0110 取反加 1 为 1010
        // 1111 1111 1111 1111 1111 1111 1111 1010
```

```
            System.out.println(6 >> 3);// 结果是 0
            System.out.println(-6 >> 3);// 结果是-1
            System.out.println(-6 >>> 3);// 结果是 536870911
        }
    }
```

（5）其他运算符

① 赋值运算符（=）

“=”赋值运算符的作用是将赋值运算符右边表达式的值赋给左边的变量。在赋值符号“=”的左边只能是标识符，不能是一个表达式，右边值可以是变量（常量）值或表达式。

例如：

```
i = 0;
a = a + b;
a = a * b;
4 = a; //错误，不能将常量作为标识符
```

Java 中提供了对赋值运算符的扩展，包括算术、关系、逻辑、或位运算符均可与赋值运算符组成扩展运算符“*=”“/=”“%=”“+=”“-=”“<<=”“>>=”“>>>=”“&=”“^=”“|=”。

例如：

```
i = i + 1; 可写为 i += 1;
i=i*2;   可写为 i* = 2;
```

赋值运算符的右边可以是表达式，那么如何来写表达式呢？Java 中的表达式是由变量、常量和运算符组成的，通过表达式的演算处理能够得到一个值。例如：x + 2 就是一个表达式，x 是变量，2 是常量，+是运算符，当 a 的值确定后，即可计算出该表达式的结果值。

② 三元条件运算符（?:）

三元条件运算符的格式为：

```
条件表达式? 表达式 1:表达式 2;
```

其运算规则是：先计算条件表达式的值，若为真，则表达式 1 的值作为三元运算的结果值；否则，表达式 2 的值作为三元运算的结果值。如：

```
int a = 3;
int b = 4;
int max = (a > b)? a : b; //max 值为 4
```

③ 括号运算符“( )”和“[ ]”

“( )”括号运算符在所有运算符中优先级是最高的。它可以改变表达式运算的先后顺序，有时也可表示方法的调用。“[ ]”是数组运算符，用于数组定义和处理。

④ 与对象有关的运算符

“.”用于访问类或实例的成员变量或成员方法。

“new”用于实例化一个新的对象或数组。

“instanceOf”用于判断一个对象是否为某个类的实例，是则返回 true 值，否则返回 false 值。

这些运算符的使用将会在后续项目中进一步介绍。

5. 控制语句

（1）语句

Java 中语句是指以“;”为终结符的代码段，一条语句构成了一个执行单元。常用的语句形式有以下几类。

① 表达式语句

该语句是包含赋值运算符的赋值表达式，如：

```
i = 0;
```

“++”或“--”前后缀形式，如：

```
i++;
```

方法的调用（无论是否有返回值），如：

```
System.out.println(i);
```

对象创建，如：

```
String[] greeting = new String[2];
```

② 声明语句

声明语句用于定义变量、常量、方法等，如：

```
int i ; //声明一个整型变量
public final static double PI = 3.1415926; //声明一个常量
public String getName( ); //声明一个方法，返回值为 String 类型
```

③ 空语句

该语句是仅包含“;”的语句，不做任何操作的语句，常用作循环语句的控制步长，在控制语句部分会有相关例子。

④ 控制语句

控制语句包括条件控制和循环控制，用于控制程序的执行过程。条件控制语句包括 if 条件语句和 switch 语句；循环控制语句包括 for 循环语句、while 循环语句、do…while 循环语句。

（2）控制语句

Java 程序设计中，通过控制语句实现对执行流程的控制，从而完成一定的任务。流程是由若干语句组成的，这里的语句可以是单一语句，如 x = y + z，也可以是用“{ }”括起来的复合语句，如{x=x+1;y=y+1;}。前面我们已了解到控制语句有多种，下面逐一详细介绍。

① if 条件语句

if 语句的格式：

```
if (<逻辑表达式>)
<语句块 1>
[else
<语句块 2>]
```

其中：

a. 逻辑表达式：是一个通过逻辑操作符连接起来的表达式。

b. 语句块 1 和语句块 2：由一条或多条语句组成，并用“{ }”括起来，在 Java 中块也是变量的作用域范围，即在块内定义的变量，仅在该块内有效。

c. else：为可选项。

if 语句的执行流程如图 2-7 所示。

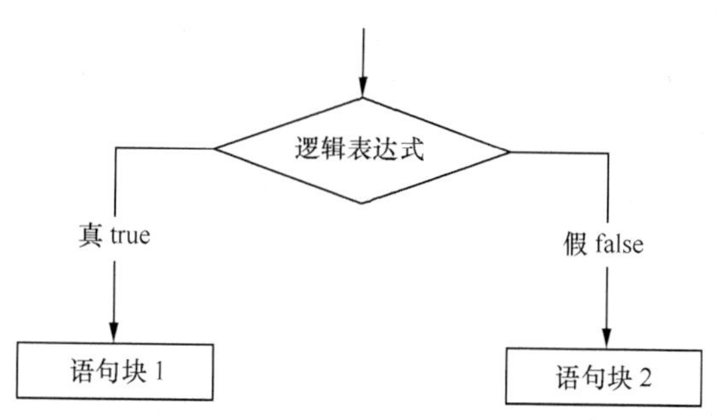

图2-7　if条件的流程图

例 2-5：if 语句的使用示例——比较两个数的大小。

```
import  java.util.Scanner;//导入 Scanner 所在包
public class IfControl_1 {
     public static void main(String[] args) {
          int x = 3;
          System.out.println("请输入一个整数：");
          Scanner scanner = new Scanner(System.in); // 从键盘输入数据
          int y = scanner.nextInt(); // 读取输入数据，赋值给 y
          if(y <= 0){ //if-else 语句 1
               System.out.println("要求输入值大于零");//输出提示信息
          }else{
              if(x > y){//if-else 语句 2，并嵌套在 if-else 语句 1 中
                    System.out.println("x 值大于 y 值");//输出结果信息
              }else{
                    System.out.println("x 值小于 y 值");//输出结果信息
              }
          }
     }
}
```

运行结果：

```
请输入一个整数：
4
x 值小于 y 值
```

例 2-5 中用到了 java.lang.System 类的两个属性对象 System.out 和 System.in，以及 System.out 对象的 println 方法，该方法的功能是输出字符串或数字等信息，java.util.Scanner 类和 System.in 属性对象结合使用，能够让用户从命令窗口输入信息，并在程序中读取和使用，相关应用后续内容还会做进一步介绍。

例 2-6：if 语句的使用示例——判断是否为闰年。

```
public class IfControl_2{
    public static void main(String[] args) {
        int year = 1984;
        if ((year % 4 == 0 && year % 100 != 0) || year % 400 == 0){
            System.out.println(year + "年是闰年");
        }
    }
}
```

运行结果：

```
1984 年是闰年
```

例 2-6 中，“year % 4”是做 year 模 4 运算，当 year 除以 4 余数为 0，且除以 100 余数不为 0，则为闰年，或者除以 400 余数为 0，也满足闰年的条件。

② switch 条件语句

当存在多个条件选择时，常使用 switch 条件语句。switch 语句的格式：

```
switch (<表达式>){
    case <常量 1>:
        <语句块 1>
        break;
    case <常量 2>:
        <语句块 2>
        break;
    ...
    case <常量 n>:
        <语句块 n>
    break;
    [default:
        <语句块 n+1> ]
}
```

其中，常量可以是整型、字符值，JDK7 版本以上还支持字符串类型，case 语句和 default 语句后的代码可不加花括号。如果某个 case 语句匹配，则 case 后面的语句块会被执行，若后面无语句“break;”，将会继续执行后面的 case 语句代码和 default，直到遇见语句“break;”或者右花括号。如果所有 case 语句都不匹配，则 default 语句将会被执行。switch 语句的流程图，如图 2-8 所示。

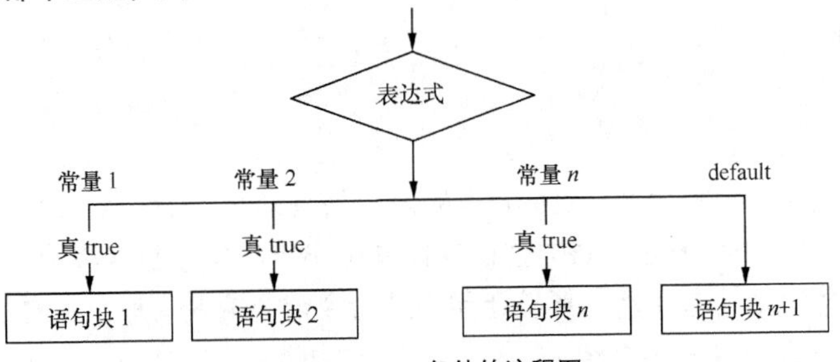

图2-8 switch条件的流程图

例 2-7：switch 语句的使用示例——判断字母是否为元音或辅音。

```
public class SwitchControl{
    public static void main(String[] args) {
        char ca = 'e';
        switch(ca){
            case 'a':
            case 'e':
            case 'i':
            case 'o':
            case 'u':
                System.out.println(ca + "是元音");//ca 为 a、e、i、o、u 时执行
                break;
            case 'y':
            case 'w':
            case 'r':
                System.out.println(ca + "某些情况下是元音");//ca 为 y、w、r 时执行
                break;
            default:
                System.out.println(ca + "是辅音");//其他情况下执行
        }
    }
}
```

执行结果：

```
e 是元音
```

③ for 循环语句

循环语句的作用是反复执行一段代码（一条或多条语句），直到满足终止循环的条件为止。一个循环包括循环的初始化、循环体和循环的终止条件。

for 循环语句的格式为：

```
for(<表达式 1>; <表达式 2>; <表达式 3>){
<循环体>
}
```

其中：

a. 表达式 1：循环开始之前，对控制变量的初始化操作。

b. 表达式 2：每次循环都要进行的测试，判断是否满足循环条件，如果满足，则循环继续执行循环体内的语句，否则，循环终止。

c. 表达式 3：循环开始后，每次循环体执行后，对控制变量进行的更新操作。

d. 循环体：循环条件成立时，才执行的语句。

for 循环语句的流程图，如图 2-9 所示。

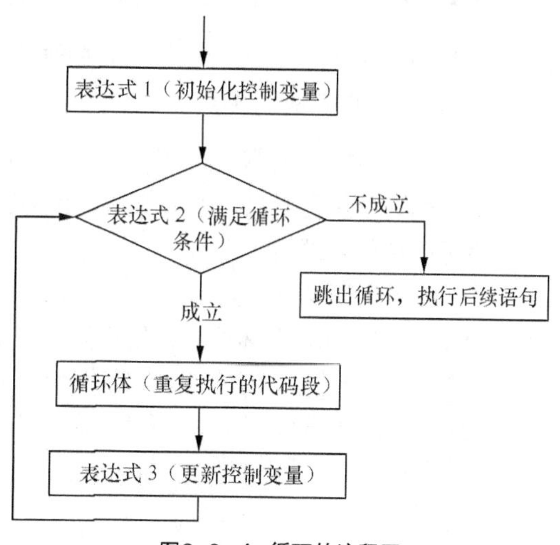

图2-9　for循环的流程图

例 2-8：for 语句的使用示例——输出 10 个数字。

```
public class ForControl_1 {
     public static void main(String[] args) {
          for(int i = 0; i < 10; i++){//输出0～9
               System.out.print(i);
          }
     }
}
```

运行结果：

```
0123456789
```

例 2-9：for 语句的使用示例——求 1!+2!+3!+4!+5!的计算结果。

```
public class ForControl_2 {
     public static void main(String[] args) {
          int x = 0;
          for(int i = 1; i <= 4; i++){
               int y = 1;
               for(int j = 1; j <= i; j++){
                    y *= j;
               }
               x += y;
          }
          System.out.print(x);
     }
}
```

运行结果：

```
153
```

需要说明的是，当 for 循环体内只有一条语句时，通常会将循环体和 for 写在一行：

```
for(int i=0; i<5; i++)  System.out.println("i:" + i);
```

如果 for 循环写成：

```
for(int i=0; i<5; i++);
```

此时循环会执行 5 次“空”操作，因为循环体内只有一条空语句，即“;”，其他类型的循环语句也可以类似处理。

④ while 循环语句

while 语句与 for 循环语句作用相同，但语句结构不同。while 循环语句的格式为：

```
while (<表达式>){
<循环体>;
}
```

其中：

a. 表达式：每次循环前，均要进行的判断处理，判断是否满足循环条件，若满足，则执行循环体内语句，否则终止。

b. 循环体：当满足循环条件时，才执行的语句。

在 while 循环中，控制变量的初始化操作，一般会在 while 循环之前，而更新控制变量操作，则放在循环体内，如图 2–10 所示。

例 2–10：while 循环语句的使用示例（重写例 2–8）。

```
public class WhileControl {
    public static void main(String[] args) {
        int i =0;
        while(i <10){//输出 0～9
            System.out.print(i);
            i++;
        }
    }
}
```

运行结果：

```
0123456789
```

⑤ do…while 循环语句

do…while 语句也是 while 循环，但将判断循环条件的操作放在每次循环执行之后，语句格式为：

```
do{
<循环体>;
}while (<表达式>)
```

其中：

a. 表达式：每次循环后，均要进行的判断处理，判断是否满足循环条件，若满足，则执行循环体内语句，否则终止。

b. 循环体：当满足循环条件时，才执行的语句。

do…while 语句的流程图，如图 2–11 所示。

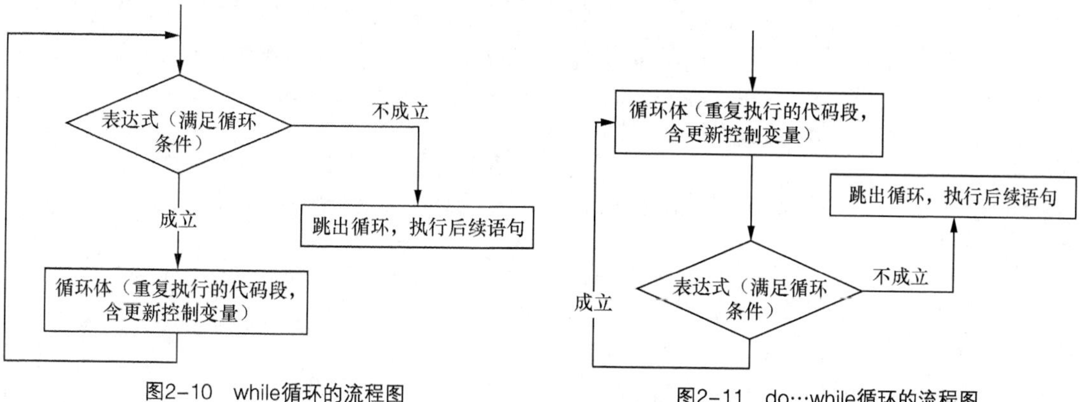

图2–10 while循环的流程图

图2–11 do…while循环的流程图

do…while 语句与 while 语句的不同之处：第一次循环时，while 语句先进行条件判断的操作，满足条件才执行循环体内语句；而 do…while 语句，不做条件判断，先执行一次循环体内的语句，再进行条件判断的操作，以决定是否执行第二次循环。

例 2-11：do…while 循环语句的使用示例（重写例 2-8）。

```
public class DoWhileControl {
    public static void main(String[] args) {
        int i = 0;
        do{//输出 0~9
            System.out.print(i);
            i++;
        }while(i < 10);
    }
}
```

运行结果：

```
0123456789
```

⑥ 程序控制结构中的跳转语句

除了循环语句中操作控制变量、条件语句的条件判断，Java 中还有一些跳转语句，强制循环体、switch 语句或方法调用的终止。

a. break 语句

break 语句用于循环语句和 switch 语句，将会使程序从中跳出（即强制终止），继续执行其后的代码。

例 2-12：break 语句的使用示例（重写例 2-5）。

```
public class BreakControl_1 {
    public static void main(String[] args) {
        int x = 3;
        Scanner scanner ;
        do{
            System.out.println("请输入一个整数: ");
            scanner = new Scanner(System.in); // 从键盘输入数据
            int y = scanner.nextInt(); //读取输入数据，赋值给 y
            if(y <= 0){
                System.out.println("要求 y 大于零，程序结束");
                break;//当输入值小于或等于 0 时，跳出循环
            }else{
                if(x > y){//if-else 语句 2，并嵌套在 if-else 语句 1 中
                    System.out.println("x 值大于 y 值");
                }else{
                    System.out.println("x 值小于 y 值");
                }
            }
        }while(true);
    }
}
```

执行结果：

```
请输入一个整数：
-1
要求 y 大于零，程序结束
```

b. continue 语句

continue 语句用于循环语句，将会使程序结束本次循环操作，接着进行循环条件判断，满足条件执行下一次循环，否则终止循环。

例 2-13：continue 语句的使用示例（重写例 2-5）。

```
public class ContinueControl_1 {
    public static void main(String[] args) {
        int x = 3;
        int count = 0;
        Scanner scanner ;
        do{
            System.out.println("请输入一个整数：");
            scanner = new Scanner(System.in); // 从键盘输入数据
            int y = scanner.nextInt(); //读取输入数据，赋值给 y
            if(y < 0){
                System.out.println("要求 y 大于零，程序结束");
                continue;//当输入值小于或等于 0 时，进行下一次循环
            }else{
                if(x > y){//if-else 语句 2，并嵌套在 if-else 语句 1 中
                    System.out.println("x 值大于 y 值");
                }else{
                    System.out.println("x 值小于 y 值");
                }
            }
        }while(count++<5);    //count 递增，当 count 等于 5 时，循环结束
    }
}
```

执行结果：

```
请输入一个整数：
-1
要求 y 大于零
请输入一个整数：
9
x 值小于 y 值
请输入一个整数：
2
x 值大于 y 值
……
```

c. return 语句

return 语句用于退出当前方法的执行，返回到调用该方法的语句处，并继续执行下一条语句，后续内容还会介绍它的具体应用。return 语句格式：

```
return;
return <表达式>;
```

其中，表达式运算的结果，即为 return 返回的值。

2.2.3 任务实施

我们知道，矩形的周长计算公式为：长*2+宽*2；面积计算公式为：长*宽，相应地，计算逻辑为：

```
public class ContinueControl_1 {
    public static void main(String[] args) {
        int circum = 0;
        int area = 0;
        Scanner scanner ;
        scanner = new Scanner(System.in); // 从键盘输入数据
        do{
            System.out.println("请输入一个长：");
            int length = scanner.nextInt(); //读取输入数据，赋值给 length
            System.out.println("请输入一个宽：");
            int width= scanner.nextInt(); //读取输入数据，赋值给 width
            if(length <= 0 || width <=0){
                System.out.println("要求长和宽大于零");
                continue;//当输入值小于或等于 0 时，进行下一次循环
            }else{
                circum = length *2 + width*2;
                area = length * width;
                System.out.println("矩形的周长：" + circum);
                System.out.println("矩形的面积：" + area );
                break;
            }
        }while(true)
}
```

程序执行结果，如图 2-12 所示。

```
Problems  @ Javadoc  Declaration  Search
<terminated> GraphApply (1) [Java Application] C
矩形的周长： 60.0
矩形的面积： 200.0
```

图2-12　先导任务二运行结果

知识梳理

- Java 程序分为两类：应用程序（Application）和小应用程序（Applet）。应用程序由于用户界面不同，又可分为基于控制台的应用程序和基于窗体的应用程序。
- Java 开发依赖于开发环境和运行环境。Java 开发工具包（JDK）提供了各种类库和开发编译运行工具，并包含运行环境（JRE），JRE 提供了 Java 虚拟机 JVM、以及核心类库，且 JRE 可单独安装。只有安装配置好开发和运行环境，才能开始编写和运行 Java 程序，其中 JDK 的环境配置，包括变量 JAVA_HOME、CLASSPATH 和 PATH，分别表示 JDK 安装路径、类库路径，以及编译运行等实用工具路径。
- Java 程序的编译命令：javac 类名.java，可设置命令参数满足特定要求；常用的指定格式：javac　–encoding　utf–8 类名.java；生成包路径：javac　–d　. 类名.java。
- Java 程序的执行命令：java 类名；可在类名后面增加一个或多个参数：java　类名　参数 1　参数 2 …这些参数值将赋给 main 方法参数 args 数组。
- 数据类型包括基本类型和引用类型，基本类型有 byte、short、int、long、char、float、double、boolean，还有一种特殊类型 void。
- 变量是存储数据的单元，变量名是单元标识符，变量值是单元存储的数据。根据变量声明的位置，可确定其作用域范围，有类变量作用域、成员变量作用域、局部变量作用域、方法参数作用域、语句块作用域。
- 常量是一种特殊的变量，这种变量所存储的数据，在程序运行期间不能被改变。Java 中常用的常量有整型常量、浮点型常量、字符型常量、布尔型常量和字符串常量。
- Java 提供了两种类型转换方式，一是自动类型转换（隐式转换），转换规则为从小范围的存储类型转为大范围的存储类型，这种类型转换是安全的；二是强制转换（显式转换），转换规则与自动类型转换相反，当被转换的数据类型的值超出目标类型的存储范围时，就会丢失部分信息，出现精度损失，因此，强制类型转换是不安全的。需要说明的是，boolean 类型为非数字类型，不可以进行转换操作；引用类型的类型转换只能在具有继承关系的类之间进行操作。
- 操作符包括算术运算符（“+”加法、“–”减法、“*”乘法、“/”除法、“%”求模、“+”正数、“–”负数、“++”递增、“––”递减）、关系运算符（“>”大于、“<”小于、“>=”大于等于、“<=”小于等于、“==”等于、“!=”不等于）、逻辑运算符（“&&”与、“||”或、“!”非，）、位运算符（“&”按位与、“|”按位或、“~”按位非、“^”按位异或、“<<”左位移运算符、“>>”右位移运算符、“<<<”无符号右移运算符）、其他运算符（“=”赋值、“?:”条件、“( )”括号和“[ ]”数组、“.”访问类及对象的成员变量或成员函数、“new”实例化、“instanceOf”判断一个对象是否为某个类的实例）。
- Java 中语句是指以“;”为终结符的代码段，一条语句构成了一个执行单元。常用的语句形式为：表达式语句、声明语句、空语句和控制语句。通过控制语句可以实现对执行流程的控制，从而完成一定的任务。控制语句又分为 if 条件、switch 条件、for 循环、while 循环、do…while 循环、程序控制结构中的跳转语句（break、continue、return）。

Java

3 Chapter

项目 3
应用类的特性设计图形参数计算程序

【知识要点】

- 类的特性与应用
- 类的成员及其用法
- 包的概念
- 访问控制符
- 特殊关键字 this、super、Class、static、final、abstract

引子：如何利用 Java 编写基于面向对象思想的程序？

Java 是一种面向对象程序设计语言，也就是说它支持面向对象程序设计思想，主要体现在 Java 是以对象为模型来描述世界，一个按钮是对象，一个人是对象，一个账户也是对象……，通过定义类、创建对象、处理对象以及对象间消息传递，实现程序功能。本章通过图形参数计算实例来诠释 Java 面向对象程序设计中的抽象、封装、继承和多态特性，最终实现适于各种基本图形的相关参数显示，周长和面积计算功能。

3.1 先导任务三：编写显示图形参数的程序

3.1.1 任务解读

编写一个程序，实现图形名称、周长和面积显示的功能。

如何使用 Java 来完成上述功能呢？需要先进一步学习类的相关概念，了解 Java 类的构成和编写方法，再来进行编程实现。

3.1.2 知识学习

1. 类的抽象与封装

在项目 1 中，已经给出了类、对象和消息的定义，这里继续介绍面向对象的相关概念：面向对象的四个特性——抽象、封装、继承和多态。抽象与封装与本任务有关，重点阐述，另外两个特性详见后续内容。我们知道类是对具有相同或相似状态和行为的一组对象的共同描述；而抽象是指从相同类型的多个事物中，抽取本质且共性的状态和行为的方法。因此，类是对一组对象抽象的结果。利用抽象方法，就可以识别问题域中事物的状态和行为。封装是指将描述对象的数据（即状态）和对数据的操作，或者说类的属性和方法，聚集在一起形成一个完整逻辑单元的机制，只允许被可信的类或者对象操作，否则将隐藏信息。封装将类变成了一个黑匣子，仅向外界提供接口，外界可以通过接口使用它的功能（即访问属性和方法），但却无法“窥探”其中的“奥秘”，更无法改变其中的属性或方法，从而有效地保护了类的内部完整性。继承与多态，这里只作简单描述。继承是类之间“一般”和“特殊”的关系，已有类（父类）可派生出新类（子类），构成类的层次关系；多态是表示同一事物的多种形态。

2. Java 类的定义

具体到 Java 语言中，定义一个类方式为：

```
class 类名{
      //构造方法
      //多个属性或无属性
      //多个方法或无方法
}
```

其中，类中属性的声明方式为：[数据类型 属性名]；方法的声明方式为：

[访问限制符] [返回值类型] 方法名([参数数据类型 1 参数名 1, 参数数据类型 2 参数名 2, ……)。

例 3-1：定义包含一个属性和一个方法的类 MyClass。

```
class MyClass{
    String name;      //一个属性
    public MyClass(){}  //构造方法
    public void display(){System.out.println("hello");}//一个方法
}
```

例 3-1 中 public 为访问限制符（详见本项目 3.2.2 节），void 是 Java 中的一个关键字，表示没有任何返回值，String 表示字符串类型，“System.out.println(“hello”);” 语句功能是输出 “hello” 字符串，相关语法规则后续项目会有详细介绍，“//” 为程序注释。类 MyClass 包含属性 name 和 display 方法。“{ }” 的作用可以想象为黑匣子的外壳。大家可能会奇怪，为什么要加个构造方法，让我们来了解一下对象的生命周期就知道了。对象的生命周期有三个阶段：生成、使用和消除。

（1）对象的生成

对象的生成包括三个方面的内容：声明、实例化和初始化。通常的表述格式为：

```
type objectName = new type ( [paramlist] );
```

对上式中元素进行逐个解释。

① type：引用类型（包括类和接口）。

② type objectName：声明，为 type 分配一个引用空间，以存储引用变量 objectName。

③ new type：实例化，在堆空间创建一个 type 类对象。

④（[paramlist]）：初始化，在对象创建后，立即调用 type 类的构造方法，对刚生成的对象进行初始化。

⑤ =：使引用变量 objectName 指向刚创建的那个 type 类对象。

Java 中内存分为栈内存和堆内存，栈内存用于存储所定义的一些基本类型的变量和对象的引用变量；而堆内存是 JVM 区一部分（如图 2-5 所示），包括方法区（Method area）和堆（Heap）。方法区存储类结构，例如运行时常量池、成员和方法数据以及方法、构造方法的代码；所有的类实例和数组都是在堆中创建的。下面我们通过例子和图示，进一步说明创建对象的过程和内存的分配，例如：“Position p=new Position ();” 语句中的 “Position p” 表示声明了一个 Position 类，创建该类的引用变量 p，且 p 为 null，如图 3-1 所示；“new Position” 则表示实例化了一个 Position 类的对象，“( )” 则是调用构造方法，初始化对象，如图 3-2 所示；将引用变量 p 指向该对象，如图 3-3 所示。

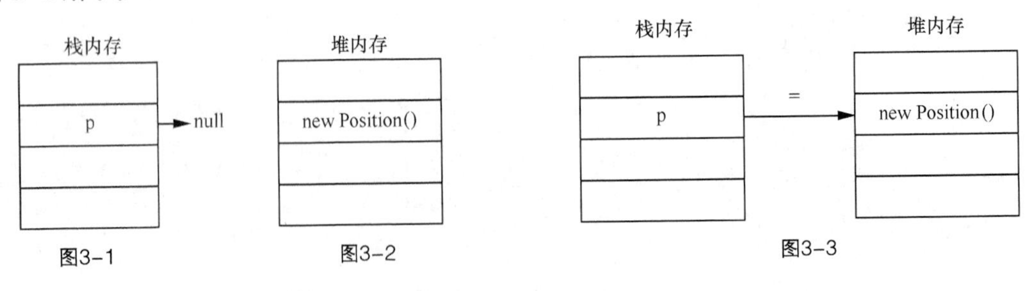

图3-1　图3-2　图3-3

说明

null 是 Java 中的一个关键字，表示不确定的对象，后续内容还会进一步介绍。

对象创建后，还需要进行初始化，其作用就是通过调用构造方法，对于分配了内存的实例变量赋初值，构造方法可以有参数，也可无参数。构造方法是类实例化为对象时，编译器自动调用的方法。构造方法必须与类同名，而且绝对不允许有返回值类型。

下面举一个有参数的例子。

例 3-2：定义一个坐标点 Position 类。

```
class Position {
      int x ; //定义了一个属性，属性类型为整型，属性名为 x
      int y; //定义了一个属性，属性类型为整型，属性名为 y
      public Position (){x=1;y=1;} //无参数的构造方法
      public Position (int x1,int y1){x=x1;y=y1;} //有两个参数的构造方法
      public void display(){System.out.println("hello,I am position object");}
}
public class PositionDemo{
      public static void main(String[] args){
            Position p=new Position (2,3);//创建Position类的对象，调用有参数的构造方法
            Position p=new Position ();//创建Position类的对象，调用无参数的构造方法
      }
}
```

例 3-2 中，如果无参数构造方法内无任何语句，则系统以默认方式对实例变量进行初始化，因 x、y 为整型变量，则其初始值将为零。

（2）对象的使用

调用对象的方法：对象名.方法名(参数 1 值，参数 2 值，...)

调用对象的属性：对象名.属性名

上面所说的对象名，实际上是指向对象的引用变量。

例如：

```
p.display("hello,I am position object");
p.x=1;
```

在调用对象方法时，初学者常常会遇到一个问题：程序编译通过，但一运行就会出现信息 java.lang.NullPointerException（如图 3-4 所示）。

```
C:\PROGRA~1\XINOXS~1\JCREAT~1\GE2001.exe
Exception in thread "main" java.lang.NullPointerException
        at java.awt.Container.addImpl(Container.java:1019)
        at java.awt.Container.add(Container.java:351)
        at GUI.<init>(AccessDB_Save.java:54)
        at AccessDB_Save.main(AccessDB_Save.java:14)
Press any key to continue...
```

图3-4　程序运行时报错信息

主要原因在于，除了“type objectName = new type ([paramlist]);”，还常常采用这样的方式创建对象：

```
Position p;
p=new Position ();
```

通常第一句会出现在属性声明中，而第二句会出现在某个方法中，使得初学者往往会犯一个错误，就是声明了类，但忘记了实例化，就调用对象的方法。由图 3-1 可知，仅仅声明类，系统默认初始 p 值为 null，并未指向某个对象，当 p 指向堆内存中的对象时（如图 3-3 所示），才可以调用对象的属性或方法。

（3）对象的清除

当不存在对一个对象的引用时，该对象成为一个无用对象。Java 的垃圾收集器自动扫描对象的动态内存区，把没有引用的对象作为垃圾回收并释放其所占用的内存。

3. 类的成员

Java 中通常会将类的属性称为成员变量，如 Position 类的 x、y 属性是 Position 类的两个 int 类型成员变量，相应地，将类中除构造方法以外的其他方法，称为成员方法。在一般情况下，类由构造方法、成员变量和成员方法构成，除此外，有时构造代码块和静态代码块也可以作为类的一个组成部分。下面我们分别来讨论各个组成成员的用法。

（1）成员变量

根据作用域范围，成员变量分为类变量和实例变量。类变量即静态变量（也称静态成员变量），被该类的所有实例化对象所共享，即其中任何一个实例化对象的类变量发生了变化，则其余实例化对象的类变量也会随之改变，因此，为类所属变量，与具体对象无关。实例变量则不同，当类每实例化一个对象，该对象将会持有实例变量的一个副本，所以，当某个实例化对象修改其实例变量值时，不会对其他对象中的实例变量产生影响，如定义类 Position：

```
class Position{
    static int scope; //static 修饰的变量：类变量
    int x; //实例变量
    int y; //实例变量
    public void display(){
        System.out.println("static variable :" + scope +", instance variable: " + x);
    }
}
```

类变量的调用方法为：类名.类变量名，创建 Position 类的两个对象 p、q。

```
Position p = new Position();    //实例化对象 p
Position q = new Position();    //实例化对象 q
p.x = 1;                        //实例变量赋值
p.scope = 10;                   /类变量赋值方式一
Position.scope = 10;            //类变量赋值方式二，通常采用的方式
q.x = 2;                        //实例变量赋值
p.display();   // 显示结果：static variable :10, instance variable:1;
q.display();   // 显示结果：static variable :10, instance variable:2;
```

上述代码中，scope 是类变量，对象 q 未对其赋值，但 q 调用 display 方法仍可显示类变量值，读者应该能够理解这是为什么吧。static 的具体用法在 3.4.2 节会有介绍。

（2）构造方法和成员方法

前面已讲过，方法的声明方式为：

```
[访问限制符] [返回值类型] 方法名( [参数类型 1 参数名 1, 参数类型 2 参数名 2, ……] )
```

Java 类中包括两种类型的方法：构造方法和成员方法。构造方法是用于对象的初始化，即为类的实例变量赋初始值，可带参数或不带参数，但方法名与类名相同，且不可有返回类型。

例 3-3：

```
class Student{
    String name;            //成员变量

    public Student(){        //无参构造方法
        name = "张三";
    }

    public Student(String myName){  //带参构造方法
        name = myName;
    }
}
```

Java 类中可以有一个或多个构造方法，创建不同构造方法可以满足不同需求下的对象初始化，当每个对象的初始化值要求不同时，可以使用带参构造方法，通过参数给每个对象赋予不同的初始值，若构造方法中未对其初始化，则 JVM 也会自动对其进行初始化。

成员方法是用于描述类的行为特征的，类的成员方法可以有一个或多个，方法体内是对于类行为的具体描述，可以带参数或不带参数，且必须有返回值类型，方法名没有太多限制。与成员变量相类似，成员方法也可分为类方法（也称静态成员方法）和实例方法，下面来看一个包含构造方法、类方法和实例方法的类。

例 3-4：

```
class Student{
    static int age_max=100;     //类变量，赋初始值
    String name;                //成员变量

    public Student(){           //无参构造方法
        name = "张三";          //初始化实例变量
    }

    public static void getAge_max(){  //类方法
        return age_max;         //返回类变量值
    }

    public void display(){      //实例方法
        System.out.println("我是display方法中的打印语句。");  //行为描述
    }
}
public class StudentDemo{
    public static void main(String[] args){
        Student stud = new Student();//Student类实例化
        stud.display(); //调用实例方法
```

```
            stud.getAge_max(); //调用类方法方式一
            Student.getAge_max(); //调用类方法方式二
        }
    }
```

类方法和实例方法的调用有较大区别，调用实例方法，需要先对类进行实例化，再通过“对象名.实例方法名()”的方式才可调用，而类方法有两种形式，例 3-4 中方式二为常用的调用方法，也就是说类方法无须实例化就可以使用，Java API 中许多类都提供了类方法，使用起来非常便利。但要特别注意的一点是，在类方法中不可直接引用实例变量，如在 Student 类中增加一个类方法：

```
public static void getName(){ //类方法
    return name; //返回实例变量 name 值
}
```

上述代码在编译时，加粗行语句会报错，原因是在类方法中使用了实例变量。

(3) 构造代码块和静态代码块

直接出现在类中的代码块有两种。

① 构造代码块，如果类存在多个构造方法时，可将其中共性的部分写入构造代码块。

例 3-5：

```
public class Position{
    int x; //成员变量
    int y; //成员变量
    int base_x; //成员变量:原点 x 坐标
    int base_y; //成员变量:原点 y 坐标

    { //构造代码块，每次实例化时，都先于所有构造方法执行
        base_x = 3; //初始化 base_x
        base_y = 3; //初始化 base_y
        System.out.println("base_x:" + base_x); //输出 p.base_x 值 3
    }

    public Position(){ //构造方法一
    }

    public Position(int x_1,int y_1){//构造方法二
        x = x_1; //初始化 x
        y = y_1;//初始化 y
    }


    public static void main(String[] args) {
        Position p = new Position();//Position 实例化
        p.x = 1;//对象属性赋值
        System.out.println(p.x); //输出 p.x 值 1
    }
}
```

② 静态代码块，有时项目资源加载过程或是某些变量初始化需要在所有类实例化之前完成，可将其放入静态代码块（或称 static 代码块），因为静态代码块会在 JVM 加载类时、类实例化之前被执行，且仅执行一次。

静态代码块是类中独立于类成员的 static 语句块，可以有一个或多个，位置也可以随便放，但不能在任何方法体内，JVM 加载类时会执行这些静态的代码块，如果 static 代码块有多个，JVM 将按照它们在类中出现的先后顺序依次执行它们，每个代码块只会被执行一次。

例 3-6：

```
public class Position{
      static int scope; //类变量
      int x;
      int y;

      static{ //静态代码块
            scope=3; //为类变量 scope 赋值
            System.out.println(scope);    //输出 scope 值
      }

      public static void main(String[] args) {
            Position p = new Position();
            p.x = 1;
            System.out.println(p.x);    //输出 p.x 值 1
      }
}
```

上述代码运行时，将会先执行静态代码块，先输出 scope，后输出 x 值。

4. 包

Java 中的包（Package）是一种组织方式，它以树型目录结构来组织 API 中的类/接口集合，如前面使用的 System 类，它的全路径是 java.lang.System，物理路径则是文件系统中的目录 jre\lib\java\lang，这样可以更好地管理类和接口，同时还可以：

1）区别名字相同的类，不同包中可以有同名的类；

2）更好地实现访问权限控制。

编写代码时，如需使用 Java 包中的类，则是要先导入包含该类的那个包，并用 import 关键字来标明。比如，要用 System 类：

```
import java.lang.System; //导入 java.lang 包中的 System
```

如果需要导入该包中的所有类，则可写成：

```
import java.lang.*;
```

Java 中常用的标准包有 java.lang、java.awt、java.awt.event、java.util、java.swing，以及 java.sql 等。java.lang 包是唯一默认导入的包，即不需要使用 import 就可直接引用其中的类，如 String、System 类；java.awt、java.swing 分别包含了用于图形用户界面的 AWT 和 Swing 组件类；java.awt.event 主要包含事件处理相关类；java.sql 则包含访问数据库的相关类；java.util

包含了许多实用工具类，如日期类 Date。

5. 编写 Java 程序

（1）Java 程序的构成

一个完整的 Java 程序包括一个主类和多个非主类，但至少有一个主类，且主类只能有一个。

```
public class 主类类名{
        //构造方法
        //多个属性或无属性
        //多个方法或无方法
        //main 方法且必须有
}
```

JVM 在开始解释运行 Java 程序时，必须有一个切入点，这个切入点就是类中所定义的 main 方法，它的表示方法如下。

```
public class Welcome{
        public static void main(String[] args){
                //do something
        }
}
```

（2）编写运行一个简单的 Java 程序

下面我们完整地编写运行一个 Java 程序。

① 编写源代码：打开记事本，在编辑窗口中输入下面的代码，保存成后缀为.java 的文件。其中文件名必须与定义的应用程序类名一致。

例 3-7：完整 Java 程序示例。

```
import java.lang.*;
//定义主类
public class WelcomeDemo{
        String str; //声明一个属性变量

        public WelcomeDemo(){//定义构造方法
                str = "welcome to Java world!";  //为变量赋值
        }

        public void displayWelcome(){//定义成员方法
                System.out.println(str);    //显示属性变量的值
        }

        public static void main(String[] args){ //main()方法
                WelcomeDemo wel=new WelcomeDemo(); //创建主类的对象
                wel.displayWelcome(); //调用对象中的方法
        }
}
```

② 编译：在该文件所在目录下输入命令行：

```
        javac WelcomeDemo.java
```

按 Enter 键，编译通过后，将自动生成类文件 WelcomeDemo.class。

③ 解释运行：同样在文件所在目录下，输入命令行：

```
        java WelcomeDemo
```

按 Enter 键，就可以得到下面的运行结果（见图 3-5）：

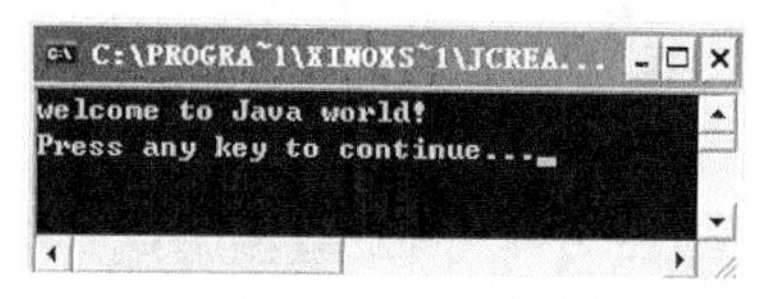

图3-5 例3-7运行结果

同步练习：定义一个数字类 ExpNumber，能够显示数字的值。

3.1.3 任务实施

设计一个类，实现图形名称、周长和面积的显示功能，该类包括图形名称、周长和面积属性、一个构造方法和一个显示图形参数的方法，使用记事本编写类的代码。

```
import java.lang.System;  //导入包
public class GraphBase {
    String name; //定义图形名称属性
    float circum; //定义图形周长属性
    float area; //定义图形面积属性

    public GraphBase(){  //无参构造方法
    }

    public GraphBase(String gname){//有参构造方法
        name = gname; //初始化名称属性
        circum = 0.0f; //初始化周长属性
        area = 0.0f; //初始化面积属性
    }

    public void printParamter(){ //显示名称、周长和面积方法
        System.out.println( "名称:" + name + ";周长: " + circum + ";面积: " + area);
    }

    public static void main(String[] args){ //程序入口
        GraphBase base = new GraphBase("圆形"); //类GraphBase 的实例化
        base.printParamter();//实例对象调用方法显示图形参数
    }
}
```

将上述代码保存在 GraphBase.java 文件中。在 DOS 命令窗口中，在 GraphBase.java 文件

所在目录，分别执行命令：

```
javac  GraphBase.java    //编译源码
java  GraphBase          //执行程序
```

第一个自定义类完成了，为了能够更好地规范地写出 Java 程序，还需要了解基本的编写规范。

同步练习：扩展数字类 ExpNumber，能够比较两个整数是否相等。

3.1.4 知识延伸：代码编写规范

（1）标识符规范

① 所有的标识符，如类名、属性名等，都是由大/小写字母、数字 0～9，以及下划线 "_" "$" 符号组成，但不能以数字开头，并遵循驼峰式命名法则。

② 使用名词命名类名，采用大驼峰法——每个单词的首字母大写。如：UserInfo。

③ 接口的大小写规则与类名相似，不过通常前面再加大写字母 I，如：IUser。

④ 使用动词或动词词组命名方法名，采用小驼峰法——第一个单词的首字母小写，其后单词的首字母大写。如：setName(String name)。

⑤ 变量名也同样采取小驼峰法命名。变量名应简短、易记忆，且可见名知义。

⑥ 常量的声明应该全部大写，每个单词之间用 "_" 连接。例如：final float CIRCLE_PI = 3.14159。

⑦ 定义的包名前加上唯一的前缀。因域名是唯一的，因此，可采用公司域名为项目包的唯一前缀。例如：com.oracle.dao……。

（2）注释规范

① 注释尽可能使用 "//"；程序开头的注释则使用 "/*"。

② 每个源文件开头有一个注释，列出作者、时间、功能等信息。

③ 每个方法应有注释（main 方法除外），每个属性应注释。

④ 注释尽量使用中文。

（3）缩进排版规范

① 采用缩进排版，避免一行超过 60 个字符。

② 有逻辑意义的代码段之间以空行分开，如两个方法之间。

（4）文件名规范

① 一个 Java 源文件只存储一个 Java 类。

② 文件名与 Java 类名相同，如果文件有多个类存在，则与主类类名相同。

③ 一个类文件的代码行尽量不超过 200 行。

（5）声明规范

① 一行声明一个变量。

② 声明变量，放在代码块开始处。

③ 变量声明时要初始化。

④ 避免局部变量与上一级变量同名。

（6）语句规范

① 每行至少包含一条简单语句。

② 代码块内，其中每条语句占一行，如 if 语句的“{ }”中，每条语占用一行。

③ for 语句控制变量的个数，应少于三个。

（7）编程规范

① 尽可能使用 public 或 private，限制类及类成员。

② 对于静态变量和方法，使用“类名.变量”或“类名.方法”访问。

③ 对于固定数值或字符串，定义为静态常量/常量，如：圆周率。

④ 对于多路分支，用 switch 语句实现。

⑤ 更新数据库表中数据时，应使用 java.sql.PreparedStatement 类实现。

⑥ 操作对象时，修改其状态的方法名前缀为 set，获取其状态的方法名前缀为 get，判断其状态的方法名前缀为 is。

3.2 先导任务四：编写三角形参数计算程序

3.2.1 任务解读

编写一个程序，能够计算三角形的周长和面积参数，并能显示图形参数。

当前任务与先导任务三存在着一定的关系，即都是与图形相关，先导任务三中的类包括“图形名称”、“周长”和“面积”属性，以及对于属性的一种操作——显示三个属性的方法，当前任务对于周长和面积的计算，则是对于“周长”和“面积”属性的另一种操作，可以利用对象的继承来实现，而类的继承还要考虑其访问限度，它是由 Java 访问控制符来实现的。

3.2.2 知识学习

1. 类的继承

类的继承是指在现有类（父类）的基础上，扩展其功能形成新的类（子类）。联想到“子承父业”，其含义是儿子继承了父亲的产业，意味着儿子拥有父亲所有的产业，并在此基础上可创造更多的产业，这样，儿子拥有的产业就是父亲和本人产业的总和。类似地，子类继承父类，意味着子类可以使用的属性和方法，是父类和子类的总和。

一个父类可以有多个子类，所有子类都具有父类的公共特性，子类只要定义除了公共特性之外的、子类所特有的特性。继承的概念很好地支持了代码的重用性，也就是说，子类从父类派生而来，子类可直接利用父类的属性和方法，不必重复定义它们，同时也不会影响父类的使用。

Java 语言是通过 extends 关键字来实现类的继承的。来看一个例子，现在的书包括电子版和印刷版两类，下面定义了一个父类和子类。

例 3-8：定义书类和印刷版。

```
class Book{
     String bookName;
     float bookPrice;

     public Book(){}
```

```
    public void display() {
        System.out.println("book name is "+bookName);
    }
}
public class TextBook extends Book{
    String bookPublish;
    String bookIsbn;

    public TextBook(){}

    public static void main(String args[]){
        TextBook tbook=new TextBook (); //创建对象
        tbook.bookName="Java 程序设计";//属赋值性
        tbook.bookPrice=23.00;
        tbook.bookPublish="清华出版社";
        tbook.bookIsbn = "0908070605040201";
        tbook.display(); //调用方法
    }
}
```

Book 类中定义了书名（bookName）和价格（bookPrice）属性，以及显示书名信息的方法 display。印刷版从书类派生而来，定义了出版社（bookPublish）、ISBN 号（bookIsbn）属性。main 方法中创建了印刷版类的对象，并对所继承的和本身的属性进行了赋值，并调用了父类的方法。

需要说明的是，**Java 不支持多重继承，即一个子类只能继承一个父类。**

同步练习：以 ExpNumber 类为父类（该类具有数字显示、比较两数是否相等的功能），定义子类——整数类 ExpInteger，使之具有加法运算功能。

练习提示：请充分利用前面练习已写的代码。

2. 访问控制符

访问控制符是一组限定类、域或方法是否可以被程序里的其他部分访问和调用的修饰符。即说明被声明的内容（类、属性、方法和构造方法）的访问权限，就像发布的文件一样，在文件中标注机密程度，以表明该文件可以被哪些人阅读。

访问控制符是类的封装性的体现。使用访问控制符，视需要将类中的信息公开部分或全部，这样，若修改类内部隐藏部分内容，将不会影响到项目中的其他类，提高了代码的可维护性。因此，合理地使用访问控制符，有利于整个项目的开发和维护。

Java 中访问控制权限有四种：公有的（ public ）、受保护的（ protected ）、默认的（缺省访问控制符）、私有的（private），其中缺省访问控制符是指不书写任何的关键字，也代表一种访问权限。下面通过一个例子学习访问控制符的使用，如图 3-6 所示，有两个包：package1 中有三个类 A、B、D，其中类 A 中定义了属性 x，类 B 是类 A 的子类；package2 中有两个类 C、E，C 也是类 A 的子类。表 3-1 中列出了类 A 中的 x 的访问修饰符不同时，其他几个类访问 x 受到的限制。

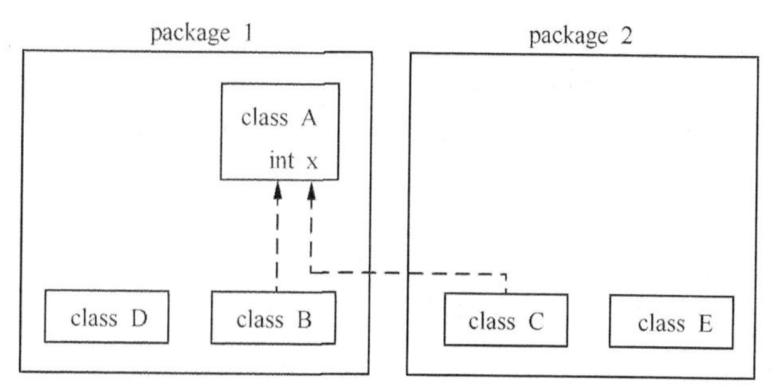

图3-6　访问控制符使用示例图

表 3-1　示例中对属性 x 的访问权限

访问控制符	类 B	类 C	类 D	类 E
x 声明为 public	可访问	可访问	可访问	可访问
x 声明为 protected	可访问	可访问	可访问	不可访问
x 声明为缺省访问控制符	可访问	不可访问	可访问	不可访问
x 声明为 private	不可访问	不可访问	不可访问	不可访问

四种访问控制权限的作用如下。

1）公有访问控制符 public：包是类的集合，同一包中的类之间，无须任何说明可以相互引用，而对于不同包的类，只有当该类声明为 public 时，才能被其他包的类访问，每个 Java 程序的主类都必须是 public 类。属性和方法也是同样的，声明为 public 表明是对外公开的，过度使用 public 将降低类的安全性。

2）缺省访问控制符：声明为缺省访问控制权限时，该类只能被同一个包中的类访问和引用，而不可以被其他包中的类使用，这种访问特性又称为包访问性。类的属性或方法也类似。

3）保护访问控制符 protected：用 protected 修饰的属性或方法可以被该类自身、同一个包中的其他类、其他包中该类的子类。使用 protected 修饰符的主要作用是允许其他包中该类的子类来访问父类的特定属性。

4）私有访问控制符 private：用 private 修饰的属性或方法，只能被该类自身所访问和修改。private 修饰符主要用于声明仅在类内部使用的属性或方法。

说明

类可使用的访问控制符只有 public 和缺省访问控制符，而属性、构造方法和方法可以使用上面四种访问控制符中的任何一种。

下面举例说明访问控制符的使用。

例 3-9：定义数据处理类和应用类。

```
package com.calculate; //定义类 Calculator 的包路径
import java.lang.System; //导入包
public class Calculator{
    int x;//缺省访问限制
```

```
        public void display(){//公有方法
            x = process(x);  //调用私有方法
            System.out.println("x:" + z);
        }

        private int process(int y){//私有方法
            y = y * 0.1;      //数据处理代码
            return y;
        }
    }
    package com.calculate; //定义类 CalculatorApp 的包路径

    import java.lang.System; //导入包
    import com.calculate.Calculator; //导入 Calculator 类的包路径

    public class CalculatorApp{
        public static void main(String[] args){
            Calculator c = new Calculator();
            c.x = 100; //与 Calculator 同一个包，可访问
            c.display();//输出数据处理后 x 值
            c.process(200);//编译报错：process 方法不可见
        }
    }
```

本章 3.1.2 节中已学习了包的概念和包的导入方法，在使用 API 类时，需要先导入再使用，反之，自定义类也可定义自己的包，从而提供给其他类引用，定义方法如下。

1）在类的定义的首句加“package 包名”。

2）编译 Java 程序，生成的 class 文件会放在以包名为目录名的目录中。

这样，其他程序用“import 包名”就可以引入此包中的所有 public 类。

例 3-9 中 Calculator 定义包路径为 com.calculate，假设指定目录为 d:\，将 Calculator.java 保存于 d:\目录下，在 DOS 命令窗口执行命令：

```
javac -d . Calculator.java //编译
```

编译后，将会在 d:\生成子目录 com\calculate，同时 Calculator.class 文件也会保存于该子目录中。

CalculatorApp 也定义了包路径，且导入了 Calculator 类，类似地，编译 CalculatorApp.java，在 d:\com\calculate 目录下将会生成相应的.class 文件，在 DOS 命令窗口执行命令：

```
java com.calculate.CalculatorApp //执行
```

编译执行可知，CalculatorApp 类可赋值 Calculator 类中缺省限制访问属性 x，但不可调用其私有方法 process。

合理使用访问控制符，可以很好地实现类的封装性。我们知道，封装就是隐藏类的内部实现细节，即将属性私有化，并提供公有方法访问属性，以实现对属性的数据访问限制，同时增加了

程序的可维护性。具体做法是，使用 private 修饰属性，并为每个属性创建一对由 public 修饰的取值（getXXX）和赋值（setXXX）方法，用于访问这些属性。

例如：

```
public class Student{
    private String sno; //学号
    ……//其他属性

    public String getSno(){ //学号取值方法
        return this.sno;
    }
    public void setSno(String sno){//学号赋值方法
        this.sno = sno;
    }

    ……//其他属性取值和赋值方法
}
```

同步练习：修改 ExpInteger 类，将其中的属性设置为私有，并通过 getXX/setXX 方法，为其他类提供访问接口。

3. 包的划分

设计和开发 Java 项目过程中，为了便于项目的组织与管理、避免命名的冲突，分包是非常有必要的，且行之有效。划分包的基本规则是：项目所属组织名（企业或单位域名）的逆序形式+项目名+模块名。对于不同的模块，采用分层的思想进一步分包，第一层按照三层架构（数据层 dao、逻辑层 bussiness、表示层 ui）划分，接下来针对不同的架构层进行层内划分。例如：某大学（www.univ.edu.cn）图书管理系统，包括用户模块（user）、图书模块（book）、借书模块（borrowing）和还书模块（returning），则包划分为：

```
cn.edu.univ.user
cn.edu.univ.book
cn.edu.univ.borrowing
cn.edu.univ.returning
```

接着，逐个按第一层（三层架构）再划分为：

```
cn.edu.univ.user.dao、cn.edu.univ.user.bussiness、cn.edu.univ.user.ui
cn.edu.univ.book.dao、cn.edu.univ.book.bussiness、……
cn.edu.univ.borrowing.dao、cn.edu.univ.borrowing.bussiness、……
cn.edu.univ.returning.dao、cn.edu.univ.returning.bussiness、……
```

然后，对于数据层和逻辑层，在充分考虑面向接口编程的原则下，划分为 ado、impl、factory，而逻辑层可以进一步划分为 ebo、ebi、factory。

3.2.3　任务实施

（1）类的设计和编写

以 GraphBase 为父类（已定义了名称、周长和面积属性，以及显示方法），构造派生类 Triangle。

① 根据三角形图形特点，定义三条边及高四个属性。

② 定义计算周长和计算面积方法。

使用记事本编写以下几个类的代码。

```
/*完善后的 GraphBase 类*/
package com.example.base; //定义包路径
public class GraphBase {
      String name; //定义图形名称属性
      float circum; //定义图形周长属性
      float area; //定义图形面积属性

      public GraphBase(){  //无参构造方法
      }

      public GraphBase(String name){//有参构造方法
            this.name = name; //初始化名称属性
            this.circum = 0.0f; //初始化周长属性
            this.area = 0.0f; //初始化面积属性
      }

      public void printParamter(){ //显示名称、周长和面积方法
            System.out.println( "名称:" + this.name + ";周长: " +
                                                this.circum + ";面积: " + this.area);
      }
}
//Triangle 类
package com.example.base; //定义包路径
public class Triangle extends GraphBase{
      float side_left;//左侧边长
      float side_right;//右侧边长
      float side_bottom;//底边边长
      float height;//高

      public Triangle(){
      }

      public float setCircum() { //计算周长
            this.circum = this.side_left + this.side_right + this.side_bottom;
            return this.circum;
      }

      public float setArea(){//计算面积
            this.area = (this.side_bottom * this.height) / 2;
            return this.area;
```

```
        }
    }
    //应用类
    package com.example.base; //定义包路径
    public class GraphApp{
        public static void main(String[] args){//程序入口
            Triangle t = new Triangle ();//实例化子类，创建三角形对象
            t.name = "三角形";//赋值父类名称属性;
            t.side_bottom = 10;//赋值子类底边属性
            t.height = 5; //赋值子类高属性
            t.setArea(); //调用子类方法，计算面积
            t.printParamter();//调用父类方法，显示三角形的参数
        }
    }
```

为了更清晰地呈现类的使用过程，专门创建仅包含一个 main 方法的应用类。在 main 方法中，子类对象通过对父类属性/方法、子类属性/方法的操作，实现了三角形图形的参数计算功能。

（2）项目的构建和编译

上述三个类 GraphBase、Triangle 和 GraphApp 均定义了包路径 com.example.base，假设指定目录为 d:\，则将三个类源代码保存在 d:\目录下，并在 DOS 窗口中，在目录 d:\下分别执行以下编译命令：

```
javac  -d  .  GraphBase.java
javac  -d  .  Triangle.java
javac  -d  .  GraphApp.java
```

将在 d:\下自动生成 com\example\base 目录，并将.class 文件保存于该目录下。

再执行运行命令：

```
java  com.example.base.GraphApp
```

由于 GraphApp 类已实现了 Triangle 类的实例化，因此，只要执行 GraphApp 即可。如果子类方法中需直接调用父类方法，又如何解决呢？另外，代码中出现的新关键字 this，我们也需要了解它的具体用法。

3.2.4 知识延伸：this、super 关键字和 Class 对象

（1）this

完善后的 GraphBase 类，其构造方法第一句改为 this.name = name，参数名与类成员变量名相同，如何区分呢？Java 中提供了一个关键字 this，等式左侧的 this.name 表示类成员变量，右侧为方法参数。this 关键字只能用于方法体内，当一个对象创建后，JVM 就会给这个对象分配一个引用自身的指针，这个指针的名字就是 this。因此，this 只能在类中的非静态方法中使用（因静态方法和静态的代码块，在类加载时就已被加载或执行了），且 this 只能与特定的对象关联，同一个类的不同对象有不同的 this。this 具体用法如下。

① this 调用本类的成员变量。

② this 调用本类的方法。

③ this 调用本类中的其他构造方法，调用时要放在构造方法的首行。

④ 返回类的调用。

例 3-10：用法①举例——引用成员变量。

```
public class Student {
      String name;   //定义一个成员变量 name
      private void SetName(String name) { //定义一个参数（局部变量）name
            this.name=name; //将局部变量的值传递给成员变量
      }
}
```

定义类的方法时，常会采用与成员变量相同的名字来命名参数，并通过 this 加以区分，这时 this 代表的就是对象的名字。

例 3-11：用法③举例——调用类的构造方法。

```
public class Student{  //定义类，类的名字为 student。
      public Student(){   //定义不带参构造方法
            this("luobo") ; //调用带参构造方法
      }

      public Student(String name){ //定义带形式参数的构造方法
      }
}
```

上面代码段中定义了两个构造方法，一个带参数，另一个无参。“this(“luobo”);” 语句表示，其引用的是带参数的构造方法。使用这种方式来调用构造方法时，只能是在无参构造方法的第一句使用 this 调用有参构造方法，否则的话，编译报错。所以，在一般情况下，还是通过类的实例化来调用构造方法方式为好。

例子 3-12：用法④举例——返回对象的值。

```
public class Student{
      public Student getStudentObject(){
            return this;
      }
      public static void main(String[] args){
            Student s = new Student();
            System.out.println(s.getStudentObject());
            System.out.println(s);        //与上句打印的值相同
      }
}
```

例子 3-12，通过使用 “return this;” 语句返回了 Student 类的引用 *s* 的值，此时这个 this 关键字就代表当前对象。

（2）super

super 与 this 的作用类似。在实例化一个对象时，JVM 会让该对象产生一个 this 的引用，以指向对象自身，如果该对象是子类对象时，该对象还会产生一个 super 引用，指向该对象里面的父对象（注意是直接父类），如图 3-7 所示。

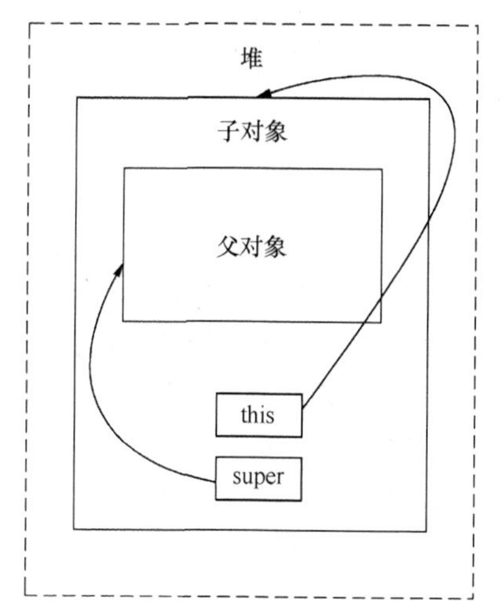

图3-7　this和super作用示意图

下面通过一个具体例子来理解 this 和 super 的不同用法。

例 3-13：this 和 super 的应用示例。

```
public class Person{//父类
      String name;   //姓名属性
      Person(){//无参构造方法
            this.disp("A Person.");
      }
      Person(String name){//带参构造方法
            this.name = name; //初始化姓名属性
            this.disp("A person name is:"+this.name);
      }
      public void disp(String s){//显示某个人姓名方法
            System.out.println("student name is:" + s);
      }
}
public class Student extends Person{//子类
      String sno; //学号属性
      public Student(){
            super();//调用父类构造函数，必须放在方法内第一行
      }
      public Student(String name,String sno){
            super(name);//调用父类带参的构造函数
            this.sno = sno; //初始化学号属性
      }
      public void dispStudent(){//显示学生姓名和学号的方法
            super.disp(super.name);//调用父类方法
            System.out.println("student no is:"+this.sno);
```

```
    }
    public static void main(String[] args){
        Student stud=new Student("张三", "2016010101");
        stud. dispStudent();
    }
}
```

总结一下 super 的应用规则。

① 子类构造方法中要调用父类的构造方法，需使用“super([参数列表])”的方式，参数不是必须的，且只能放在子类构造方法体中第一行。如果父类有“无参构造方法”时，可以显式或隐式调用父类的构造方法，否则，子类的构造方法必须显式调用父类的构造方法。

② 子类方法中要调用父类方法时，应采用“super.父类方法”形式，类似地，使用父类属性时，也要用“super.父类属性”方式。如果子类中没有定义与父类同名的属性或方法，则子类在使用父类属性或方法时，直接使用“this.属性”或“this.方法”来调用即可。

（3）Class

Java 虚拟机（JVM）为每种类型管理一个独一无二的 Class 对象。也就是说，每个类（型）都有一个 Class 对象，它是 java.lang.Class 类的实例。当一个.class 文件运行期间，需要实例化某个类时，JVM 首先检查内存中是否存在该类，有的话直接创建该类实例，否则需要加载该类，即根据类名查找对应的.class 文件，再将该.class 文件载入内存（JVM 方法区），同时为该类创建一个 Java.lang.Class 类的实例，用于封装类的数据结构。这个 Class 对象是单实例的，即该类的所有实例共享这个 Class 对象，且是唯一的。Java 中的所有引用类型和基本类型，以及关键字 void 都对应一个 Class 对象。

Class 对象有三种创建方式。

① 类的 class 属性【类名.class】。JVM 使用类装载器，将指定类装载至入内存（若该类未在内存），不进行类的初始化，直接返回 Class 的对象。

② Object 的 getClass 方法【实例对象.getClass()】。其中实例对象就是对象引用变量，实例对象需先创建好，getClass 方法将返回运行时引用变量真正指向的对象所属类的 Class 对象。

③ 类的全路径【Class.forName("类名字符串")】。其中类名字符串即类的全路径，即包名+类名。这种方式是装载指定类，同时对类进行静态初始化，返回 Class 的对象。

例 3-14：Class 对象的创建示例。

```
package com.classobject;
public class ClassDemo{
    public static void main(String[] args){
        Class c_1 = ClassDemo.class;//方法一

        ClassDemo cd = new ClassDemo();//方法二
        Class c_2 = cd.getClass();

        Class c_3 = null;
        try {//捕捉异常
            c_3 = Class.forName("com.keyword.ClassDemo"); //方法三
```

```
        } catch (ClassNotFoundException e) {//异常处理
            // TODO Auto-generated catch block
            e.printStackTrace();
        }
        System.out.println("ClassDemo.class:" + c_1);
        System.out.println("cd.getClass(): " +c_2);
        System.out.println("Class.forName:" + c_3);
        }
}
```

例 3-14 运行结果，如图 3-8 所示。

```
ClassDemo.class:class com.keyword.ClassDemo
cd.getClass(): class com.keyword.ClassDemo
Class.forName:class com.keyword.ClassDemo
```

图3-8　例3-14运行结果

从运行结果可知，三种方式的创建结果是一样的。区别在于使用的场合，如果无须类的实例对象，则使用第一种，如果已有实例，则可使用第二种，假如在使用时才需要加载类，则可使用第三种（例如，访问数据库时，加载数据库驱动类）。

同步练习：扩展 ExpInteger 类，增加对两个整数的相减、相除和相乘运算功能。

3.3 先导任务五：编写四边形参数计算程序

3.3.1　任务解读

编写一个程序，能够计算四边形的周长和面积参数，并能显示图形参数。

当前任务与先导任务四类似，也就是说，当前任务也可以利用对象的继承来实现，但不同的是图形类型是四边形，且四边形又有多个细分类别，其面积计算要求的参数和公式不同，这就要求所定义的面积计算方法能够应对不同的参数，利用类的多态特性可以解决这个问题。

3.3.2　知识学习

类的多态

多态的字面意思即“多种状态”。类的多态性是指允许将子类对象的引用赋值给父类引用变量。在面向对象程序设计中，多态是指同一个实体同时具有多种形式。Java 中的多态性体现在编译和运行两个方面，编译时多态是静态多态，在编译时就可确定对象使用的形式；运行时多态是动态多态，引用的对象在运行时才能确定。

1）编译时多态：表现为方法重载，系统在编译时就能确定调用重载方法的哪个版本。

2）运行时多态：表现为方法重写，由继承性而言，子类的对象也是父类的对象，即上溯造型。

父类的引用变量可以指向子类对象。因此，当父类和其子类（一个或多个）有声明相同的方法，通过父类的引用变量调用该方法时，执行的可能是父类中定义的，也可能是某个子类中定义的，由运行时刻具体的对象类型决定。

Java中的编译时多态（方法的重载）和运行时多态（方法的重写），其具体含义如下。

1）方法的重载：如果在一个类中定义了多个同名的方法，它们或有不同的参数个数或有不同的参数类型，但和返回值类型无关，称为方法的重载（Overloading）。

2）方法的重写：如果在子类中定义了某方法，且其父类已具有相同的方法名称和参数，我们说该方法被重写（Overriding）。

下面通过一些例子，进一步理解编译时多态和运行时多态。

例子3-15：利用编译时多态，实现显示整型数字和字符串功能。

```
public class PrintDemo{
    public void printValue(int x){ //定义显示整型数字方法
        System.out.println("print integer : " + x);
    }

    public void printValue(String s){ //定义显示字符串方法
        System.out.println("print string : " +s);
    }
}
```

PrintDemo类中有两个相同名字、参数不同的printValue方法，两者功能（显示）相同，但遇到不同的具体情况（显示的数据类型不同），所以，需要通过定义包含不同具体内容的方法，即定义不同的参数，来代表多种具体实现形式（实现显示整数和字符串两种功能）。编译器根据编写代码中参数的情况（类型和数量），来决定调用实际调用的重载方法的版本。

例子3-16：利用运行时多态，定义实现了具有绘制功能的图形类。

```
public class Shape{//图形父类
    public void draw(){
        System.out.println("draw shape");
    }
}

public class Rectangle extends Shape{//矩形子类
    //重写draw方法
    public void draw(){
        System.out.println("draw Rectangle");
    }
}

public class Circle extends Shape{//圆形子类
    //重写draw方法
    public void draw(){
        System.out.println("draw Circle");
    }
}
```

```
public class ShapeDemo{
    public static void main(String[] args){
        …… //省略
    }
}
```

例子3-16的main方法中，在实例化时，如果定义为“Shape s=new Shape();”，则“s.draw();”语句将调用父类的draw方法；如果定义为“Shape s=new Circle();”，则“s.draw();”语句将会调用Circle类的draw方法；如果定义“Shape s=new Rectangle ();”，则“s.draw();”语句调用Rectangle类的draw方法。也就是说，若子类重写了父类中的方法，在程序运行时，当父类的引用指向实例化的子类对象时，JVM将会调用该子类中的方法。

3.3.3 任务实施

根据图形特征以及面积计算公式，将四边形再细分两个类别：矩形（正方形）和梯形/平行四边形。我们知道，计算四边形的周长和面积，四个边是必需的参数，计算面积时有些类型四边形还需用到四边形的高，因此，类的定义包括：四个边属性、计算周长方法以及针对不同类型四边形的面积计算方法，这里将会借助类的多态性来实现。

```
/*四边形图形周长和面积计算类*/
package com.example.base;
public class Quadrilateral extends GraphBase{
    float side_top;
    float side_bottom;
    float side_left;
    float side_right;

    public Quadrilateral(String name, float height, float width){//正方形
和矩形
        this.name = name;
        this.side_left = height;
        this.side_right = height;
        this.side_top = width;
        this.side_bottom = width;
    }

    public Quadrilateral(String name, float side_top, float side_bottom,
                         float side_left, float side_right){//梯形和平行四边形
        this.name = name;
        this.side_top = side_top;
        this.side_bottom = side_bottom;
        this.side_left = side_left;
        this.side_right = side_right;
    }
```

```
        public float setCircum(){ //四边形周长计算方法
            this.circum = this.side_top + this.side_bottom + this.side_left + 
this.side_right;
            return this.circum;
        }

        public float setArea(){ //矩形/正方形面积计算
            this.area = this.side_top * this.side_left;
            return this.area;
        }

        public float setArea(float height){ //梯形/平行四边形面积计算
            this.area = ((this.side_top + this.side_bottom) * height) / 2;
            return this.area;
        }
    }
    //应用类
    package com.example.base; //定义包路径
    public class GraphApp{
        public static void main(String[] args){//程序入口
            Quadrilateral q= new Quadrilateral ("矩形", 5, 10);//实例化子类，创建矩形对象
            q.setArea(); //调用子类方法，计算矩形面积
            q.printParamter();//调用父类方法，显示矩形的参数
        }
    }
```

代码解释：Quadrilateral 类有两个构造方法和两个面积计算方法，这是方法的重载。通过方法重载，Quadrilateral 类可以应对不同类别四边形的初始化，以及面积计算需要。

项目的目录构建、编译和执行与先导任务四类同，不再赘述。

同步练习：编写一个椭圆和圆形参数计算程序。

同步练习：以 ExpNumber 类为父类，定义子类 ExpNumberCalculation，实现两个整型/浮点型数的加、减、乘和除运算功能，代替 ExpInteger 类。

练习提示：请充分利用前面练习已写的代码。

3.4 先导任务六：编写具有可扩展性的图形参数计算程序

3.4.1 任务解读

编写图形参数计算程序，且可很方便地衍生出新类型图形的参数计算程序。

对于当前任务，我们可理解为，希望能够构建一种图形参数计算的模型，程序员可以方便地扩展功能，满足更多类型图形的参数计算要求。类的抽象性特征说明，抽象度越高的类，概括性越强，所指范围也越大。Java 中所提供的抽象类和接口正是高度抽象性的体现。

3.4.2　知识学习

1. 抽象类和接口

（1）抽象类

还记得项目1中猫科类吧，我们知道“猫科”是一个类，可派生出“虎”“猫”“豹”等，那么是否存在一只真实的猫科动物，且它不是猫科动物中任何一个具体动物呢？很明显不存在。“猫科”仅仅是作为一个抽象的概念存在着，具有所有“猫科”动物的共同特性，任何一个具体的“猫科”动物都是经过特殊化后的“猫科”的一个子类的对象，而这个“猫科”就是一个抽象类（abstract）。抽象类既然没有包含足够的信息来描述具体的对象，那么它的存在意义又是什么呢？还是以“猫科”类动物为例：如果有人问“猫”是什么，你可能会说：“猫是一种体形不大、性格温驯、行动敏捷、喜爱吃鱼、会捕鼠的猫科类动物。”如果描述“豹”，可能会说：“豹是一种体形修长、短跑速度最快、十分凶残的猫科类动物。”从这些描述中，可以看出是在已知猫科类动物基础上的进一步解释，且只有当询问哪种猫科动物时，才需要进一步解释。这样，猫科类概括了“猫科”的共同点，形成“猫科”概念，其子类只需在此基础上，描述与其他子类的不同之处，以此类推子类的子类描述，如此一来使得所有的概念层次分明，符合人类的思维习惯。

Java中所有对象是由类来描述的，但不是所有类都用于描述对象，即有些类没有包含足够的信息来描绘一个具体的对象，这样的类就是抽象类。抽象类往往用来表征我们在对问题领域进行分析、设计中得出的抽象概念，是对一系列看上去不同，但是本质上相同的具体概念的抽象。

例子3-17：抽象类“机动车”，描述所有机动车牌号和类型等公共特性。

```
public abstract class Vehicle{   //机动车抽象类
     String type; //类型
     String plateNumber; //牌号

     public abstract void driveMethod(); //抽象方法
     public void printParameter(){ //非抽象方法
          ……  //显示参数
     }
}
public class Car extends Vehicle{   //轿车子类
     public Car (String type, String plateNumber){
          this.type = type;
          this.plateNumber = plateNumber;
     }
     public void driveMethod() { //实现了抽象类中的抽象方法
          …… //轿车驾驶的方法
     }
     public static void main(String args[]){
          Car c = new Car (4);  //子类Car的实例化
          c.driveMethod();  //调用子类Car的方法
     }
}
```

使用抽象类的一些规则如下。

① 抽象类中可以有抽象方法，也可以没有，但包含抽象方法的类一定是抽象类。

② 抽象方法的表述方法：public abstract <返回类型> 方法名（参数列表）。

③ 不可直接对抽象类进行实例化，但可以通过声明抽象类，并将引用指向子类的实例来使用。

④ 抽象类可以被子类继承，但子类必须实现抽象类中的抽象方法。

⑤ 抽象类中不可以定义抽象构造方法和抽象静态方法。

没有抽象方法的抽象类，与非抽象类最大区别就是不可直接实例化，如 java.io.FilterReader。

（2）接口

接口听起来比较抽象，来看一个实际例子，现在许多小电器上（优盘、计算机、数码相机等）都使用了 USB 接口，给人们带来许多方便。USB 接口实际上是定义了一个规范，所有的厂家无论电器本身的功能是什么，只要按照这个规范制作电器接口，就可以与符合这个规范的其他设备互连。Java 中的接口与 USB 接口的意义相同，Java 接口中定义了抽象方法，描述了方法名、方法参数、返回类型等，也就是定义了一个规范，在调用方法时，只要按照接口中方法规范就可以了，不必关心方法的内部实现，具体的实现留给具体的实现类去做，这样就把调用者和实现者隔离开来，提高了程序的健壮性和复用性。

接口（interface）是一个特殊的抽象类，它是由静态常量和抽象方法构成，用于实现 Java 中的多重继承。接口使用 interface 关键字声明，接口的访问控制符为 public 或缺省，当没有访问修饰符时，则是默认访问范围，即在包内可以使用该接口。当使用 public 访问符时，则表明该接口类可以被任何代码使用。接口中的方法默认为 public abstract，即方法无实现代码，且其中的变量声明默认为 public static final（静态常量）。如：

```
interface IChar{
      int MAX_NUM = 1000; //声明静态常量 MAX_Num
      void Character();//声明抽象方法
}
```

由于接口中只有方法的声明，即只有方法的功能描述，而没有方法的实现，要让接口发挥作用，就需要定义一个普通类，重写其中所有方法，被称为接口的实现。普通类可使用关键字 implements 来实现接口。仍用机动车类的例子，将例子 3-17 修改一下。

例 3-18：定义机动车接口类。

```
public interface IVehicle{//声明机动车驾驶接口
      void driveMethod();
}
public class Car implements IVehicle{//定义轿车类，实现接口
      public Car (String type, String plateNumber){
            this.type = type;
            this.plateNumber = plateNumber;
      }
      public void driveMethod(){  //重写了接口中的方法
```

```
        System.out.println(this.type + "的方式是轿车驾驶");
    }
}
```

我们知道 Java 不支持类的多继承，但支持实现多接口，因此，一个类只可继承一个类，但可以实现多个接口，若多个接口中有相同方法（指的是完全相同）时，则在类中定义一个就可以了。

由于接口是类，所以接口也可以继承，与非接口类不同的是，接口可以多继承，继承的关键字也是 extends。这样，子接口可以继承父接口的常量、方法，同时添加自己所特有的常量、方法。

在项目开发过程中，接口的应用很频繁。为了进一步学习接口的用法，再来看一个应用例子（可能对于初学者来说，这个例子比较难懂，可以学习了后面的内容再来看）：一个应用系统中需要一个读写文件类，该类包括两个方法：读文件（readFile）、写文件（writeFile）。假设应用系统中需要读写流文件、文本文件、XML 三种不同类型的文件，如果不使用接口，则需要多个读写文件的类，代码重复性高，不利于维护。

```
public interface IRWFile { //定义接口
    void readFile(String url,String name); //读文件
    void wirteFile(String url ,String name);//写文件
}
//接口的实现
import java.io.*;
public class ReadWriteTextFile implements IRWFile {//读写文本文件
    private String url ="";//声明文件路径
    private String name ="";//声明文件名

    public void readFile(String url,String name) {
        …… //读文本文件件的代码
    }
    public void writeFile(String url,String name) {
        …… //写文本文件的代码
    }
}
```

类似地，可以写出读写流或 XML 类型文件的接口实现类，当你需要读写文本文件时，可以：

```
IRWFile rw_text = new ReadWriteTextFile();
```

声明了接口类变量，并将引用指向相应实现接口的类，调用 ReadWriteTextFile 类中的方法。进一步还可创建一个工厂类：

```
public class RWFileFactory{
    public static IRWFile getReadWriteTextFile(){
        return  new ReadWriteTextFile();
    }
}
```

实例化的代码变成：IRWFile rw_text = RWFileFactory. getReadWriteTextFile();

这样一来，应用系统中需要读写文件时，只要构造一个 IRWFile 接口对象，而不需要关心工

厂类，以及实现接口类的变化，接口在整个过程中不负责任何的具体操作。

由于接口也是抽象类，因此，接口类不可以直接实例化，即 IRWFile rw_text=new IRWFile() 是不合法的。

（3）抽象类和接口的区别

抽象类与接口的区别如表 3-2 所示。

表 3-2 抽象类和接口的区别

方面	抽象类	接口
作用	作为公共父类为子类的扩展提供基础，这里的扩展包括了属性上和方法上的	一般不考虑属性，只考虑方法，使得子类可以自由地填补或者扩展接口所定义的方法
结构	抽象方法，变量，具体方法（默认方法）	抽象方法，静态常量
使用	不可实例化，但可声明，可通过子类继承，实现其中的抽象方法	通过类实现，且必须实现接口中的所有方法，不可实例化，但可声明
继承方法	子类可以继承一个抽象类	实现类可以实现多个接口，一个接口可以继承多个接口

2. 非访问限制符 abstract、static 和 final

（1）abstract

abstract 意思是“抽象”，可用来修饰类或方法，用 abstract 修饰的类称为抽象类，用 abstract 修饰的方法称为抽象方法。包含有抽象方法的类一定是抽象类。抽象类的抽象方法是只有方法声明，而无方法主体的，且抽象方法在其非抽象的子类中必须有具体的实现。具体的应用方法见例 3-17 和例 3-18。

（2）static

static 意思是“静态”，用来修饰成员变量、成员方法和代码块，被称为静态成员变量、静态方法和静态代码块。被 static 修饰的成员变量和成员方法独立于该类的任何对象。也就是说，它不依赖于类特定的实例，被类的所有实例共享。在首次加载 Java 类时，会对静态初始化块、静态成员变量、静态方法进行一次初始化或执行，因此，它们将会在该类的任何对象创建之前被访问，无须引用任何对象。

访问静态变量和静态方法的语法规则：

① 类名.静态方法名（参数列表……）

② 类名.静态变量名

由于静态方法独立于任何实例，因此，必须是已实现的，不可声明成抽象方法。

本章 3.1.2 节中已应用了静态代码块，它可以放置于类定义中方法体外的任意位置，一个类中可以有一个或多个静态代码块，由 JVM 在加载类时自动执行。对于多个静态代码块，JVM 会按顺序依次执行，且各自仅执行一次。

（3）final

final 表示终态的、不可改变的含义。用于修饰非抽象类、非抽象类成员方法和变量。使用的目的是阻止使用者对于某些类、方法或变量进行改变。

① final 类

final 类不能被继承，因此，不可以重写 final 类的成员方法。在设计类时，如果需要该类的实现细节不可改变，且无须扩展，则可用 final 修饰之。Java API 中 String、包装类均为 final 类。

② final 方法

final 方法不能被子类的方法覆盖，但可以被继承。如果一个类不允许其子类覆盖某个方法，则可以把这个方法声明为 final 方法。

```
public class Base{//父类定义
    public void display(){
        ……//显示处理代码
    }

    private void encrypt(){//私有方法
        ……//加密处理代码
    }

    public final void calculate(){//final 方法
        encrypt(); //调用私有方法
        ……//计算处理代码
    }
}
public class Derived extends Base{//子类定义
    public void display(){//重写父类方法
        ……//子类显示处理代码
    }
}
public class Derived Demo{//应用类
    public static void main(String[] args){//程序入口
        Derived d = new Derived ();
        d.display(); //执行子类方法
        d.calculate();//调用父类 final 方法
        d.encrypt();//调用父类私有方法，访问失败
    }
}
```

③ final 变量

final 修饰的变量有三种：静态变量、实例变量和局部变量，分别表示三种类型的常量。举例说明使用方法。

例 3-19：

```
package com.syntax;

public class FinalDemo {
    private final String PRI_FINAL_STRING = "私有 final 实例变量";
    public final String PUB_FINAL_STRING = "公有 final 实例变量";
    private final static int PRI_STATIC_FINAL_INT = 80; //私有 static final
    public final static int PUB_STATIC_FINAL_INT = 90; //公有 static final
    public final int PUB_FINAL_NULL_INT; //公有 final，且未初始化
```

```
    public FinalDemo(int x){ //构造方法
        PUB_FINAL_NULL_INT = x; //必须对未初始化的 final 变量赋值
    }
    public static void main(String[] args) {
        FinalDemo fd = new FinalDemo(5); //实体化
        fd.PRI_FINAL_STRING = "改变私有 final 实例变量";//报错
        fd.PUB_FINAL_STRING = "改变公有 final 实例变量"; //报错
        fd.PRI_STATIC_FINAL_INT = 90;//报错
        fd.PUB_STATIC_FINAL_INT = 100;//报错
        fd.PUB_FINAL_NULL_INT = 10;//报错

        System.out.println(fd.PRI_FINAL_STRING); //执行正常
        System.out.println(fd.PUB_FINAL_STRING); //执行正常
        System.out.println(FinalDemo.PRI_STATIC_FINAL_INT); //执行正常
        System.out.println(fd.PUB_STATIC_FINAL_INT); //执行正常，但不推荐用
对象方式访问静态字段
        System.out.println(fd.PUB_FINAL_NULL_INT); //执行正常
    }
}
```

错误修改后，运行结果：

```
私有 final 实例变量
公有 final 实例变量
80
90
5
```

从例 3-19 可以看出，一旦给 final 变量初值后，值就不能再改变了。

另外，final 变量定义的时候，可以先声明，而不给初值，这种变量也称为 final 空白，无论什么情况，编译器都确保空白 final，且必须在初始化对象时被赋值。但是，final 空白在 final 关键字的使用上提供了更大的灵活性，为此，一个类中的 final 数据成员就可以实现依对象而有所不同，却有保持其恒定不变的特征。用 final 修饰的成员变量表示常量时，值一旦给定就无法改变。

3.4.3 任务实施

现在将之前的三个任务放在一起来看。

先导任务三：编写一个程序，能够实现显示图形的名称、周长和面积的功能。

先导任务四：编写一个程序，能够计算三角形的周长和面积参数，并能显示图形参数。

先导任务五：编写一个程序，能够计算四边形的周长和面积参数，并能显示图形参数。

图形的名称、周长和面积属性是共同的，周长和面积计算方法也是共同的，但计算过程不同，这里分别采用抽象类和接口来实现。

（1）抽象类实现代码

```
//图形抽象类
```

```
package com.example.base;
public abstract class GraphBase {
    String name;
    float circum;
    float area;

    public GraphBase(){
        this.name = "abstract graphic";
        this.circum = 0.0f;
        this.area = 0.0f;
    }

    public void printParameter(){
        System.out.println( "名称:" + this.name + ";周长: " + this.circum
+ ";面积: " + this.area);

    public abstract float setCircum(); //图形周长计算方法声明
    public abstract float setArea(); //图形面积计算方法声明
}
//三角形图形周长和面积计算类
package com.example.base; //定义包路径
public class Triangle extends GraphBase{
    float side_left;//左侧边长
    float side_right;//右侧边长
    float side_bottom;//底边边长
    float height;//高

    public Triangle(){
    }

    public float setCircum() { //计算周长
        …… //三角形周长计算代码
    }

    public float setArea(){//计算面积
        …… //三角形面积计算代码
    }
}
//四边形图形周长和面积计算类
package com.example.base;
public class Quadrilateral extends GraphBase{
    float side_top;
    float side_bottom;
    float side_left;
```

```
        float side_right;

        public Quadrilateral(String name, float height, float width){//正方形和矩形
            …… //名称、四个边属性初始化
        }

        public Quadrilateral(String name, float side_top, float side_bottom,
float side_left, float side_right){//平行四边形和梯形
            …… //名称、四个边属性初始化
        }

        public float setCircum(){ //四边形周长计算方法
            …… //四边形周长计算代码
        }

        public float setArea(){ //矩形/正方形面积计算
            …… //矩形/正方形面积计算代码
        }

        public float setArea(float height){ //平行四边形/梯形面积计算
            …… //平行四边形/梯形面积计算代码
        }
    }
    //应用类
    package com.example.base; //定义包路径
    public class GraphApp{
        public static void main(String[] args){//程序入口
            GraphBase g_triangle = new Triangle ();
            //Triangle 类实例化，父类引用变量指向之
            g_triangle.name = "三角形";//赋值父类名称属性；
            g_triangle.side_bottom = 10;//赋值子类底边属性
            g_triangle.height = 5; //赋值子类高属性
            g_triangle.setArea(); //调用子类方法，计算面积
            g_triangle.printParamter();//调用父类方法，显示三角形的参数
        }
    }
```

通过定义图形抽象类的子类，可以方便地继续写出椭圆/圆形等其他图形子类的定义。

（2）接口类实现代码

```
    package com.example.base;
    public interface IPrintInfo{ //IPrintInfo 接口
        void printParameter(); //显示参数信息方法声明
    }
    public interface IGraph{ //IGraph 接口
        void setCircum();//周长计算方法声明
```

```
    void setArea();//面积计算方法声明
}
public class GraphBase implements IPrintInfo{//实现 IPrintInfo 接口的类（父类）
    String name;
    float circum;
    float area;

    public void printParameter(){
        …… //图形参数显示代码
    }
}
//三角形图形周长和面积计算类
package com.example.base; //定义包路径
public class Triangle extends GraphBase implements IGraph{//Triangle 类
    float side_left;//左侧边长
    float side_right;//右侧边长
    float side_bottom;//底边边长
    float height;//高

    public Triangle(){
    }

    public float setCircum() { //针对三角形，实现计算周长方法
        …… //三角形周长计算代码
    }

    public float setArea(){//针对三角形，实现计算面积方法
        …… //三角形面积计算代码
    }
}
//四边形图形周长和面积计算类
package com.example.base;
public class Quadrilateral extends GraphBase implements IGraph{
    float side_top;
    float side_bottom;
    float side_left;
    float side_right;

    public Quadrilateral(String name, float height, float width){//正方形和矩形
        …… //名称、四个边属性初始化
    }

    public Quadrilateral(String name, float side_top, float side_bottom,
float side_left, float side_right){//平行四边形和梯形
```

```
        …… //名称、四个边属性初始化
    }

    public float setCircum(){ //针对四边形，实现周长计算方法
        …… //四边形周长计算代码
    }

    public float setArea(){ //针对矩形/正方形，实现面积计算方法
        …… //矩形/正方形面积计算代码
    }

    public float setArea(float height){ //针对平行四边形/梯形，实现面积计算方法
        …… //平行四边形/梯形面积计算代码
    }
}
//应用类
package com.example.base; //定义包路径
public class GraphApp{
    public static void main(String[] args){//程序入口
        IPrintInfo i_pf = new GraphBase ();//GraphBase类实例化，接口类引用变量指向之
        i_pf.printParameter(); //调用实现类的方法
        Triangle t = new Triangle ();
        t.name = "三角形";//赋值父类名称属性
        t.side_bottom = 10;//赋值子类底边属性
        t.height = 5; //赋值子类高属性
        t.setArea(); //调用子类方法，计算面积
        t.printParamter();//调用父类方法，显示三角形的参数
    }
}
```

分析应用类 GraphApp 中代码，抽象类和接口类实现后，在使用上没有什么差别，但接口类方式会更加利于扩展，如 IPrintInfo 接口所定义的参数显示方法，可适用于任何一个需要显示信息的类，通过语句“IPrintInfo i_pf = new GraphBase ();”指向 GraphBase 类的对象，调用 GraphBase 类的参数显示方法，类似地，还可以指向其他实现类，调用其他类的参数显示方法。

同步练习：定义数字接口类 INumber，包括数字显示、比较相等方法，数字计算类 ExpNumberCalculation 通过实现该接口，能够进行整型、浮点数的显示，两个整型、浮点数的相等比较，并各自具有加、减、乘和除运算功能。

练习提示：请充分利用前面练习已写的代码。

知识梳理

- 类具有抽象、封装、继承和多态四种特性。**抽象**是指从相同类型的多个事物中，抽取本质且共性的状态和行为；**封装**是指将描述对象的数据（即状态）和对数据的操作，聚集在一起形成

一个完整逻辑单元的机制，只允许被可信的类或者对象操作。继承是类之间“一般”和“特殊”的关系，已有类（父类）可派生出新类（子类），构成类的层次关系；多态是表示同一事物的多种形态。

- 类一般情况下由属性、构造方法和方法组成，有时构造代码块和静态代码块也可以作为类的一个组成部分。通常将类的属性称为成员变量，将除构造方法以外的其他方法，称为成员方法。
- 一个类可以有一个或多个构造方法，它的作用是给新创建的对象属性赋初始值。构造方法定义时，允许带参数或不带，要求无返回类型，如果构造方法方法体内未进行初始化操作，则 JVM 默认对类的属性，根据数据类型，进行初始化。
- 对象的生命周期有三个阶段：生成、使用和消除。
- 包是 Java 类和接口的集合，包的结构实际上在文件系统中就是目录，可以更好地管理类和接口。在自定义类中，如果需要使用 Java 提供的基础类，需要使用 import 导入语句，告知 JVM 该类所在包及类名；如果自定义类中定义自己的包，需在类定义首句处，使用“package 包名”声明。
- 项目设计过程中，分包是组织管理、避免命名冲突的有效方法。划分包的基本规则是：项目所属组织名（企业或单位域名）的逆序形式+项目名+模块名。
- 访问控制符用于限制访问权限，包括 public、缺省、protected 和 private，分别表示对外公开、包内公开、包内及其子类公开、仅供类内使用。类和接口只能使用 public、缺省两种，而类中的属性和方法可以使用其中的任何一种。
- 类的封装性可利用 private 和 public 访问控制符来实现。使用 private 修饰属性，并为每个属性创建一对由 public 修饰的取值（getXXX）和赋值（setXXX）方法，用于访问这些属性。
- 类的继承性是通过 extends 关键字来实现的，一个父类可以有多个子类，所有子类都具有父类的公共特性，子类只需定义除了公共特性之外的、子类所特有的特性。
- 面向对象程序设计中，类的多态性是指允许将子类对象的引用赋值给父类引用变量。Java 中的多态性体现在编译和运行两个方面，编译时多态是静态多态，在编译时就可确定对象使用的形式，即方法的重载；运行时多态是动态多态，引用的对象在运行时才能确定，即方法的重写。方法的重载是指在一个类中定义了多个同名的方法，它们或有不同的参数个数或有不同的参数类型，但和返回值类型无关；方法的重写则是指，在子类中定义了某方法与其父类有相同的名称和参数，但具体实现不同。
- 抽象类往往用来表征在对问题领域进行分析、设计中得出的抽象概念，是对一系列看上去不同，但是本质上相同的具体概念的抽象。接口是一种特殊的抽象类，由静态常量和抽象方法组成，可以通过类的实现来完善接口。
- 几个特殊关键字：this、super、final、static、Class。this 是 JVM 分配给实例化对象指向自身的引用，super 则指向其直接父类对象的引用；final 是适于定义类、方法、变量和参数，表示不可改变的；static 是适于定义方法、变量和代码块，所修饰的标识符独立于所属类的任何对象；Class 对象是 java.lang.Class 类的实例，用于封装类的数据结构，Java 中的所有引用类型和基本类型，以及关键字 void 都对应一个 Class 对象，通过“类名.class”、“实例对象.getClass()”或“Class.forName(类名字符串)”方式可获取某个类的 Class 对象。

Java

4 Chapter

项目 4
利用 Swing 组件实现闹钟的主界面

【知识要点】

- 引用类型
- 用户界面类型
- Swing 组件及应用
- 布局管理器
- 图形图像绘制

引子：软件的用户界面重要吗？

软件的用户界面是用户与软件产品间信息传递和交换的媒介，用户通过对界面操作输入预处理数据，程序则通过界面输出运行的结果。对比一下图 4-1 和图 4-2，哪个更令你赏心悦目，答案不言而喻，这是因为美丽的事物常常会让人无法抗拒。产品的外观设计是影响其销售和推广的重要因素，因为对于用户来说，外观就是产品，只要能完成其想要做的事就好，至于内部如何实现这些功能，用户并不关心。比如，有性能相同、外观设计不同的两款手机，你一定会选择外观更美观的。当然这里所说的外观，不仅仅是指颜色和形状，还包括能够提供给你方便易用的操作界面。本项目将采用图 4-2 所示的方式来完成闹钟工具小软件的界面设计。

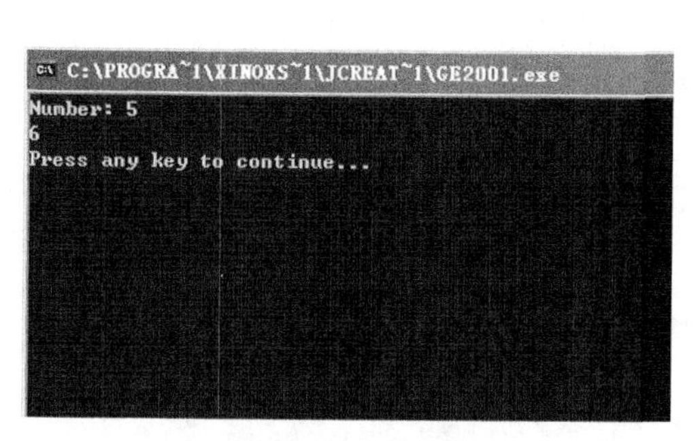

图4-1　产品外观1

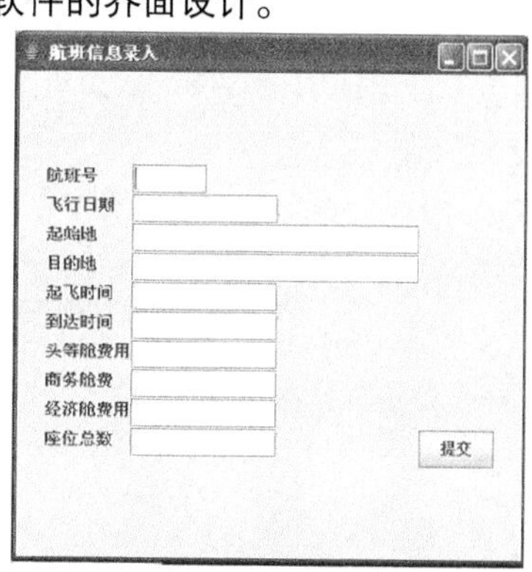

图4-2　产品外观2

4.1　实战任务一：创建闹钟工具软件项目

为了提高编码效率，从本项目开始将不再使用记事本，而引入企业级项目开发工具 Eclipse 来编写代码。下面介绍它的安装配置方法，并使用 Eclipse 工具创建闹钟工具软件项目。

4.1.1　Eclipse 安装与配置

（1）下载安装

下载 Eclipse 的官网地址是：http://www.eclipse.org/downloads/packages/。在下载页面中，选择“Eclipse IDE for Java Developers”，根据操作系统版本，选择右边的“Windows 32-bit”或“Windows 64-bit。并将对应的 zip 文件下载到本地。Eclipse 无须安装，直接解压该压缩包到指定目录下即可。

双击“eclipse.exe”文件，就可以启动 Eclipse。启动时会提示选择一个 workspace（工作空间），如图 4-3 所示，可以保存一个或多个项目，建议将相关项目放在一个 workspace 中。我们先创建一个目录 exmProject，启动时切换到自己的目录下，也可以等到启动后选择“File”→“Switch Workapsce”菜单项进行切换。

（2）参数配置

Eclipse（见图 4-4）中有丰富的配置选项，这里仅对几个基本配置进行讲解，其他配置请查阅相关资料。

① 配置 JDK

在配置 JDK 之前，需要先确认是否已安装 JDK，并进行了 JDK 的系统环境配置（项目 2　2.1.2

节）。然后，选择菜单项“Window”→“Preferences”，弹出“Preferences”对话框，在该对话框中，选择“Java”→“Installed JREs”→“Add”，如图 4-5 所示，在弹出的“Add JRE”对话框中选择“Standard VM”，单击“Next”，在对话框中选择 jdk1.7 所在的安装目录。

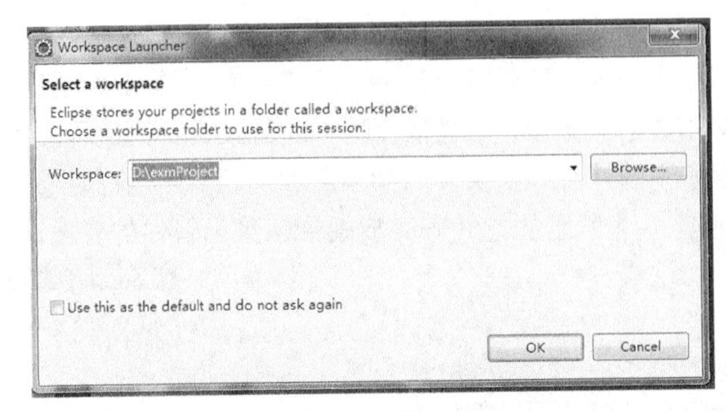

图4-3　启动时切换workspace

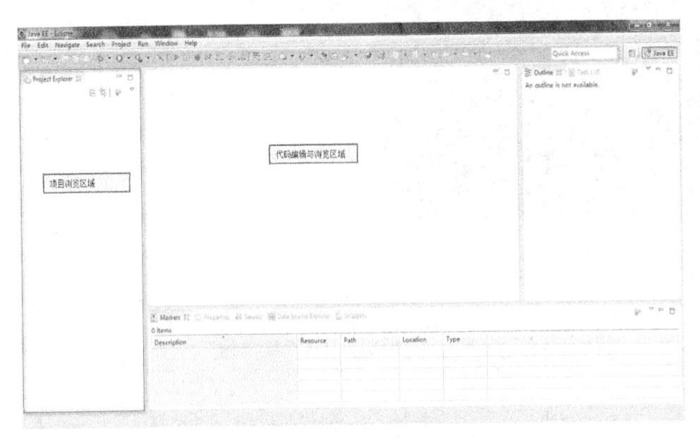

图4-4　Eclipse编辑界面

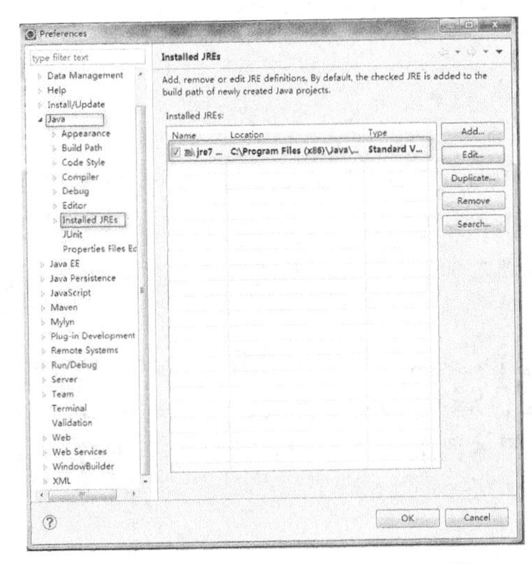

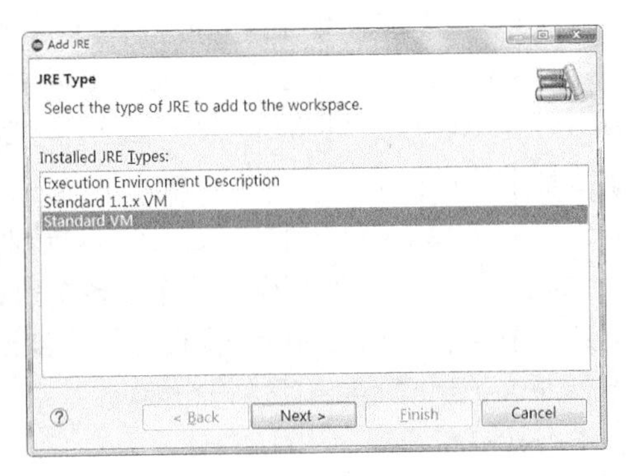

图4-5　配置JRE

② 设置字符编码方式

Eclipse 默认的编码方式为 GBK，可以根据需要修改编码方式，这里我们设置为常用格式 UTF-8，如图 4-6 所示。设置方法为：选择菜单项“Window”→“Preferences”后，选择

“General→Workspace”，再选择“Text file encoding”。

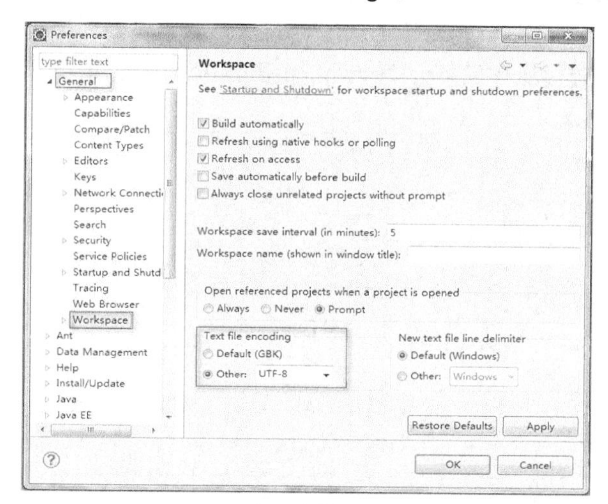

图4-6 设置编码方式

③ 关闭无用的选项

a. Eclipse 启动时会默认加载一些插件，若无需要可关闭，以提高启动速度，具体方法是：选择菜单项“Window”→“Preferences”后，选择“General”→“Startup and Shutdown”，去掉不想要的插件即可，如图 4–7 所示。

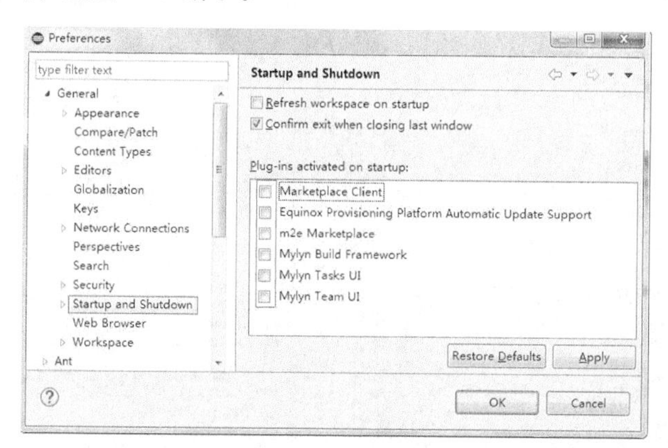

图4-7 关闭无用插件

b. Eclipse 默认对 workspace 中的项目要进行多个内容的验证，会很消耗内存，可关闭无用的验证。程序默认情况下有 2 个选中项，要将它们关闭的具体方法是：选择菜单项“Window”→“Preferences”后，选择“Validation”→“Disable All”，如图 4–8 所示。

4.1.2 任务实施

（1）创建新的项目

在指定了 Workspace（工作空间）后，可创建一个新软件项目。具体方法是：选择“File”→“New”→“Other”，如图 4–9a 所示，在 New 窗体中选择“Java Project”→单击“Next”（如图 4–9b 所示），在 New Java Project 窗体中输入项目名称，这里输入的是闹钟工具项目名称

“AlarmClient”，可以看到默认的保存目录为“d:\exmProject\AlarmClient”，同时要确认当前的运行环境是否为 jre1.7（如图 4-9c 所示），单击“Next”进入下一页面，显示项目的源代码保存目录为“Src”，可执行代码保存目录为“bin”，如图 4-9d 所示，单击“Finish”完成创建过程。

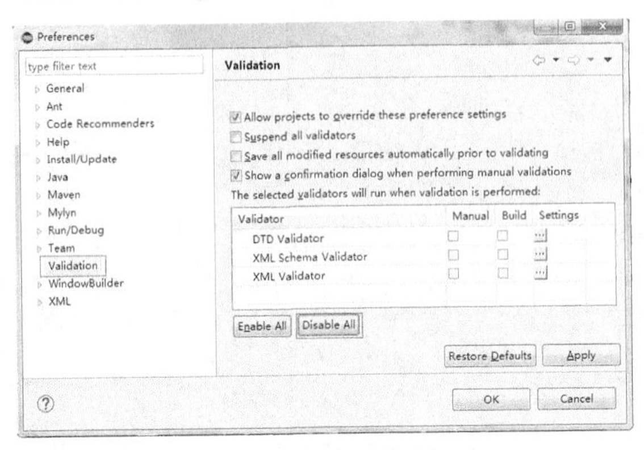

图4-8　关闭无用的验证

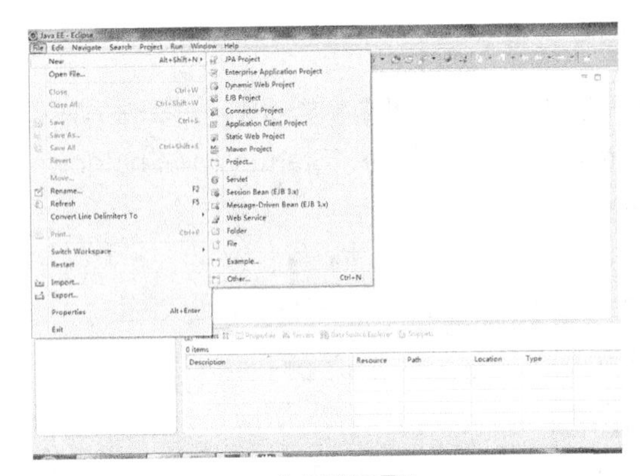

a）创建新项目

b）选择Java Project项目类型

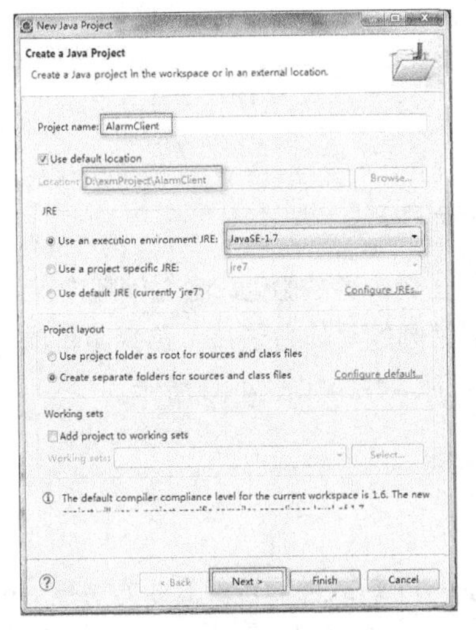

c）定义项目名称

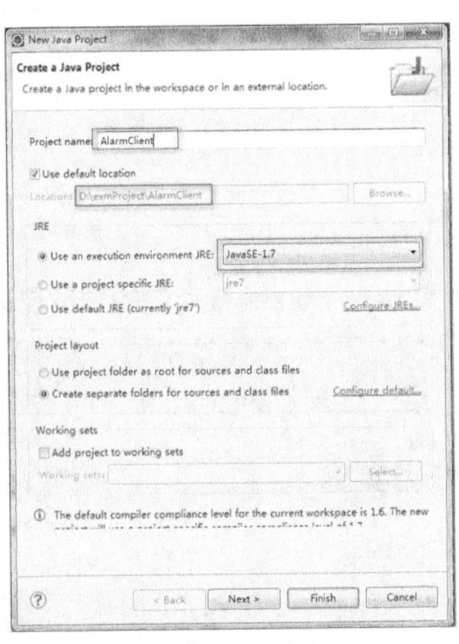

d）选择JDK版本

图4-9　创建软件项目

（2）创建类文件

在 Java 中项目通常由多个类组成，且按照模块/层次等方式划分为多个包（相关内容见项目 3 的 3.1.2 节），再在包中定义类。因此，创建类的过程："New" → "Package" →输入包名，在该包下创建类 "New" → "Class" →输入类名。闹钟工具软件项目包结构如下。

AlarmClient
src
com.alarm.dao
com.alarm.ui
com.alarm.utility

（3）调用/运行

为了演示类的运行和调试过程，以例 2-13 的代码为例，创建包 com.alarm.test，并创建 ContinueControl_1 类，如图 4-10 所示。

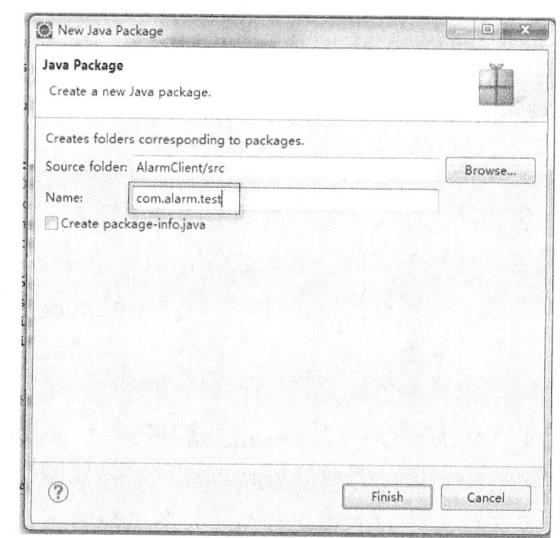

a）定义包名

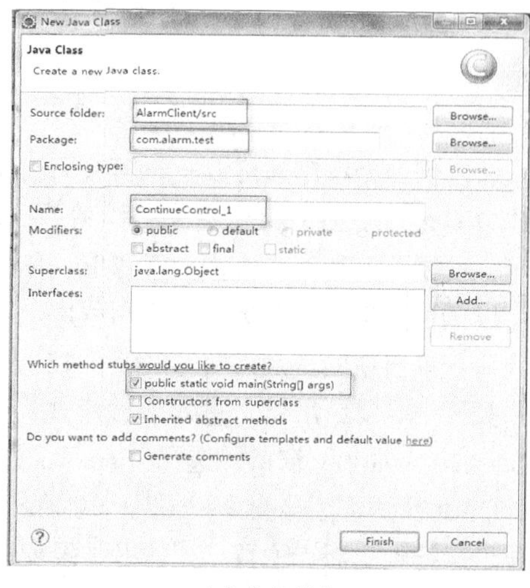

b）定义类名

图4-10　创建软件项目

单击 "Run" → "Run" 可运行当前程序，也可使用工具栏中的图标，如图 4-11 所示，若是字符界面程序，结果显示在 Console 窗口中，若是图形界面程序，则显示为可视化窗体。

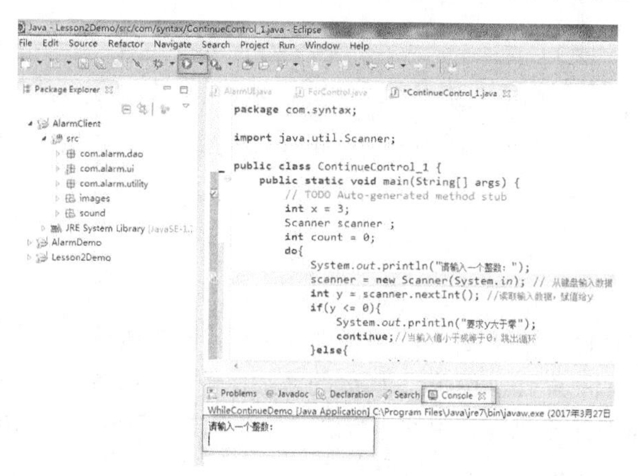

图4-11　运行程序

细心的读者会发现，程序缺少了一个编译环节，实际上，Eclipse 默认自动编译，如图 4-12 所示，因此，单击 "Run" 将会自动先编译再运行。

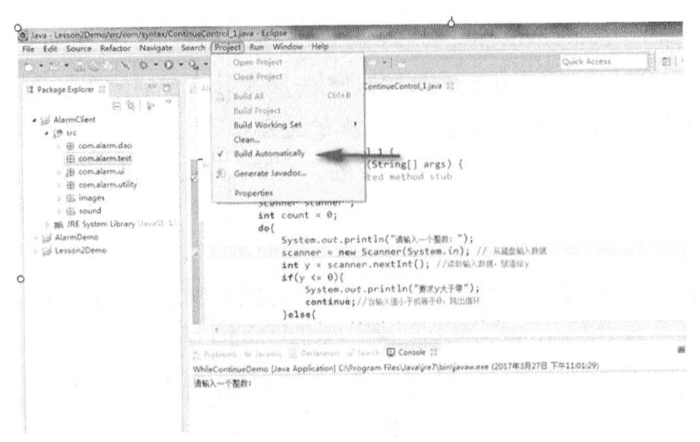

图4-12 自动编译设置

没有任何一个程序员可以一气呵成写出没有任何 Bug 的程序，调试程序是每个程序员的日常工作内容之一。Eclipse 具有一个内置的 Java 调试器，可以提供所有标准的调试功能，包括分步执行、设置断点和值、检查变量和值、挂起和恢复线程的功能。除此之外，内置的 Java 调试器还可以调试远程机器上运行的应用程序。我们在例 2-13 程序的第 16 行双击鼠标设置一个断点（代码行前出现的“灰点”，如图 4-13 所示），然后单击“Run”→“Debug”或单击工具栏图标，如图 4-14a 所示，进入调试模式，在 Console 窗口输入“-1”时，则弹出“Confirm Perspective Switch”窗口，选择“Yes”，如图 4-14b 所示，打开 Debug 透视图，如图 4-14c 所示，Debug 透视图分为 4 个部分：①每个调试目标中挂起线程的堆栈框架；②程序源代码窗口，显示运行到了断点位置；③输出结果窗口，显示输入信息和输出信息；④显示执行到当前断点位置时，程序中各变量的值，同时也可以查看或取消程序中所有的断点。

ContinueControl_1.java

```
5  public class ContinueControl_1 {
6      @SuppressWarnings("resource")
7      public static void main(String[] args) {
8          int x = 3;
9          Scanner scanner ;
10         int count = 0;
11         do{
12             System.out.println("请输入一个整数: ");
13             scanner = new Scanner(System.in); // 从键盘输入数据
14             int y = scanner.nextInt(); //读取输入数据，赋值给y
15             if(y <= 0){
16                 System.out.println("要求y大于零");
17                 continue;//当输入值小于或等于0，跳出循环
18             }else{
19                 if(x > y){//if-else语句2，并嵌套在if-else语句1中
20                     System.out.println("x值大于 y值");
21                 }else{
22                     System.out.println("x值小于y值");
23                 }
24             }
25         }while(count++<5);
```

图4-13 设置断点

单步跟踪：单击“Run”→“Step in”选择进入本行代码中执行，也可“Run”→“Step over”执行本行代码，再跳到下一行语句执行。两者的区别在于，如果本行代码是调用方法的语句时，“Step in”则会进入该方法，执行其中的每行语句，当单击“Run”→“Step Return”时，可从该方法跳出；而“Step over”则是将调用方法当成一行代码进行调试。当单步跟踪完成，或是单击“Run”→“Terminate”时，本次调试结束，再单击“Window”→“Open perspective”→“Java”重新返回编辑源码透视图，双击断点处“灰点”消失，断点被取消。调试所有操作均可在工具栏中找到对应的快捷操作按钮。

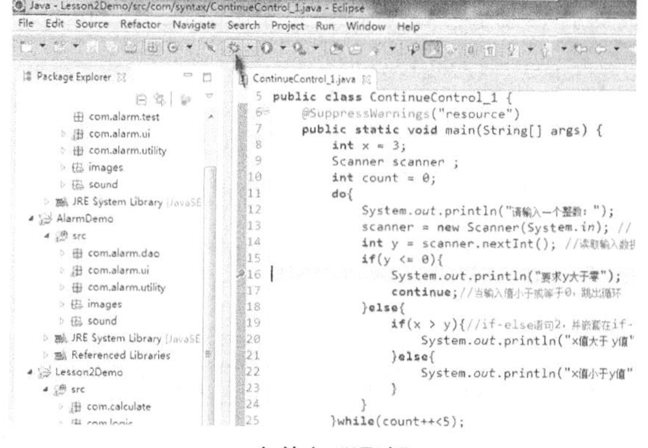

a）单击“调试”

b）eclipse提示是否转到调试视窗

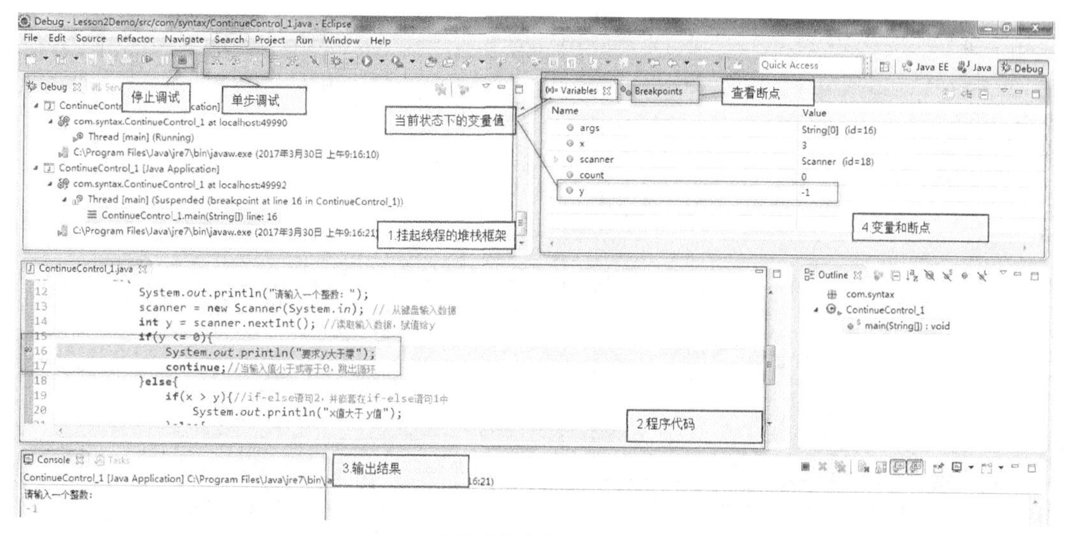

c）调试视窗中主要组成

图4-14　程序调试

（4）项目导入/导出

项目创建后，如果需要将项目复制出来，则可在 Workspace（工作空间）所在目录 d:\exmProject 下，将 AlarmClient 整个文件夹复制即可。AlarmClient 目录中包含 bin 和 src 目录，分别保存了项目的.class 和.java 文件，如图 4-15 所示。

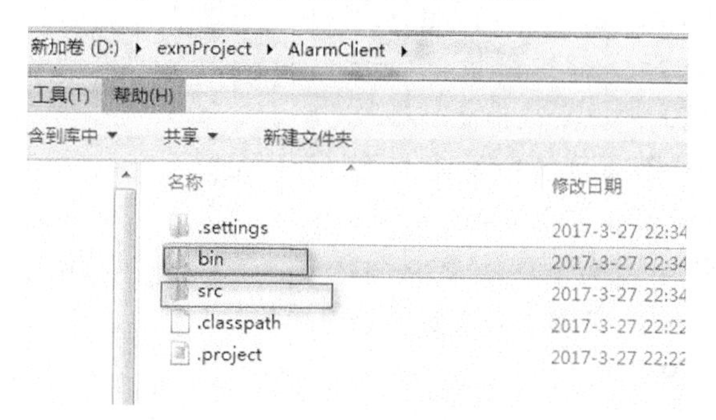

图4-15　项目文件夹结构

如果需要在不同计算机上进行编辑项目源码时，则通过单击“File”→“Import”，在“Import”窗口中，选择项目文件夹，如图 4-16 和图 4-17 所示，导入 Eclipse。

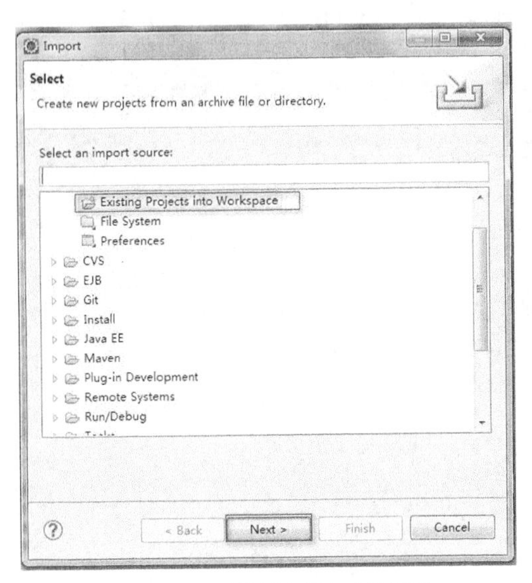

图4-16　选择导入已存在的项目

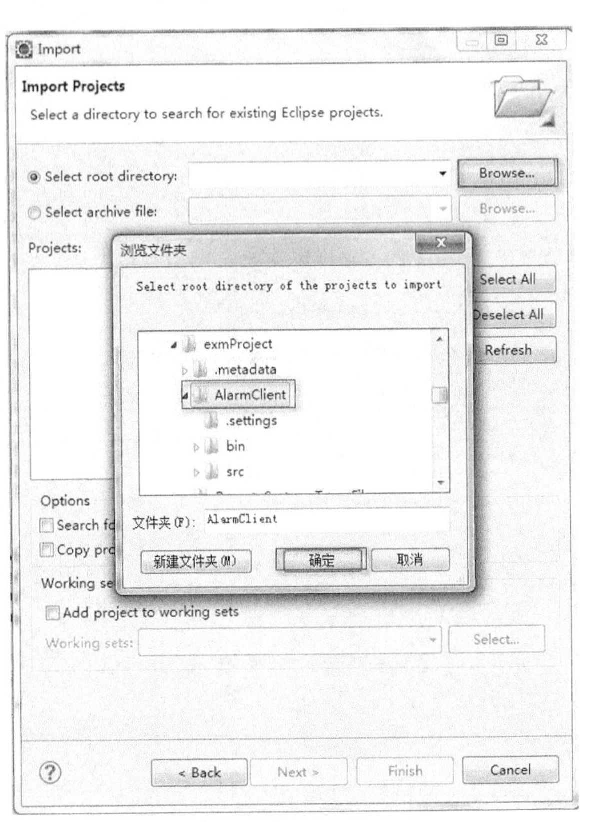

图4-17　选择要导入的项目

Eclipse 支持项目导出为可执行包，即导出为.jar 文件。导出方法：选择要导入的项目，在右键菜单中选择“Export”，在“Export”窗口中，选择“Java”→“JAR file”，如图 4-18 所示，单击“Next”进入“JAR Export”页面，选择要导出的项目“AlarmClient”，并可通过单击“Browse”按钮导出后保存的目录，单击“Next”看到窗口要求填写“Main class”参数时，单击“Browse”选择项目的主类（包含 main 方法），单击“Finish”，如图 4-19 所示，即可生成可双击执行的.jar 文件。

同步练习：利用 Eclipse 工具，创建计算器工具软件项目 CalculatorProj。

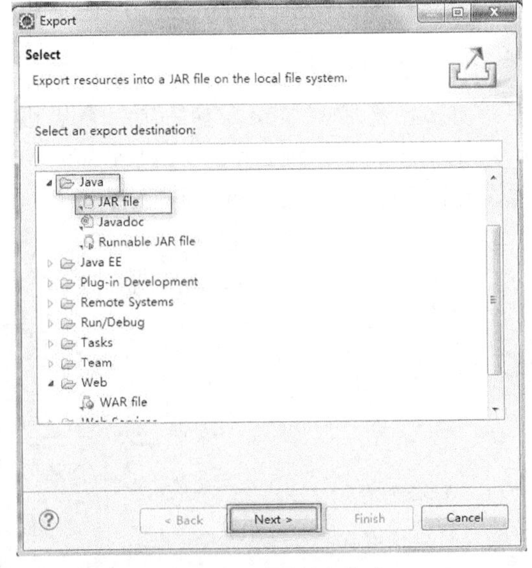

图4-18　选择导出类型

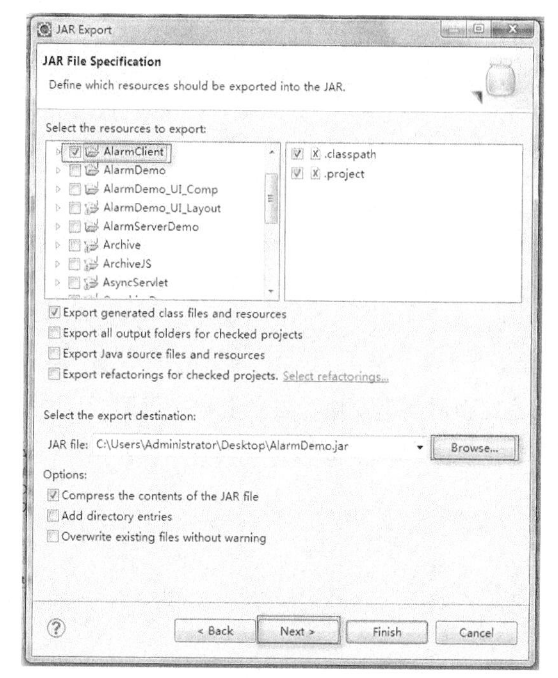

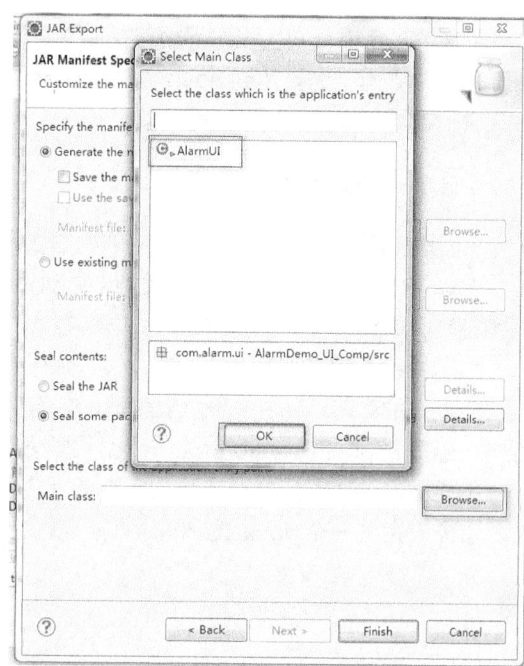

图4-19　选择导出的项目和主类

4.2 实战任务二：构建闹钟工具软件的界面

4.2.1　任务解读

闹钟工具软件的功能是实现多个闹钟的时间设置、铃声选择、提醒方式设置，并可上传和下载铃声文件等。为此，与用户交互的界面上需要包括如图 4-20 所示的组成元素。

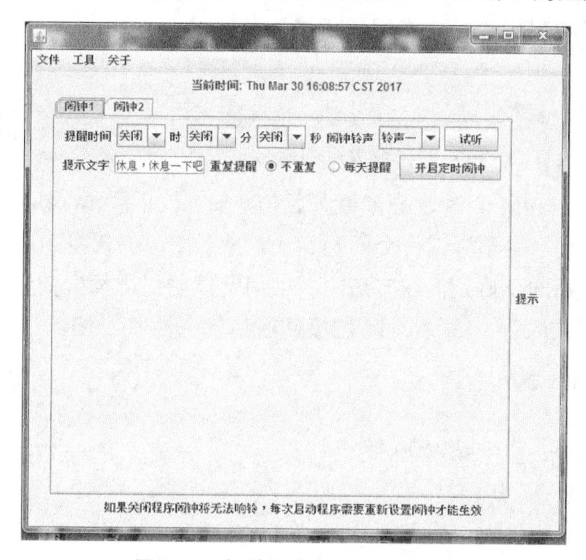

图4-20　闹钟工具软件的界面构成

从图 4-20 中可知，程序界面包括菜单、一些下拉选项等元素，并以图形化形式呈现。创建图形化用户界面，需要用到 Java API 提供窗体、按钮等多种组件类，同时还将涉及数组和字符串，它们都属于 Java 中的引用类型。

4.2.2 知识学习

1. 引用类型

Java 中的数据类型除了基本类型（见项目 2 的 2.2.2 节）外，还有一类就是引用类型，它包括字符串、数组、类、接口类。

（1）引用类型变量

项目 3 的 3.1.2 节中关于对象生成的内容，已谈到引用类型变量。当变量 p 被声明，且将 p 指向一个对象 obj 时，则 p 就是一个引用类型的变量，并可通过 p 访问 obj 的属性和方法。

下面举例说明引用类型变量的定义和使用。

首先，定义一个 Java 类 Position。

```
class Position{
      int x;//属性
      public void display(){//方法
            System.out.println("x:" + x);
      }
}
```

其次，声明引用变量 p，并将其指向 Position 对象。

```
Position p = new Position();//声明 p 为 Position 类引用变量，将其实例化对象赋值给 p
```

然后，就可以访问 Position 的属性和方法。

```
p.x = 10;//访问 Position 的属性 x
p.display();//访问 Position 的方法 display
```

实际应用中，常常将引用变量的声明和赋值分开来写。

例如：

```
Position p; //声明 p 为 Position 类的引用变量
p = new Position();//将实例化对象赋值给 p
```

当声明语句执行时，JVM 会对 p 自动赋初始值 null。null 是 Java 中的关键字，它本身不是对象，也不属于什么类型，用于标识一个不确定的对象。所以，若将 null 赋值给一个引用类型变量时，表示该引用变量指向不确定。在方法内，常用于声明引用类型变量，也可以用它来清除原来已创建的对象，即释放内存，等待 JVM 垃圾回收机制去回收。如：

```
//声明一个引用类型变量
Object obj1=null;
//创建一个对象，并用 null 清除该对象
Object obj2=new Object();
obj2=null;
```

null 还可在使用“==”运算符，判断一个引用类型数据是否为 null。

（2）字符串

字符串是指多个字符的组合。常用的字符串类 String（字符串）、StringBuffer（字符串缓冲器类）和 StringTokenizer（词法分析器类）。

① String 类

用于构造一个字符串、字符串常量（不可继承）。它的定义方法有两种：

- String　字符串名= new String(字符串常量);
- String　字符串名=字符串常量。

例如：

```
String str_1=new String("hello"); //声明引用变量 str_1，将 String 实例化对象赋值给 str
String str_2="hello";//定义一个字符串对象 str_2，并赋值为"hello"
```

第一种方式，JVM 在堆内存中分配空间，创建 String 对象，且 str_1 引用该对象；第二种方式，“hello”被保存在常量池，因此，如果判断 str_1==str_2，其返回值将是 false。

String 类常用方法有：

- length()——获得字符串的长度；
- equals(Object) ——与对象 Object 比较是否相等；
- charAt(int) ——返回指定位置的字符；
- indexOf(char) ——返回指定字符第一次出现的位置；
- substring(int , int) ——返回指定位置的子串。

例 4-1：String 类的应用示例。

```
package com.syntax;
public class StringApp {
    public static void main(String[] args) {
        String str_1 = new String("string 1");//定义字符串 str_1
        String str_2 = new String("string 2");//定义字符串 str_2
        String str_3 = "string 1";//定义字符串 str_3
        String str_4 = "string 1";//定义字符串 str_4
        String str_5 = str_1;//将 str_1 赋值给 str_5
        System.out.println("str_1.length:" + str_1.length());//获取 str_1 长度
        System.out.println("str_1==str_2:" + (str_1 == str_2));//判断
str_1、str_2 是否相等
        System.out.println("str_1==str_3:" + (str_1 == str_3));//判断
str_1、str_3 是否相等
        System.out.println("str_3==str_4:" + (str_3 == str_4));//判断
str_3、str_4 是否相等
        System.out.println("str_1==str_5:" + (str_1 == str_5));//判断
str_1、str_5 是否相等
        if(str_1.indexOf("string") != -1){//判断 str_1 中"string"字符串的位置
            System.out.println("str_1.indexOf('string'):" + str_1.indexOf
("string"));
        }
        String sub_1 = str_3.substring(2);//获取 str_3 中从第 2 位开始的子串
```

```
            System.out.println("str_3.substring(2): " + sub_1);
            String sub_2 = str_3.substring(2,3);//获取 str_3 中 2~3 位的子串
            System.out.println("str_3.substring(2): " + sub_2);
            char char_1 = str_3.charAt(2);//获取 str_3 中第 2 位字符
            System.out.println("str_3.charAt(2): " + char_1);
            String str_6 = " hello ";
            str_6 = str_6 + str_4;
            System.out.println("str_6 : " + str_6);
        }
    }
```

运行结果：

```
str_1.length:8
str_1==str_2:false
str_1==str_3:false
str_3==str_4:true
str_1==str_5:true
str_1.indexOf('string'):0
str_3.substring(2): ring 1
str_3.substring(2): r
str_3.charAt(2): r
str_6 : hello string 1
```

需要注意的是，字符串中字符索引是从 0 开始的。

② StringBuffer 类

用于构造一个字符串缓冲区、字符串变量，是适于多线程（线程安全）的可变字符序列。它的定义方法有 3 种：

- StringBuffer　字符串名=new StringBuffer(字符串常量);
- StringBuffer　字符串名=new StringBuffer(int len);
- StringBuffer　字符串名=new StringBuffer();

例如：

```
StringBuffer strbuf=new StringBuffer("hello");//分配"hello"+默认分配的 16 个字节长缓冲区
StringBuffer strbuf=new StringBuffer(50);//分配 50 个字节长度缓冲区
```

StringBuffer 常用方法有：

- length()——获得字符串的长度；
- setLength(int) ——设置字符缓冲区的长度；
- append(String) ——在已有字符串之后追加一字符串；
- insert(int，String) ——在指定位置后面插入一字符串；
- delete(int,int) ——在指定位置开始，到（结束位置-1）的字符；
- reverse()——颠倒字符串的次序。

如果需要频繁对字符串内容进行修改，使用 StringBuffer 会很好地提高效率，调用 StringBuffer

的 toString 方法，可以转换为 String 类型。

例 4-2：StringBuffer 类的应用示例。

```
package com.syntax;
public class StringBufferApp {
    public static void main(String[] args) {
        StringBuffer sbuf = new StringBuffer("This is a/an ");
        System.out.println(sbuf.capacity());//27
        sbuf.append("english") ;//在尾部追加字符串 english
        int len_1 = sbuf.length();//获取字符串缓冲区长度
        sbuf.append("statement!");
        sbuf.insert(len_1, " ");//在 len_1 位置处插入" "
        int len_2 = sbuf.length();
        sbuf.replace(len_2 -1 , len_2, ".");//将len_2 -1 到len_2 位置的字符更换为"."
        System.out.println(sbuf.toString());//转换为 String 类型
    }
}
```

运行结果：

```
capacity: 26
This is a/an english statement.
```

在 Java SE 5 版本出现的 StringBulider，提供了与 StringBuffer 兼容的 API，但不保证线程同步，在单个线程情况下，作为 StringBuffer 的简单替换。

③ StringTokenizer 类

用于构造一个词法分析器类，将一个串分为多个片段，以提取或处理其中的单词，它的定义方法有两种：

- StringTokenizer　字符串名=new StringTokenizer (字符串常量);
- StringTokenizer　字符串名=new StringTokenizer (字符串常量，分隔符常量);

例如：

```
StringTokenizer strtok=new StringTokenizer("this is a string"," ");
```

Java 中对字符串进行分割，常用 split 方法或 substring 方法，但在处理大量数据时，应用 StringTokenizer 方法则会令程序有更高的处理效率。

例 4-3：StringTokenizer 类的应用示例。

```
package com.syntax;
import java.util.StringTokenizer;
public class StringTokenizerApp {
    public static void main(String[] args) {
        String str = "hi,we are students";
        //使用空格和逗号做分隔符，获得分隔后字符串片段集合
        StringTokenizer words = new StringTokenizer(str,", ");
        int wordcount = words.countTokens();//获得分隔符出现的次数
        while(words.hasMoreElements()){//判断是否有下一个元素
```

```
                String s = words.nextToken();//获取下一个元素
                System.out.println(s);
            }
            System.out.println("共有单词：" + wordcount + "个。");
        }
    }
```

运行结果：

```
hi
we
are
students
共有单词：4 个。
```

（3）数组

数组是存储一组相同类型数据的数据结构，且数组长度不可变。如果要改变数组长度，可以用另外一种数据结构——集合类，如数组列表（ArrayList）。数组的定义方法：

```
数据类型[] 数组名称={初始化数值列表}
数据类型[] 数组名称=new 数据类型[数组元素个数]
```

例如：

```
int[] smallPrimes = {1,3,4}; //初始化
int[][] magicSquere = {{1,3,4},{3,3,3}}; //多维数组初始化
int[] smallPrimes = new int[3];
int[] smallPrimes = new int[]{1,3,4};
```

例 4-4：整型数组应用示例。

```
public class ArrayApp{
    public static void main(String args[]) {
        int[] x = new int[]{1,2,3}; //初始化数组
        System.out.print("Number: " + x[0] + " " + x[1] + " " + x[2]);
    }
}
```

运行结果：

```
Number: 1 2 3
```

例 4-5：字符串和 Position 类数组应用示例。

```
package com.syntax;
public class ArrayInitApp {
    public static void main(String[] args) {
        String[] str = new String[3];
        for(int i = 0; i < str.length; i++){
            System.out.println(str[i]);
        }
        Position[] pos = new Position[3];//定义 Position 类数组
```

```
            for(int i = 0; i < pos.length; i++){
                System.out.println(pos[i].x);//运行时出错
            }
        }
}
class Position{
    int x;
}
```

运行结果：

```
null
null
null
Exception in thread "main" java.lang.NullPointerException
    at com.syntax.ArrayInitApp.main(ArrayInitApp.java:13)
```

例 4-5 中定义了 String 数组 和 Position 类数组对象，但未对其中的数组元素实例化，因而，结果显示 String 数组的每个元素均为 null，而 pos[i].x 语句执行时，由于 pos[i]是 null，无法访问其属性，程序运行时报错。因此，定义引用类型数组时，需要对每个数组元素进行实例化。对例 4-5 代码进行修改（黑色字体部分为新增代码）。

```
package com.syntax;
public class ArrayInitApp {
    public static void main(String[] args) {
        String[] str = new String[3];
        for(int i = 0; i < str.length; i++){
            str[i] = "str " + i;
            System.out.println(str[i]);
        }
        Position[] pos = new Position[3];//定义 Position 类数组
        for(int i = 0; i < pos.length; i++){
            pos[i] = new Position();
            System.out.println(pos[i].x);//运行时出错
        }
    }
}
```

（4）包装类

Java 中，每个基本类型都对应有一个包装类型类，包括 Integer、Float、Double、Boolean、Short、Long、Byte 和 Character。包装类提供了与基本类型、字符间进行转换的 API。

例如：

```
double a = 1.0;//定义一个基本数据类型
Double b = new Double(a); //把 double 基本类型转换为 Double 包装类型
double c = b.doubleValue();//把 Double 包装类型转换为 double 基本类型
```

```
String str = "123 ";//定义一个数字字符串
int i = Integer.parseInt(str);//将字符串转为整型
```

（5）类和接口

① 基础类库

JDK 提供了丰富的基础类库（包含类和接口），如之前已使用的 System 类等，程序员可以根据需要在程序中先导入再使用它们。

例如：

```
//导入 JFrame 类
import javax.swing.JFrame;
……
//创建 JFrame 类的实例化对象（窗体），将对象赋值给引用变量 frame
JFrame frame = new JFrame("frame example");
//调用 JFrame 提供方法 setSize()，设置 frame 的尺寸
frame.setSize(400,400);
```

项目开发过程中，开发人员往往需要根据实际问题来定义自己的类。

② 自定义类

自定义类是开发人员为解决问题而定义的类。例如，开发一个学生信息管理，如果有学生类型的话，对学生类型的变量进行操作，如对学生的学号和姓名等属性的赋值，调用显示学生信息等方法，就可实现对学生信息的管理，但 JDK 中不存在这样的类型，需要我们分析学生群体的特征，自行定义一个学生类：

```
class Student{
      //属性:
      sno;//学号
      name;//姓名
      ……
      //方法
      public void display(){//显示学生信息
      }
      ……
}
```

这样，就可以定义一个学生类型的引用变量 s，指向学生类型的对象，之后就可访问对象的属性和方法：

```
Student s = new Student();
s.sno = "s001 ";
s.name = "张三 ";
s.display();
```

2. 图形用户界面的常用组件

在 Java 中用户界面分为字符用户界面（CUI）和图形用户界面（GUI）。字符用户界面是基于字符方式的，之前项目中例子所采用的就是字符用户界面，其内容单调，操作繁复。GUI

是从CUI发展而来，是基于图形方式的，借助于视窗、菜单、标签等来代表软件的不同功能，用户使用鼠标或键盘选择即可，Windows操作系统界面就是GUI的代表，具有美观易用的特点。

用户图形界面GUI是由各种图形元素所构成的，如窗体、文本框、按钮、组件框等，这些图形元素被称为GUI组件。根据组件的作用又将其分为两种：基本组件（组件）和容器，容器是一种特殊的组件，它可以容纳其他组件，是java.awt.Container的直接或间接子类。Java中用于GUI设计的组件和容器有两种：一是早期版本jdk1.0的AWT组件，均从Component类派生而来，另一种则是较新的Swing组件，均为JComponent类的子类。有了Java提供的这些组件类，要实现程序的图形用户界面，只要选用其中某些GUI组件，实例化之，并放置于恰当位置，即可完成。

（1）AWT和Swing

AWT为Abstract Window Toolkit（抽象窗口工具包）的缩写，它是JDK1.0及以上版本中的一个基本工具，用于构建Java程序的图形用户界面，由java.awt.*包提供，它支持图形用户界面编程的功能包括用户界面组件、事件处理模型、图形和图像工具（如形状、颜色和字体）、布局管理器（布局组件的位置）等。由于AWT的构图是利用本地操作系统图形库来实现的，也就是说AWT必须依赖于本地方法，通常称AWT组件为重量级组件。

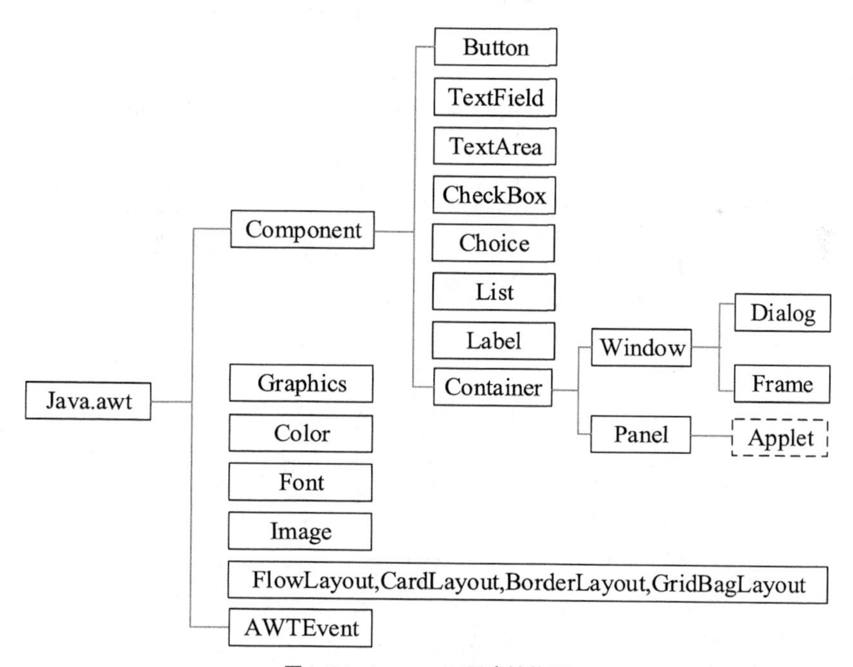

图4-21　java.awt.*层次结构图

由于AWT的初衷是支持Applet的简单界面，无法满足图形用户界面发展需要，同时AWT的功能实现与具体平台相关，造成不同平台图形界面显示效果不同，因此，JDK1.2版本推出了Swing组件。

Swing是在AWT基础上构建的一套新的图形界面系统，不仅增强了AWT原有组件的功能，还提供了更加灵活丰富的新组件和功能，由javax.swing.*包提供，Swing采用纯Java代码而不是使用本地方法实现图形功能，因此，Swing 组件被称为轻量级组件。增强组件在 javax.swing.* 中的名称通常都是在 AWT 组件名前加一个字母 J。

实际应用中，因 AWT 是基于本地方法的 C/C++程序，运行速度快，具有简单高效的特点，更适用于平台硬件资源有限的嵌入式应用；相对来说，Swing 速度慢占资源多，则适用于平台硬件资源不受限制的桌面应用程序。可以说，在桌面应用程序的界面设计中，Swing 组件已代替了 AWT 组件，本书中的程序全部使用 Swing 组件，但这并不表示 AWT 已无用处，因为 AWT 中的事件处理模型、图形和图像工具等功能，在用户界面交互过程中仍起着重要作用，在后面的内容将会详细介绍。

（2）认识 Swing 组件

Swing 组件是构筑在 AWT 之上，从图 4-22 中可以看出两者间的关系，Swing 组件都是 AWT 的 Container 类的直接子类和间接子类，除了对原有 AWT 进行了扩展形成新组件，如按钮（JButton）、标签（JLabel）、复选框（JCheckBox）等，Swing 还增加了丰富的高级组件集合，如表格（JTable）、树（JTree）等。

java.swing 是 Swing 所提供的最大的包，定义了两种类型的组件：顶层容器（JFrame、JApplet、JDialog 和 JWindow）和轻量级组件，它包含将近 100 个类和 25 个接口，涵盖了几乎所有 Swing 组件，只有 JTableHeader 和 JTextComponent 例外，分别在 java.swing.table.*和 java.swing.text.*中。大部分 Swing 组件派生于 java.swing.JComponent 类，继承了该类的所有属性和方法。

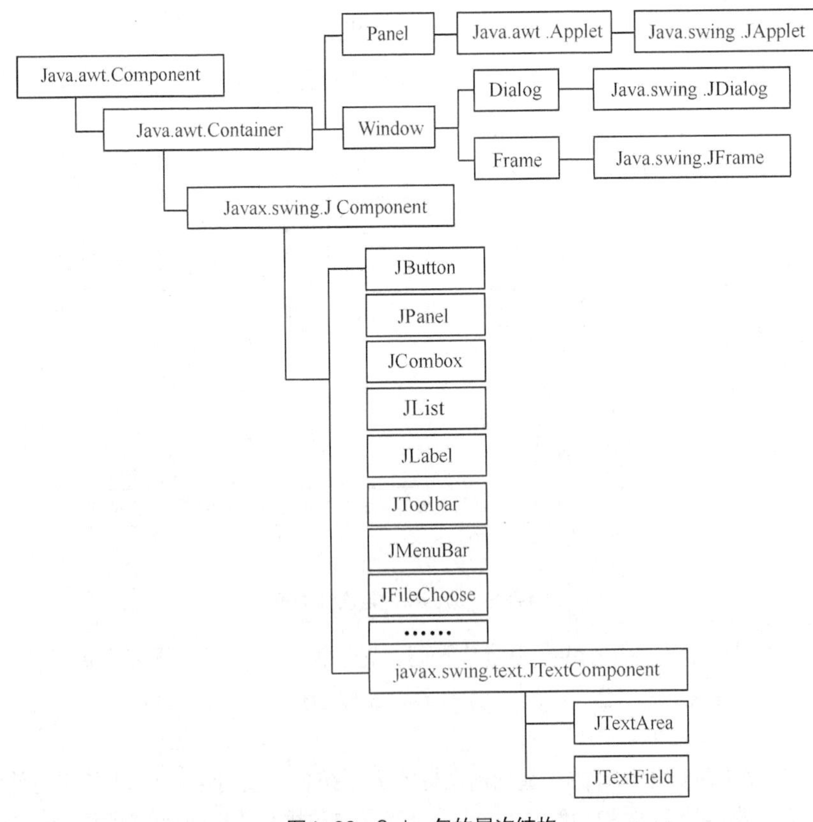

图4-22 Swing包的层次结构

从功能上，可以将Swing组件分为7类。

① 顶层容器：JWindow、JFrame、JApplet、JDialog。

② 中间层容器：JPanel、JScrollPane、JSplitPane、JToolBar。

③ 特殊容器：起特殊作用的中间层容器，如JInternalFrame、JLayeredPane、JRootPane。

④ 基本组件：用于人机交互的组件，如JButton、JComboBox、JList、JMenu、JSlider。

⑤ 显示不可编辑信息的组件：如JLabel、JProgressBar、ToolTip。

⑥ 显示可编辑信息的组件：如JColorChooser、JTextField、JTable、JTextArea。

⑦ 特殊对话框组件：如JColorChooser和JFileChooser等。

根据Swing的构图实现机制，使用Swing组件需遵循一定的规则：避免Swing和AWT组件混用。Java SE 5以上版本，使用Swing组件的方法步骤如下。

① JFame frame=new JFrame(); //创建顶层容器JFrame对象

② JButton button = new JButton("click");//定义组件，如按钮

③ frame.add(button); //将组件加入到顶层容器

其中，第2、3句还可以写成一句frame.add(new JButton())。

第二种使用Swing组件的方法步骤如下。

① JFame frame=new JFrame();//创建顶层容器JFrame对象

② JPanel panel=new JPanel();//创建中间容器JPanel对象

③ JButton button = new JButton("click");//定义组件，如按钮

④ panel.add(button);//将组件加入内容面板

⑤ frame.add(panel);//将panel设置为顶层容器的内容面板

（3）常用的Swing组件

Swing组件非常丰富，常用组件如表4-1所示。这里仅选取部分进行讲解，希望读者能够举一反三，从而掌握其他组件的用法。

表4-1 Swing常用组件

组件类	描述
JFrame	扩展了java.awt.Frame的外部窗体类
JButton	能显示文本和图形的按钮类
JCheckBox	能显示文本和图形的复选框类
JComboBox	带下拉列表的文本框类
JDialog	Swing对话框的基类，扩展了AWT的Dialog类
JLabel	可显示文本和图标的标签类
JList	显示选项列表的组件类
JOptionPane	显示标准的对话框类
JPasswordField	文本框类的扩展，使得输入的内容不可见
JPanel	面板容器类
JRadioButton	单选按钮类
JTable	表格类
JTextArea	用于输入多行文本的文本框类
JTextField	单行文本框类

① JFrame 类

窗体（JFrame）是一个包含标题、边框的顶层窗口。从图 4-22 所示的类层次上来看，它是 Frame 类的扩展，属于容器类。JFrame 类常用的构造方法有两种：

```
JFrame myFrame = new JFrame();//不带标题的窗体
JFrame myFrame = new JFrame("MyFrame");//带标题的窗体
```

需要说明的是，用这两种方法创建的窗体都是非可视的，只有它使用了 setVisible 方法，设置窗体可见性为 true 后，才能显示出来。同时还可以用它的 setSize 方法设置窗体的大小。

例 4-6：创建一个标题为“Hello Java”的窗体，并加入一个文本标签。

```
import javax.swing.JFrame;//导入 JFrame
import javax.swing.JLabel ;//导入 JLabel
public class HelloJava{
     JFrame frame;
     JLabel label;
     public HelloJava( ){//构造方法
          frame = new JFrame("Hello Java");//创建窗体对象 frame
          label = new JLabel("Hello Java");//创建一文本标签
          frame.add(label);
          frame.setVisible(true);//设置窗体的可见性
          frame.setSize(300,300);//设置窗体的大小
     }
     public static void main(String[] agrs){
          HelloJava obj = new HelloJava();
     }
}
```

该例子的运行结果如图 4-23 所示。

图4-23　例4-6执行结果

② JPanel 类

JPanel 类是一个常用的中间层容器类，被称为面板。它可以加入其他组件和容器（如面板）。在一般情况下，我们会把所有的组件先加入到面板，然后将面板加入到窗体。修改例 4-6 代码，说明 JPanel 类的使用。

例 4-7：利用面板加入标签。

```
import javax.swing.*;
public class JPanleDemo{
     JFrame frame;
     JLabel label;
     public JPanleDemo(){
          frame = new JFrame("JPanel Demo");
          label = new JLabel("Hello Java");
          JPanel panel = new JPanel();//创建 panel 对象
          panel.add(b1);//将标签添加到面板
          frame.add(panel);//将面板添加到窗体
```

```
            frame.setVisible(true);
            frame.setSize(300,300);
        }
        ……
```

有了面板，就可以将很多不同的窗体页面做成不同的 panel，那么在这种情况下，我们可以随时加载不同的 panel 达到页面转换的效果。下面的语句可以作为参考。

```
//从窗体中移除 panel1，加载 panel2
frame.remove(panel1);
frame.add(panel2);
frame.setVisible(true);
frame.setSize(300,300);
```

remove 方法是移除窗体中的现有的 panel1，然后再加载第二个 panel2。注意的是该窗体要重新调用 setVisible 方法和 setSize 方法，等于刷新一次。

③ 标签和文本字段

JLabel 类用于创建标签组件，可显示静态的文本和图像。常用的构造方法有两种：

```
    JLabel label = new JLabel("Hello,World");  //创建显示"Hello,World"的标签
    ImageIcon icon = new ImageIcon(类名.class.getResource("/images/middle.gif"));
//创建图标对象
    JLabel label = new JLabel(icon);    //创建带有图标的标签
```

标签只能显示静态的文本内容，用户不可修改。如果用户要录入信息（即修改文本），则要用 JTextField 类创建的输入框控件，它可以接收来自用户的单行文本输入。例如：

```
JTextField text = new JTextField(10);//采用带参构造方法，文本输入框的长度为 10
panel.add(text);
text.setText("mm/dd/yy");//调用 setText 方法，设置文本框中的文字
String birth = text.getText();//调用 getText 方法，获取文本框中的内容
```

利用 JTextField 的子类 JPasswordField 来输入密码，默认以“*”号表示所输入的内容。如果输入信息超出一行时，可使用多行文本框 JTextArea 类来处理，其构造方法可以设置文本框的行、列数。例如：

```
JTextArea textArea = new JTextArea(5, 20);  //创建一个 5 行、20 列的文本框
JTextArea 一般会结合 JScrollPane 类（滚动面板）使用。
```

④ 列表框和组合框

JList（列表框）和 JComboBox（组合框）类都属于多值组件，它允许用户在其所给的列表中进行选择。例如：

```
JFrame frame = new JFrame();
JPanel panel = new JPanel();
String[] city = {"北京","上海","广州","西安"};//创建数组，作为 JList 对象的数据源
JList listCity = new JList(city);//创建 JList 对象，并且将数组绑定到该对象
panel.add(listCity);
frame.add(panel);
```

由于列表框允许被单选或多选，可用 setSelectionMode 方法来设置列表为单选或多选。该方法的参数如表 4-2 所示。

表 4-2　setSelectionMode 方法参数列表

参　数	描　述
SINGLE_SELECTION	仅选择一项
SINGLE_INTERVAL_SELECTION	可以选择连续的选项
MULTIPLE_INTERVAL_SELECTION	任意选择多项

其他常用的方法如表 4–3 所示。

表 4-3　JList 常用方法

方　法	功　能
Object getSelectedValue()	返回选中项的值，null 表未选。若允许选多项，则返回第一项的值
int getSelectedIndex()	返回选中项的索引号，若未选中任何项，则返回−1。若允许选择多项，则返回选中的第一项索引，索引以 0 开头
Object[] getSelectedValues()	返回选中项的值的数组
int[] getSelectedIndices()	返回选中项的索引的数组
int getMinSelectionIndex()	在需要选中多项时使用，返回最小索引号
int getMaxSelectionIndex()	在需要选中多项时使用，返回最大索引号
void setVisibleRowCount(int count)	用于设置列表框中可见元素的数量
boolean isSelectedIndex(int index)	判断该索引所对应选项是否被选中
boolean isSelectionEmpty()	判断是否选择了，没有选择则返回 true
void setListData(Object[] listData)	设置数组为列表对象的数据源
void setListData(Vector listData)	设置 Vector 对象（可变长数组）为列表对象的数据源

Vector 是一种集合类，关于集合类知识学习，在后续内容中会详细介绍。

JComboBox（组合框）类是只允许选中单个选项。与创建列表框类似，创建组合框也是在构造函数中传入数组作为数据源。

```
String[] city = {"北京","上海","广州","西安"};
JComboBox comboObj = new JComboBox(city);
```

在默认情况下，组合框是不可以编辑的,也就是说我们不能够在组合框中输入数据，用户只能从中选择一项。如果需要使用户能向组合框中输入数据，需要使用 setEditable(true)方法。要检验组合框是否可编辑，可以使用 isEditable 方法。其他常用方法如表 4–4 所示。

表 4-4　JComboBox 常用方法

方　法	功　能
void addItem(Object item)	增加选项到组合框
Object getItemAt(int index)	得到指定索引的选项

续表

方　法	功　能
int getItemCount()	得到组合框中的选项个数
Object getSelectedItem()	得到选中项的值，若未选中任何值，则返回 null
int getSelectedIndex()	得到选中的索引号，若未选中，则返回-1
void setMaximumRowCount(int count)	设置显示在下拉框的元素个数

⑤ 单选和复选按钮

单选按钮通过 JRadioButton 来实现，复选按钮是通过 JCheckBox 来实现。

例 4-8：单选和复选框的使用。

```
package com.ui.component;
import javax.swing.ButtonGroup;
import javax.swing.JCheckBox;
import javax.swing.JFrame;
import javax.swing.JLabel;
import javax.swing.JPanel;
import javax.swing.JRadioButton;
public class RadioCheckDemo {
    JFrame frame;
    JLabel lblLike,lblKnowledge;
    JCheckBox music,tour,dance,book;
    JRadioButton grade,high,college;
    ButtonGroup buttonGroup;//声明一个按钮组
    JPanel panel;

    public RadioCheckDemo(){
        frame = new JFrame();
        panel = new JPanel();
        music = new JCheckBox("音乐"); //实例化组合框
        tour = new JCheckBox("旅游");
        dance = new JCheckBox("跳舞");
        book = new JCheckBox("看书");
        grade = new JRadioButton("小学");
        high = new JRadioButton("中学");
        college = new JRadioButton("大学");
        buttonGroup = new ButtonGroup();//实例化按钮组，向组里面添加成员
        buttonGroup.add(grade);
        buttonGroup.add(high);
        buttonGroup.add(college);
        lblLike = new JLabel("你喜欢什么");
        lblKnowledge = new JLabel("你的文化程度");
        panel.add(lblLike);
        panel.add(music);
```

```
            panel.add(tour);
            panel.add(dance);
            panel.add(book);
            panel.add(lblKnowledge);
            panel.add(grade);
            panel.add(high);
            panel.add(college);
            frame.add(panel);
            frame.setVisible(true);
            frame.setSize(300,100);
        }
        public static void main(String[] args){
            new RadioCheckDemo();
        }
    }
```

运行结果，如图 4-24 所示。

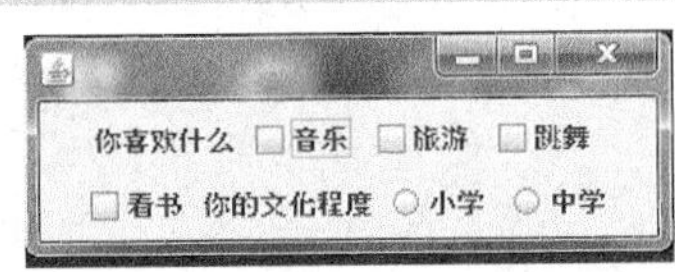

图4-24 例4-8运行结果

在这个例子中，我们通过实例化 JCheckBox 和 JRadioButton 来创建复选和单选按钮。但是读者看代码时会发现单选按钮要被放到一个叫 ButtonGroup 的按钮组中，为什么?

```
buttonGroup = new ButtonGroup();
buttonGroup.add(grade);
buttonGroup.add(high);
buttonGroup.add(college);
```

因为单选和复选不同，用户只能选择一个，选了这个另外一个就要自动弹起来，它的名字很有特点，叫“radio”，录音机的意思，读者可以想象录音机的按钮，是不是按一个，则另外一个就弹起来了。如果不将它们放在 ButtonGroup 中，则每一个单选按钮就会各自为战，将无法实现单选效果。另外，可以通过 isSelected 方法来判断该按钮是否被选中，通过 setSelected (boolean) 方法来设置该按钮为选中状态。

⑥ 消息对话框

我们在使用 Windows 操作系统的时候，经常会因为操作出错而弹出一个对话框，显示提示信息，以及操作按钮。在 Java 中用 JOptionPane 类来实现。

JOptionPane 类能够定制出好几种不同的消息对话框，有普通的消息对话框、出错对话框、警告对话框、询问对话框等。实现起来也很容易，我们仅仅需要调用该类的静态方法就可以了，如表 4-5 所示。

表 4-5 不同的消息对话框

方 法	功 能
ShowConfirmDialog()	询问是否确认，如 yes/no/cancel
ShowInputDialog()	提示用户输入
ShowMessageDialog()	告诉用户一些信息
ShowOptionDialog()	自定义选项按钮信息

使用方法如下：

- JOptionPane.showMessageDialog(frame,"this is a information message","Message",

```
JOptionPane.INFORMATION_MESSAGE);
```

其中的参数含义如下。

参数1：指定该对话框的父容器对象，如果没有可以指定为null。

参数2：指定了对话框中显示的信息。

参数3：指定了对话框任务栏的标题。

参数4：指定了对话框显示的样式。该样式包括ERROR_MESSAGE（错误消息）、INFORMATION_MESSAGE（提示消息）、WARNING_MESSAGE （警告消息）、QUESTION_MESSAGE（询问消息）、PLAIN_MESSAGE （普通消息）。例如：

上面语句为提示信息对话框，其显示的效果如图4-25所示。

- JOptionPane.showConfirmDialog(frame,"Would you like apple?","sample question",

```
    JOptionPane.OK_CANCEL_OPTION);
```

其中前面3个参数与前面相同，参数4指定显示在对话框上面的选项按钮集。该按钮集包括DEFAULT_OPTION（带一个确定按钮的对话框）、YES_NO_OPTION（带yes/no的按钮集）、YES_NO_CANCEL_OPTION（带 yes/no/cancel 的按钮集）、OK_CANCEL_OPTION（带ok/cancel的按钮集）。

上面语句为带有YES_NO_OPTION选项集的确定对话框，其显示效果如图4-26所示。

图4-25　提示信息对话框

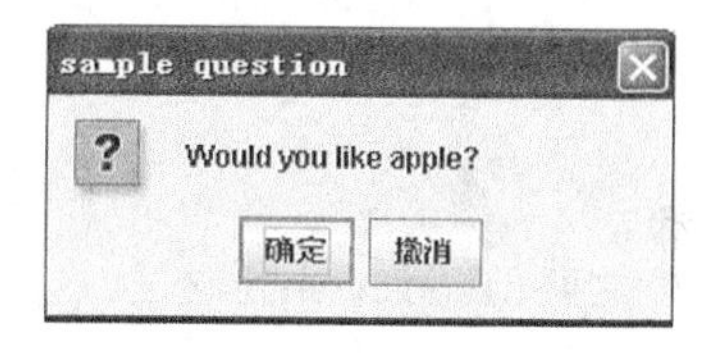

图4-26　提示信息对话框

- JOptionPane.showInputDialog("Please input a value");

函数中参数是用来在输入对话框中显示的提示内容，效果如图4-27所示。

- Object[] options = {"Yes, please","I do'nt like!"};

```
JOptionPane.showOptionDialog(frame,"Would you like apple?",
                    "sample question",JOptionPane.YES_NO_OPTION,
                    JOptionPane.QUESTION_MESSAGE, null, options, options[0]);
```

其中前面4个参数与showConfirmDialog相同，参数5指定对话框样式，参数6指定图标（上面语句null表示使用默认值），参数7指定自定按钮标题数组对象，参数8则指定默认选择按钮项。

上面语句表示带有两个自定按钮标题的询问对话框，执行结果如图4-28所示。

⑦ 选项卡控件

选项卡是一种容器组件，通过JTabbedPane来实现。在窗体上需要显示很多控件，而且希望分类放置时，就可以通过JTabbedPane组件，将不同类别的控件放到不同的Tab页上，然后根据需要单击至相应的Tab页。

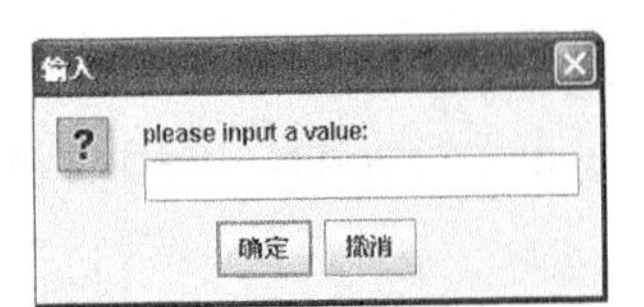

图4-27 提示信息对话框

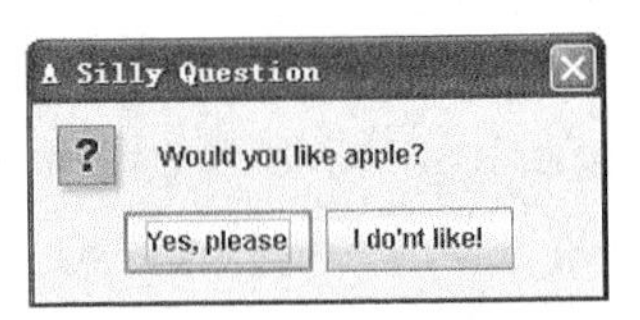

图4-28 提示信息对话框

例如：

```
JTabbedPane tabPane = new JTabbedPane();//实例化选项卡容器
JButton btn_1 = new JButton("test button 1");//创建两个按钮
JButton btn_2 = new JButton("test button 2");
tabPane.add(btn_1,0);//将btn_1 放置于选项卡第一个 tab 页
tabPane.add(btn_2,1);//将btn_2 放置于选项卡第二个 tab 页
```

执行效果如图 4-29 所示。

可以通过 JTabbedPane(int tabPlacement)构造方法，来设定选项卡的布局方式，如将上例中的实例化选项卡容器语句改为：

```
JTabbedPane tabPane = new JTabbedPane(JTabbedPane.BOTTOM);
```

则运行结果如图 4-30 所示。

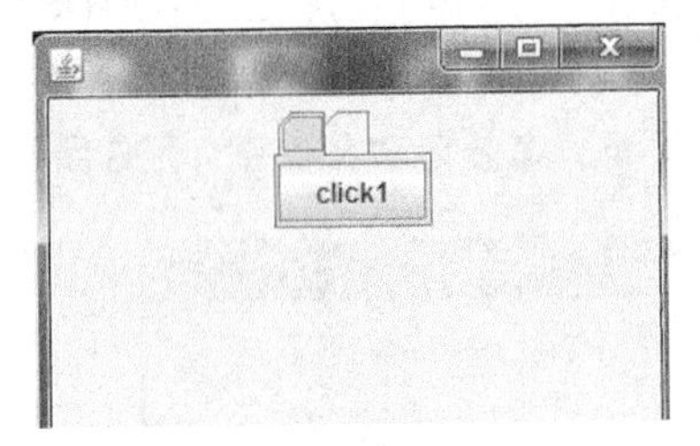

图4-29 JTabbedPane示例

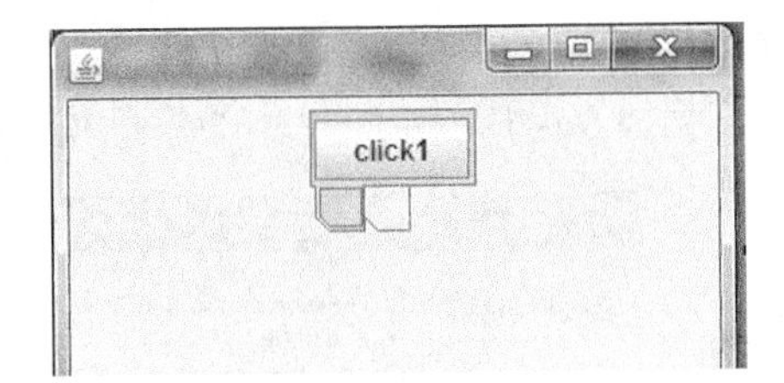

图4-30 JTabbedPane示例

例 4-9：JTabbedPane 的应用示例。

```
package com.ui.component;
import java.awt.Dimension;
import javax.swing.JButton;
import javax.swing.JFrame;
import javax.swing.JPanel;
import javax.swing.JTabbedPane;
import javax.swing.JTextField;

public class JTabbedPaneApp extends JFrame {
     JPanel panel;
     JPanel panel_1;
     JPanel panel_2;
     JButton btn_1;
     JButton btn_2;
     JTextField txtField;
     JTabbedPane tabPane;
```

```
    public JTabbedPaneApp(){
        panel = new JPanel();
        btn_1 = new JButton("click1");
        btn_2 = new JButton("click2");
        //pane_1 设置尺寸，并加上 btn_1
        panel_1 = new JPanel();
        panel_1.add(btn_1);
        panel_1.setPreferredSize(new Dimension(250, 200));
        //pane_2 设置尺寸，并加上 btn_2
        panel_2 = new JPanel();
        panel_2.setPreferredSize(new Dimension(250, 200));
        txtField = new JTextField("test jtabbedpane");
        panel_2.add(btn_2);
        panel_2.add(txtField);
        //tab 选项卡，增加两个选项 tab1，tab2 分别对应 panel_1 和 panel_2
        tabPane = new JTabbedPane();
        tabPane.addTab("tab1", panel_1);//将 panel_1 放于选项卡第一个 tab 页
        tabPane.addTab("tab2", panel_2);//将 panel_2 放于选项卡第二个 tab 页
        //将 tab 选项卡加入 panel，panel 加入 frame
        panel.add(tabPane);
        this.add(panel);

        this.setVisible(true);
        this.setSize(300, 300);
    }

    public static void main(String[] args) {
        new JTabbedPaneApp();
    }
}
```

运行效果如图 4-31 所示。

例 4-9 中，将分类的控件先分别放置于 panel_1 和 panel_2 中，设置了面板大小，调用 JTabbedPane 的另一个添加方法 addTabaddTab(String title,Component component)，定义了每个 tab 页的标题，再将 panel_1 和 panel_2 加入 JTabbedPaner 两个选项卡中，使得界面的设计更为完整，也更易于处理多个控件情况。

图4-31　例4-9运行效果

⑧ 系统托盘

Java 图形化应用程序，关闭窗体时可以退出程序，也可以退出到系统托盘（SystemTray）。需要用到 SystemTray 和 TrayIcon 两个类，它们均是 java.awt 包下的类。

例 4-10：系统托盘的应用示例。

```
//定义一个系统托盘类
package com.ui.component;
import java.awt.Image;
import java.awt.SystemTray;
import java.awt.TrayIcon;
import javax.swing.ImageIcon;

public class SystemTrayAndIcon{
    TrayIcon trayIcon;
    SystemTray sTray;
    Image img;

    public SystemTrayAndIcon(){
        //创建托盘图标
        img = new ImageIcon(SystemTrayApp.class.getResource("/images/tray.png"))
                .getImage();
    }
    //设置系统托盘，添加系统托盘图标
    public void addTrayOnDesk(){
        if(SystemTray.isSupported()){//当前系统是否支持托盘
            sTray = SystemTray.getSystemTray();//实例化系统托盘
            trayIcon = new TrayIcon(img, "trayicon");//实例化最小化图标
            try {//异常处理
                sTray.add(trayIcon);//系统托盘加图标
            } catch (AWTException e) {
                e.printStackTrace();
            }
        }
    }
    //将系统托盘图标移除
    public void removeTrayFromDesk(){
        sTray.remove(trayIcon);//系统托盘移除图标
    }
}
//应用系统托盘的窗体类
package com.ui.component;
import java.awt.AWTException;
import java.awt.event.ActionEvent;
import java.awt.event.ActionListener;
import com.ui.component.SystemTrayAndIcon;//导入自定义的系统托盘类
import javax.swing.JButton;
import javax.swing.JFrame;
import javax.swing.JPanel;
```

```
public class SystemTrayApp extends JFrame{
    SystemTrayAndIcon ti;
    public SystemTrayApp(){
        ti = new SystemTrayAndIcon();
        JPanel panel = new JPanel();
        JButton btn_1 = new JButton("add");
        JButton btn_2 = new JButton("remove");
        btn_1.addActionListener(new ActionListener(){//按钮单击事件
            public void actionPerformed(ActionEvent e) {
                ti.addTrayOnDesk();//调用系统托盘添加图标方法
            }
        });
        btn_2.addActionListener(new ActionListener(){//按钮单击事件
            public void actionPerformed(ActionEvent e) {
                if(ti.trayIcon != null){
                    ti.removeTrayFromDesk();//调用系统托盘移除图标方法
                }
            }
        });
        panel.add(btn_1);
        panel.add(btn_2);
        this.add(panel);
        this.setVisible(true);
        this.setSize(300, 300);
    }

    public static void main(String[] args) {
        new SystemTrayApp();
    }
}
```

当单击窗体中的按钮时，会在屏幕右下角看到系统托盘小图标，如图 4-32 所示。

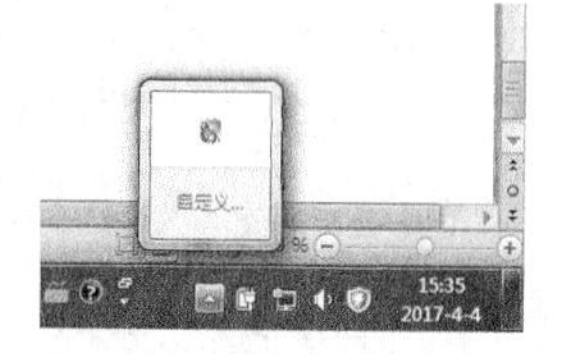

图4-32　例4-10运行效果

例 4-10 中 SystemTrayAndIcon 类是定义托盘的类，定义的步骤如下。

a. 判断当前平台是否支持系统托盘，不支持则不做任何处理。

b. SystemTray 无构造方法，需通过 SystemTray.getSystemTray 方法获得系统托盘实例。

c. 创建 TrayIcon（托盘图标）对象，通过 add 方法添加到系统托盘对象上（涉及异常处理机制，在后续内容会有详细介绍），之后可调用 remove 方法移除之。

通过某个事件来触发应用程序退出到系统托盘，这一部分内容在后续内容介绍。

⑨ 菜单组件

一般应用软件会通过可视化的菜单，为用户提供功能选项，如 Windows 操作系统中的资源管理器界面。Java 提供的与菜单相关的类有 JMenuBar（菜单栏）、JMenu（下拉式菜单）、JMenuItem（菜单项）、JPopupMenu（弹出式菜单）和 JToolBar（工具栏）。这些类的应用效果如图 4-33 所示。

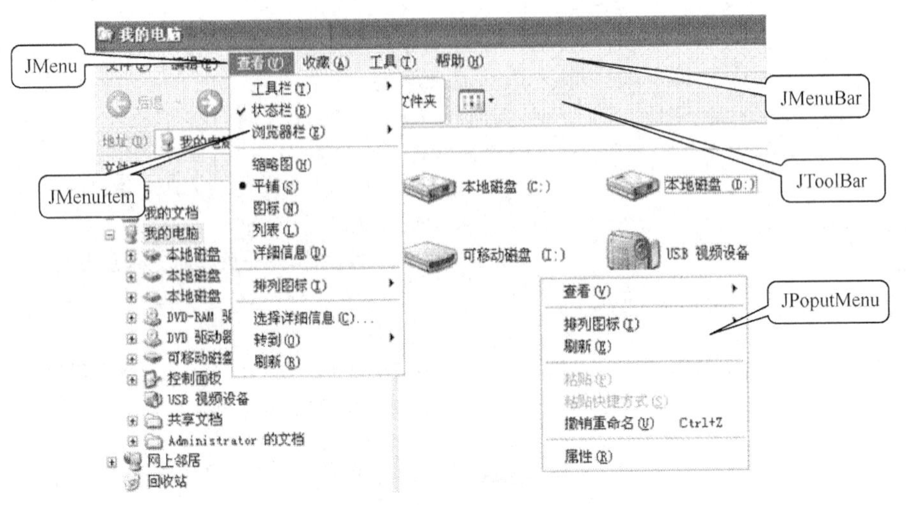

图4-33 Java菜单类

从图 4-33 可知，JMenuBar、JMenu 和 JMenuItem 是逐层包容，即 JMenuBar 可包含一或多个 JMenu，JMenu 又包含一或多个 JMenuItem；JPoputMenu 与 JMenu 相同；JToolBar 是由多个选项按钮组成的。了解这些组件的关系和组成，就很容易实现界面上的菜单。下面通过一些实例来进一步学习如何创建各种菜单。

例 4-11：创建下拉式菜单

```
package com.ui.component;
import java.awt.BorderLayout;
import java.awt.Dimension;
import java.awt.event.KeyEvent;
import javax.swing.JButton;
import javax.swing.JFrame;
import javax.swing.JMenu;
import javax.swing.JMenuBar;
import javax.swing.JMenuItem;
import javax.swing.JSeparator;
import javax.swing.JToolBar;
import javax.swing.border.EtchedBorder;

public class JMenuApp extends JFrame{
    public JMenuApp(){//构造方法
        JMenuBar mnubMain=new JMenuBar();//创建菜单栏类对象
        //创建三个菜单类对象
        JMenu mnuFile=new JMenu("File");
        JMenu mnuEdit=new JMenu("Edit");
```

```
        JMenu mnuHelp=new JMenu("Help");
        //将菜单加入菜单栏
        mnubMain.add(mnuFile);
        mnubMain.add(mnuEdit);
        mnubMain.add(mnuHelp);
        //创建菜单项类对象，设置菜单项快捷键
        JMenuItem mnuiNew=new JMenuItem("New",KeyEvent.VK_N); //快捷键 Ctrl+N
        JMenuItem mnuiOpen=new JMenuItem("Open",KeyEvent.VK_O);
        JMenuItem mnuiSave=new JMenuItem("Save",KeyEvent.VK_S);
        JMenuItem mnuiExit=new JMenuItem("Exit",KeyEvent.VK_E);
        //将菜单项加入菜单 File
        mnuFile.add(mnuiNew);
        mnuFile.add(mnuiOpen);
        mnuFile.add(mnuiSave);
        mnuFile.add(new JSeparator()); //加入分隔符
        mnuFile.add(mnuiExit);
        JToolBar tbMain=new JToolBar();//创建工具栏对象
        tbMain.setBorder(new EtchedBorder());//加浮雕边框
        JButton btnFile=new JButton("File");//创建按钮对象
        tbMain.add(btnFile);//将 File 按钮加入工具栏
        this.setJMenuBar(mnubMain);//将菜单条加入框架

        this.add(tbMain,BorderLayout.NORTH);//将工具栏布局在界面北边
        this.setVisible(true);
        this.setPreferredSize(new Dimension(400,400));
        this.pack();
    }
    public static void main(String[] args){
        new JMenuApp();
    }
}
```

运行结果，如图 4-34 所示。

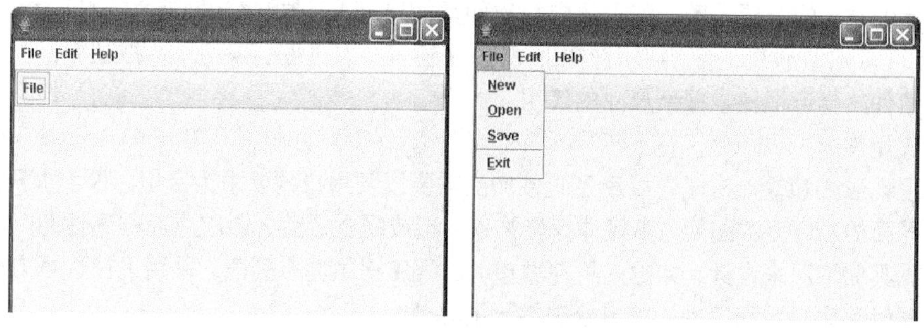

图4-34　例4-11运行结果

程序中使用了一些新的类如 KeyEvent（键盘事件）、BorderLayout（边界布局管理器）和

EtchedBorder（浮雕边框），分别由java.awt.event.*、java.awt.*和javax.swing.border.*包提供，有关事件和布局知识，后面会进行介绍。

例4-12：创建弹出式菜单（修改例4-11）。

```
……
//创建菜单项对象
JMenuItem mnuiNew=new JMenuItem("New",KeyEvent.VK_N);
JMenuItem mnuiOpen=new JMenuItem("Open",KeyEvent.VK_O);
JMenuItem mnuiSave=new JMenuItem("Save",KeyEvent.VK_S);
JMenuItem mnuiExit=new JMenuItem("Exit",KeyEvent.VK_E);
JPopupMenu popmMain=new JPopupMenu();//创建弹出式菜单对象
//将菜单项加入弹出式菜单中
popmMain.add(mnuiNew);
popmMain.add(mnuiOpen);
popmMain.add(mnuiSave);
popmMain.setLocation(50,80);//设置弹出式菜单位置
popmMain.setVisible(true);//设置弹出式菜单为可见
……
```

运行结果，如图4-35所示。

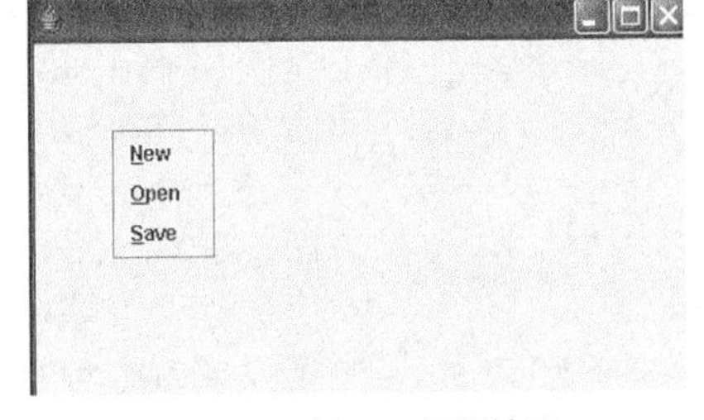

图4-35　例4-12运行结果

3. 用户界面设计的基本原则

对于用户来说，是通过界面来使用软件产品的，可以说，用户界面即是软件产品。因此，软件的用户界面应具有体现软件功能、方便与用户交互的特点，在设计时应充分考虑到用户的利益。用户界面设计的基本原则如下。

（1）直观性

从用户的思维和视觉角度考虑，做到界面色彩协调，界面内容一目了然。比如，提供清晰的使用帮助，如按钮上的提示信息，帮助用户了解如何使用软件；对于应用程序的执行状态、结果有明确的输出信息，以便用户清楚如何进一步操作。

（2）一致性

处理相同类型的问题时，采用一致的方式，如不同功能模块中的录入界面，均采用闪烁光标提示用户输入的位置；录入格式不合法时，弹出外形相同、内容类似的消息框；与相同或相似类型软件产品的“习惯”要一致，如一般应用软件都使用<F1>键提供帮助信息，Microsoft Office的Word和Excel软件中的复制都用<Ctrl+V>快捷键等；人员性别采用单选按钮等，一旦用户使用过类似软件，就可很快掌握新产品的使用。

（3）实用性

界面呈现形式和输入方式应以满足软件产品需要以及用户的要求为目标，不可过于追求标新立异。如界面加入过多的图片、多媒体等修饰，会造成视觉疲劳，影响应用程序性能。信息输入方式应根据具体情况来设计，如输入所在城市，由程序提供城市列表，采用下拉选框方式，会方便用户，同时简化应用程序中的信息合法性验证环节。

以上是用户界面设计的基本原则，在实际应用中，还需要根据具体情况灵活应用，在以后的实例中会逐步示范讲解。

4.2.3　任务实施

（1）可视化界面组成

根据图 4-20 中界面设计要求，先确定闹钟工具软件界面的组件及摆放位置，如图 4-36 所示。

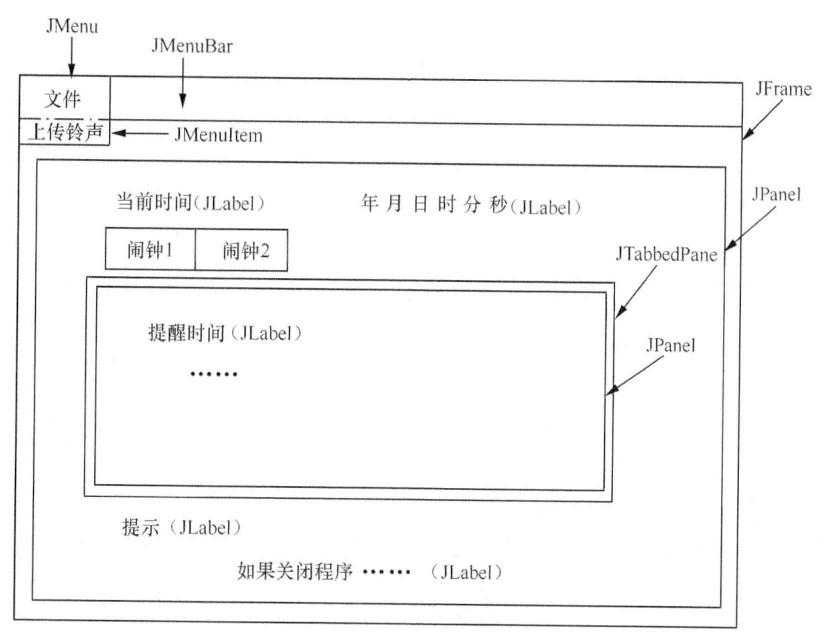

图4-36　界面结构示意图

同时，将界面的组件名称及层次关系列出来（如表 4-6 所示），帮助读者理解界面类代码。

表 4-6　界面组件及层次关系

层次	容器/组件					说明
1	JFrame					界面窗体
2		JMenuBar				菜单栏
3			JMenu			文件
4				JMenuItem		上传铃声
4				JMenuItem		退出
3			JMenu			工具
4				JMenuItem		下载铃声
3			JMenu			关于
4				JMenuItem		版本说明
2		JPanel				主面板
3			JLabel			当前日期时间标签
3			JTabbedPane			闹钟参数
4				JPanel(tab1)		闹钟 1 面板
5					JLabel	提醒时间标签

续表

层次	容器/组件					说明
5					JComboBox	时、分、秒选择组合框
5					JLabel	闹钟铃声标签
5					JComboBox	闹钟铃声选择组合框
5					JButton	试听按钮
5					JLabel	提示文字标签
5					JTextField	"休息，休息一下吧"信息文本框
5					JLabel	重复提醒标签
5					JRadioButton	"不重复/每天提醒"单选按钮
5					JButton	开启定时闹钟按钮
4				JPanel(tab2)		闹钟 2 面板
5					……	与闹钟 1 类似，此处省略
3			JLabel			提示标签
3			JLabel			"如果关闭程序……"信息

（2）主类的设计与实现

按照表 4-5 的层次结构，设计编写 AlarmUI 类的代码，并将其放在 com.alarm.ui 包下：

AlarmDemo_UI_Comp
src
com.alarm.ui
AlarmUI.java
JRE System Library [JavaSE

类的源代码如下：

```
/**
* 闹钟工具软件主界面程序
**/
package com.alarm.ui;//包定义

import java.awt.Dimension;
import javax.swing.ButtonGroup;
import javax.swing.JButton;
import javax.swing.JComboBox;
import javax.swing.JFrame;
import javax.swing.JLabel;
import javax.swing.JMenu;
import javax.swing.JMenuBar;
import javax.swing.JMenuItem;
import javax.swing.JPanel;
import javax.swing.JRadioButton;
import javax.swing.JTabbedPane;
import javax.swing.JTextField;
```

```
public class AlarmUI extends JFrame {  //AlarmUI类
    private JPanel alarmPanel_0;//主面板
    private JTabbedPane tbPane;    //tab面板
    private JPanel alarmPanel_1;//闹钟1面板
    private JButton btnStart_1;//开户闹钟按钮
    private JButton btnListen_1;//试听按钮
    private JLabel lblDateTip;//当前日期时间标签
    private JLabel lblDateTime;//当前日期时间信息
    private JLabel lblMsg;      //提示标签
    private JLabel lblMsgContent;//提示信息
    private JLabel lblRingsetup_1;//提醒闹钟
    private JLabel lblRing_1;//闹钟铃声标签
    private JLabel lblRepeat_1;//重复提醒标签
    private JLabel lblHour_1;//时标签
    private JLabel lblMinute_1;//分标签
    private JLabel lblSecond_1;//秒标签
    private JComboBox ckbHour_1;//时设置组合框
    private JComboBox ckbMinute_1;//分设置组合框
    private JComboBox ckbSecond_1;//秒设置组合框
    private JComboBox ckbFile_1;//铃声选择组合框
    private JLabel lblTip_1;//提示文字标签
    private JTextField txtTip_1;//提示文字信息
    private JRadioButton rbRepeat_1;//每日重复提醒单选按钮
    private JRadioButton rbNorepeat_1;//不重复提醒单选按钮
    private JPanel alarmPanel_2;//闹钟2面板
    private JMenuBar menuBar; //菜单栏
    private JMenu menu_file;  //文件菜单
    private JMenu menu_tools; //工具菜单
    private JMenu menu_about; //帮助菜单
    private JMenuItem menuItem_ring; //上传铃声文件菜单项
    private JMenuItem menuItem_down_rings;
    private JMenuItem menuItem_about; //关于菜单项
    private JMenuItem menuItem_exit; //退出菜单项

    public AlarmUI(){
        //当前时间标签和信息实例化，显示当前日期时间
        lblDateTip = new JLabel("当前时间:");
        lblDateTime = new JLabel(new Date().toString());
        //闹钟1面板实例化，设置大小
        alarmPanel_1 = new JPanel();
        alarmPanel_1.setPreferredSize(new Dimension(500, 400));

        //设置提醒时间：时、分、秒
```

```
lblRingsetup_1 = new JLabel("提醒时间");
String[] h = new String[]{"关闭", "00", "01", "02", "03", "04", "05", "06",
        "07", "08", "09", "10", "11", "12", "13", "14", "15",
        "16", "17", "18", "19", "20", "21", "22", "23" };
ckbHour_1 = new JComboBox(h);
lblHour_1 = new JLabel("时");
String[] m = new String[]{"关闭", "00", "01", "02", "03", "04", "05", "06",
      "07", "08", "09", "10", "11", "12", "13", "14", "15",
      "16", "17", "18", "19", "20", "21", "22", "23", "24",
      "25", "26", "27", "28", "29", "30", "31", "32", "33",
      "34", "35", "36", "37", "38", "39", "40", "41", "42",
      "43", "44", "45", "46", "47", "48", "49", "50", "51",
      "52", "53", "54", "55", "56", "57", "58", "59"};
ckbMinute_1 = new JComboBox(m);
lblMinute_1 = new JLabel("分");
ckbSecond_1 = new JComboBox(m);
lblSecond_1 = new JLabel("秒");
//设置铃声
lblRing_1 = new JLabel("闹钟铃声");
String[] r = new String[] {
        "铃声一", "铃声二", "铃声三", "铃声四", "铃声五", "铃声六", "铃声七" };
ckbFile_1 = new JComboBox(r);
btnListen_1 = new JButton("试听");
//设置提醒文字
lblTip_1 = new JLabel("提示文字");
txtTip_1 = new JTextField("休息，休息一下吧");
//设置铃声提醒方式
lblRepeat_1 = new JLabel("重复提醒");
rbNorepeat_1 = new JRadioButton("不重复");
rbNorepeat_1.setSelected(true);
rbRepeat_1 = new JRadioButton("每天提醒");
ButtonGroup buttongrp_1=new ButtonGroup();
buttongrp_1.add(rbRepeat_1);
buttongrp_1.add(rbNorepeat_1);
//启动铃声按钮
btnStart_1 = new JButton("开启定时闹钟");

//闹钟 1 面板加入相应的组件
alarmPanel_1.add(lblRingsetup_1);
alarmPanel_1.add(ckbHour_1);
alarmPanel_1.add(lblHour_1);
alarmPanel_1.add(ckbMinute_1);
alarmPanel_1.add(lblMinute_1);
alarmPanel_1.add(ckbSecond_1);
```

```
        alarmPanel_1.add(lblSecond_1);
        alarmPanel_1.add(lblRing_1);
        alarmPanel_1.add(ckbFile_1);
        alarmPanel_1.add(btnListen_1);
        alarmPanel_1.add(lblTip_1);
        alarmPanel_1.add(txtTip_1);
        alarmPanel_1.add(lblRepeat_1);
        alarmPanel_1.add(rbNorepeat_1);
        alarmPanel_1.add(rbRepeat_1);
        alarmPanel_1.add(btnStart_1);
        //闹钟2面板
        alarmPanel_2 = new JPanel();
        alarmPanel_2.setPreferredSize(new Dimension(500, 400));
        //……类似地，定义闹钟2面板上的组件，并加入该面板，代码部分省略

        //定义tab面板
        tbPane = new JTabbedPane();
        String[] tabNames = {"闹钟1", "闹钟2" };
        //在tab面板上加入闹钟1面板和闹钟2面板
        tbPane.addTab(tabNames[0], alarmPanel_1);
        tbPane.setMnemonicAt(0, KeyEvent.VK_0);// 设置第一个位置的快捷键为0
        tbPane.addTab(tabNames[1], alarmPanel_2);
        tbPane.setMnemonicAt(1, KeyEvent.VK_1);// 设置第一个位置的快捷键为0

        //设置提示信息
        lblMsg = new JLabel("提示");
        lblMsgContent = new JLabel("如果关闭程序闹钟将无法响铃，每次启动程序需
要重新设置闹钟才能生效");

        //将上述组件加入主面板
        alarmPanel_0 = new JPanel();
        alarmPanel_0.add(lblDateTip);
        alarmPanel_0.add(lblDateTime);
        alarmPanel_0.add(tbPane);
        alarmPanel_0.add(lblMsg);
        alarmPanel_0.add(lblMsgContent);

        //设置菜单栏及菜单选项
        menuBar = new JMenuBar();  //菜单栏
        menu_file = new JMenu("文件");  //菜单
        menu_tools = new JMenu("工具"); //菜单
        menu_about = new JMenu("关于"); //菜单
        menuItem_ring = new JMenuItem("上传铃声");  //菜单选项
        menuItem_down_rings = new JMenuItem("下载铃声");
```

```
        menuItem_about = new JMenuItem("版本说明");
        menuItem_exit = new JMenuItem("退出");
        //将菜单选项加入菜单
        menu_file.add(menuItem_ring);
        menu_file.add(menuItem_exit);
        menu_tools.add(menuItem_down_rings);
        menu_about.add(menuItem_about);
        //将菜单加入菜单栏
        menuBar.add(menu_file);
        menuBar.add(menu_tools);
        menuBar.add(menu_about);

        this.add(alarmPanel_0);  //将主面板加入窗体
        this.setJMenuBar(menuBar); //在窗体上设置菜单栏

        //设置窗体大小和可见性
        this.setVisible(true);
        this.setSize(600,500);
    }

    public static void main(String[] args){
        new AlarmUI();//类AlarmUI实例化
    }
}
```

代码解释：

a. 闹钟工具软件的主类是一个 JFrame（窗体）类，且具有 JPanel（面板）、JTabPane（Tab 面板）等多个属性，通过构造方法对其属性逐个进行实例化，并设置 JFrame 的显示属性，main 方法对主类实例化。

b. 当前类定义为 JFrame 类的子类，则将主面板、菜单项加入窗体类，以及窗体设置尺寸和可见性时，需要使用 this 关键字。

同步练习：计算器 CalculatorProj 项目中，创建一个计算器主界面类 CalculatorMain，界面包含的组件参考图 4-37，这里不要求组件摆放位置效果。

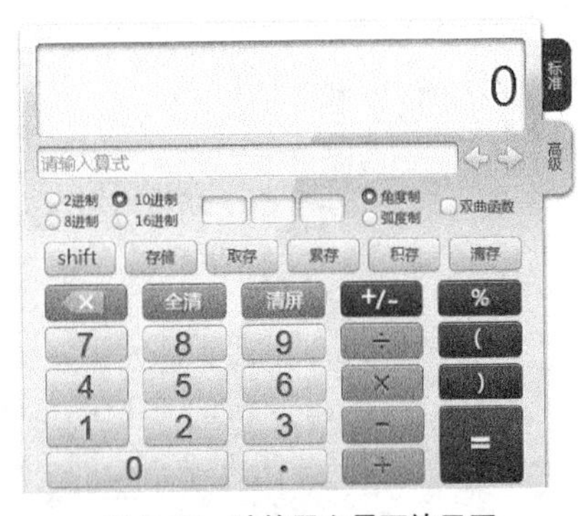

图4-37 计算器主界面效果图

4.3 实战任务三：优化闹钟主界面布局

4.3.1 任务解读

闹钟工具软件界面已创建，但呈现出来的效果不好，整个界面布局没有条理，操作也不方便，需要对该界面进行合理地优化，效果如图 4-38 所示。

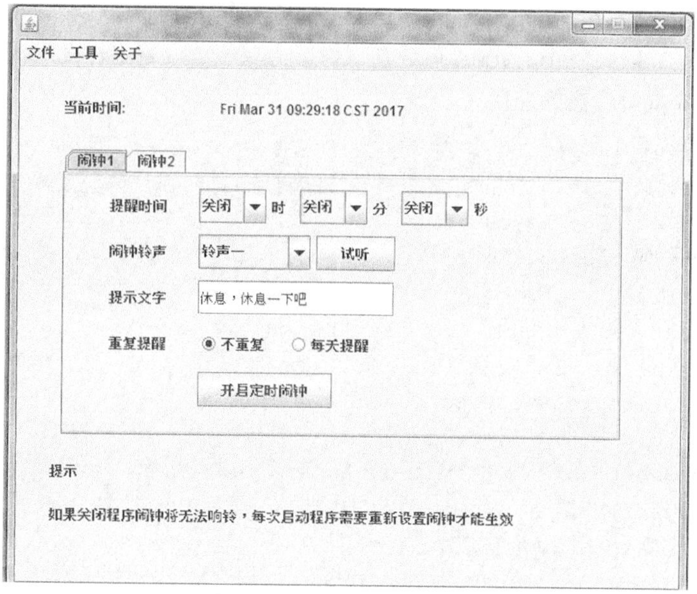

图4-38　优化后程序运行效果

4.3.2　知识学习

布局管理器

布局管理是决定容器中组件的大小和位置的过程。布局管理器（Layout Manager）负责管理容器中组件的布局。它指明了容器中组件的位置和尺寸大小。通过布局管理器，只需告知所放置组件同其他组件的相对位置就可以了。当我们创建一个容器时，Java 自动地为它创建并分配一个默认的布局管理器，确定容器中控件的布置。可以根据需要在应用中为不同的容器创建不同的布局管理器，从而达到用户所需要的页面效果。AWT 提供了 FlowLayout、GridLayout、BorderLayout、CardLayout 等几个类来进行页面设置的管理，它们均继承于 java.lang.Object 类，存在于 java.awt 包下。Swing 中也提供了 BoxLayout、GroupLayout 等多个布局管理类，这里重点介绍常用的几个布局管理器类。容器的布局设置可以通过调用 setLayout 方法确定：

```
containObj.setLayout(layoutObj);
```

其中 containObj 是容器对象，layoutObj 是布局管理器对象。

（1）FlowLayout 类

FlowLayout 类是流布局管理器类，它是 JPanel 的默认布局。流布局管理器可以自动依据窗口的大小，将组件由左到右、由上到下的顺序来排列。在默认情况下，FlowLayout 管理器在容器的中心位置开始摆放。FlowLayout 构造方法如下。

① FlowLayout()：创建流布局管理器，组件中心对齐，并且组件与组件之间留有左右上下各 5 个像素的空隙。

② FlowLayout(int align)：创建流布局管理器，其中参数 align 值可为 FlowLayout.LEFT（按左对齐）、FlowLayout.RIGHT（按右对齐）或者 FlowLayout.CENTER（中心对齐），同样，组件

之间留以 5 个像素的水平与垂直间隔。

③ FlowLayout(int align, int hgap, int vgap)：创建流布局管理器，参数 align 与上面第二个构造方法含义相同，参数 hgap、vgap 可分别以像素为单位，设置组件之间水平和垂直间隔。

例 4-13：流布局管理器的应用。

```
package com.ui.layouts;

import java.awt.FlowLayout;
import javax.swing.JButton;
import javax.swing.JFrame;
import javax.swing.JPanel;

public class SampleLayout extends JFrame{
    JPanel p1;
    JButton button1, button2, button3;
    FlowLayout f1;
    public SampleLayout(){
        super("SampleLayout");//调用父类构造方法，设置窗体标题
        p1 = new JPanel();
        f1 = new FlowLayout(FlowLayout.LEFT);//创建流布局管理器
        p1.setLayout(f1);//容器 p1 使用流布局管理器
        button1 = new JButton("Ok");
        button2 = new JButton("Open");
        button3 = new JButton("Close");
        p1.add(button1);
        p1.add(button2);
        p1.add(button3);
        this.add(p1);
        this.setVisible(true);
        this.setSize(300,300);
    }
    public static void main(String[] args){
        new SampleLayout();
    }
}
```

运行结果，如图 4-39 所示。

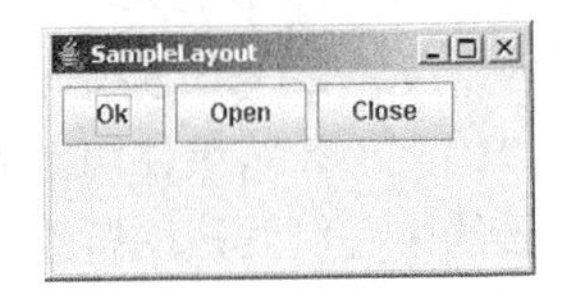

图4-39　例4-11运行结果

例 4-13 中构造方法中实例化了 FlowLayout 流布局管理器，然后通过调用 panel 的 setLayout 方法将布局管理应用在 panel 上。这种界面布局管理器一般应用在图形元素比较少的情况下，或者界面元素都是非常统一，比如都是统一大小的按钮，或者统一大小的文本输入框之类。它的优点是布局的代码复杂度低。

(2) BorderLayout 类

BorderLayout 类是边界布局管理器类，它是 JFrame 的默认布局。它可使用边界布局按东、

西、南、北、中的方位来布置组件。BorderLayout 类有以下构造函数。

① BorderLayout()：创建边界布局管理器。

② BorderLayout(int hgap, int vgap)：创建边界布局管理器，并指定控件的垂直与水平间隔。

例 4-14：边界布局管理器的应用示例。

```
package com.ui.layouts;

import java.awt.BorderLayout;
import javax.swing.JFrame;
import javax.swing.JPanel;
import javax.swing.JButton;

public class SampleLayout2 extends JFrame{
    JPanel panel;
    public SampleLayout2() {
        super("SampleLayout2");
        panel = new JPanel();
        panel.setLayout(new BorderLayout());//panel 使用边界布局管理器
        //将以下按钮分别摆放在界面的北、南、东、西和中位置
        panel.add(new JButton("North"), BorderLayout.NORTH);
        panel.add(new JButton("South"), BorderLayout.SOUTH);
        panel.add(new JButton("East"), BorderLayout.EAST);
        panel.add(new JButton("West"), BorderLayout.WEST);
        panel.add(new JButton("Center"), BorderLayout.CENTER);
        this.add(panel);
        this.setVisible(true);
        this.setSize(300,300);
    }
    public static void main(String[] args){
        new SampleLayout2();
    }
}
```

运行效果如图 4-40 所示。例中创建了边界布局管理器对象，并应用于 panel 上。但是在加载组件元素的时候，必须指定这个组件元素放在 panel 的五个方位中的哪个位置，其中 NORTH、SOUTH、EAST、WEST 和 CENTER 是 static 类型的属性，分别表示北、南、东、西、中五个方位。这种布局管理器一般应用于界面的框架布局。比如要把这个界面分成三个框架结构，那么应该在三个方位放置不同的 panel。

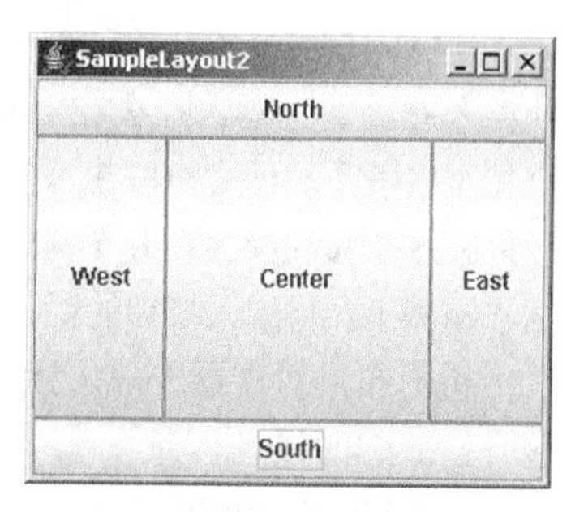

图4-40　例4-14运行效果

（3）GridLayout 类

GridLayout 类是格子布局管理器，它把显示区域编为矩形格子组，然后将控件依次放入每个格子中，从左到右，自顶向

下地放置。

① GridLayout(int rows，int cols)：创建一个带指定行数和列数的格子布局管理器。布局中所有组件的大小一样。

② GridLayout(int rows，int cols，int hgap，int vgap)：创建一个指定行数、列数、水平和垂直间隔的格子布局管理器。

例 4-15：格子布局管理器的应用示例。

```
package com.ui.layouts;

import java.awt.GridLayout;
import javax.swing.JFrame;
import javax.swing.JPanel;

public class SampleLayout3 extends JFrame{
    JPanel panel;
    public SampleLayout3(){
        super("SampleLayout3");
        panel = new JPanel();
        panel.setLayout(new GridLayout(3,2));
        panel.add(new JButton("1"));
        panel.add(new JButton("2"));
        panel.add(new JButton("3"));
        panel.add(new JButton("4"));
        panel.add(new JButton("5"));
        panel.add(new JButton("6"));
        this.add(panel);
        this.setVisible(true);
        this.setSize(300,300);
    }
    public static void main(String[] args){
        new SampleLayout3();
    }
}
```

例 4-15 中的黑色字体部分代码，表示创建了一个 3 行 2 列的格子布局管理器，那么在 panel 中摆放按钮的时候，panel 就会按照格子布局样式将按钮添入到格子中（图 4-41）。这个例子，正好有 6 个按钮摆放在 6 个格子中。那么读者可以实验一下，如果格子添满了，再添入按钮的话，布局管理将会怎么处理呢?

图4-41　例4-15运行结果

格子布局管理器一般应用在相同类型的图形元素需要紧凑、整齐摆放的时候。

（4）CardLayout 类

CardLayout（卡片布局管理器）是一个比较复杂的布局管

理器。用这个管理器，可以使得容器像一个卡片盒，而容器中的页面像卡片盒中的卡片一样任意翻动显示，其实这与手机界面的翻页操作相似。

① CardLayout()：创建一卡片布局管理器。

② CardLayout(int hgap, int vgap)：创建一卡片布局管理器，并指定左右边距和上下边距。

为了使得卡片能在容器中逐个显示，CardLayout 类提供了相应的方法，如表 4-7 所示。

表 4-7　CardLayout 类的主要方法

方　法	描　述
first(Container parent)	显示第一张卡片
last(Container parent)	显示最后一张卡片
next(Container parent)	显示下一张卡片
previous(Container parent)	显示上一张卡片
show(Container parent，String name)	显示指定名称的卡片

例 4-16：卡片布局管理器的应用示例（代码会涉及后面事件处理知识，这里主要看黑体字部分）。

```
package com.ui.layouts;

import java.awt.BorderLayout;
import javax.swing.JFrame;
import javax.swing.JPanel;
import javax.swing.JButton;
import javax.swing.JLabel;
import java.awt.event.*;

public class SampleLayout4 extends JFrame implements ActionListener{
    JPanel panel1;
    JPanel panel2;
    JPanel panel3;
    JPanel panel4;
    JPanel panel5;
    JPanel panel6;

    JLabel label1;
    JLabel label2;
    JLabel label3;
    JLabel label4;
    JButton button1;
    JButton button2;
    JButton button3;
    JButton button4;
    CardLayout cardLayout;
```

```
    public SampleLayout4(){
        super("SampleLayout4");
        panel1 = new JPanel();
        panel2 = new JPanel();
        panel3 = new JPanel();
        panel4 = new JPanel();
        panel5 = new JPanel();
        panel6 = new JPanel();

        label1 = new JLabel("card1");
        label2 = new JLabel("card2");
        label3 = new JLabel("card3");
        label4 = new JLabel("card4");

        button1 = new JButton("first");
        button2 = new JButton("next");
        button3 = new JButton("preview");
        button4 = new JButton("last");

        button1.addActionListener(this);
        button2.addActionListener(this);
        button3.addActionListener(this);
        button4.addActionListener(this);
        //JFrame 默认是边界布局管理
        this.add(panel1,BorderLayout.NORTH);
        this.add(panel2,BorderLayout.SOUTH);
        //使用格子布局管理
        panel2.setLayout(new GridLayout(1,4));
        panel2.add(button1);
        panel2.add(button2);
        panel2.add(button3);
        panel2.add(button4);
        panel3.add(label1);
        panel4.add(label2);
        panel5.add(label3);
        panel6.add(label4);
        //使用卡片布局管理
        cardLayout = new CardLayout();
        panel1.setLayout(cardLayout);
        panel1.add("card1",panel3);
        panel1.add("card2",panel4);
        panel1.add("card3",panel5);
        panel1.add("card4",panel6);
        this.setVisible(true);
```

```
            this.setSize(300,300);
        }
        //按钮事件处理方法：当按下按钮的时候会触发这个方法的执行
        public void actionPerformed(ActionEvent evt){
            Object obj = evt.getSource();
            if(obj.equals(button1))  {
                cardLayout.first(panel1);
            }
            if(obj.equals(button2))  {
                cardLayout.next(panel1);
            }
            if(obj.equals(button3))  {
                cardLayout.previous(panel1);
            }
            if(obj.equals(button4))  {
                cardLayout.last(panel1);
            }
        }
        public static void main(String[] args){
            new SampleLayout4();
        }
    }
```

运行效果，如图 4-42 所示。

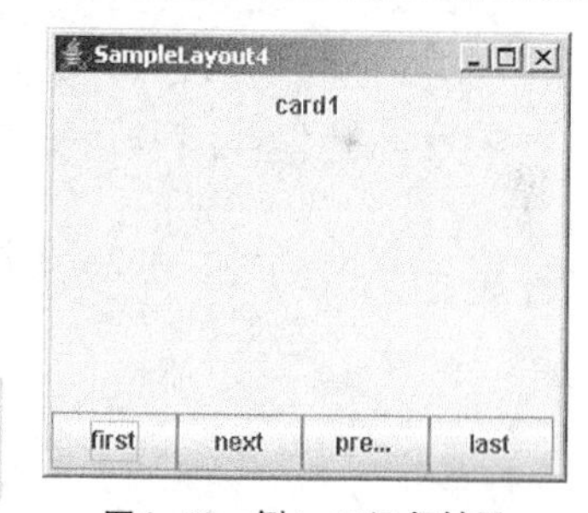

图4-42　例4-16运行结果

代码解释：

① 使用了边界布局管理、格子布局管理和卡片布局管理。利用 JFrame 默认的边界布局将界面构成上下两个框架结构，每一个框架中放置一个 panel：

```
this.add(panel1,BorderLayout.NORTH);
this.add(panel2,BorderLayout.SOUTH);
```

② 在 panel2 上使用格子布局管理，用于摆放四个按钮：

```
panel2.setLayout(new GridLayout(1,4));
panel2.add(button1);
panel2.add(button2);
panel2.add(button3);
panel2.add(button4);
```

③ 在 panel1 上放置四张卡片，使用卡片布局管理，可以随时进行换页：

```
cardLayout = new CardLayout();
panel1.setLayout(cardLayout);
panel1.add("card1",panel3);
panel1.add("card2",panel4);
panel1.add("card3",panel5);
```

```
panel1.add("card4",panel6);
```

panel1 的 add()方法第一个参数是卡片标识，第二个参数是一个面板，它将会被加载到 panel1 中。这里一共加载了四个面板，默认程序运行时首先显示第一个卡片。

④ 加入了四个按钮来用于导航，在按钮的事件处理代码中，调用卡片布局管理器对象的几个导航方法：

```
cardLayout.first(panel1);
cardLayout.next(panel1);
cardLayout.last(panel1);
cardLayout.previous(panel1);
```

其中容器面板 panel1 作为导航操作的对象，必须作为参数传入。

卡片布局管理器适用于在一个框架中需要不断转换页面的界面效果，比如大家经常见到的安装程序中的过程。

（5）自定义布局

除了 Java 提供的布局管理器，你也可以通过定义布局管理器对象为 null，来自定义组件的位置。

例 4-17：自定义布局的应用示例。

```
package com.ui.layouts;

import java.awt.Dimension;
import javax.swing.JButton;
import javax.swing.JFrame;
import javax.swing.JPanel;

public class JPanelNullLayout extends JFrame{
    JPanel panel_1;
    JButton button_1;
    JButton button_2;

    public JPanelNullLayout(){
        panel_1 = new JPanel();
        button_1 = new JButton("button_1");
        button_2 = new JButton("button_2");
        //定义按钮的位置
        button_1.setBounds(10,10,100,30);
        button_2.setBounds(120,10,100,30);

        panel_1.setLayout(null);//设置 null 布局
        panel_1.add(button_1);
        panel_1.add(button_2);

        this.add(panel_1);
```

```
        //窗体设置
        this.setVisible(true);//设置窗体可见性
        this.setPreferredSize(new Dimension(300,300));//设置窗体最优尺寸
        this.pack();
        this.setLocationRelativeTo(null);//设置窗体居中
        this.setResizable(false); //设置窗体大小不可变
        this.setDefaultCloseOperation(JFrame.EXIT_ON_CLOSE); //设置窗体关闭方式
    }

    public static void main(String[] args) {
        // TODO Auto-generated method stub
        new JPanelNullLayout();
    }
}
```

运行效果，如图4-43所示。

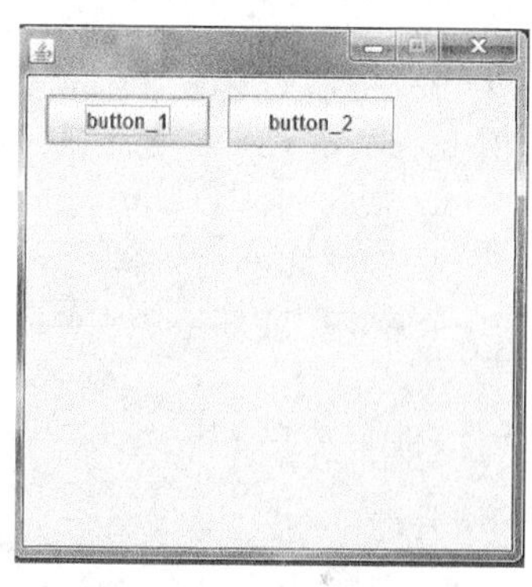

图4-43　例4-17运行结果

代码解释：

① panel_1采用的是null布局，此时，panel_1左上角为原点（假设为o），该面板上的每个控件都需要设置自己的左上角坐标，以及长和宽，从而确定该控件相对于原点o的位置。

② 在一般情况下，会要求程序主界面居于屏幕中间，同时为了保证界面中组件的相对位置不变，还要设置窗体大小固定等，下面逐一说明窗体设置部分的代码。

a. 通过调用JFrame的setResizable方法，参数为false来限定窗体大小不可变。

b. 使用setPreferredSize方法设置首选窗体大小，Dimension（尺寸）类定义组件的宽和高，这里用于设置窗体的尺寸。

c. pack方法是调整窗体的大小，以适合其子组件的首选大小和布局。当使用了布局管理器，通常会将setPreferredSize方法和pack方法相结合设置窗体尺寸，而未使用布局管理器，则常用setSize方法。

d. setLocationRelativeTo(Component c)方法设置窗体相对于指定组件c的位置，当c为null时，则居于屏幕之中。

e. setDefaultCloseOperation(int operation); 可以改变关闭窗体的默认操作，operation有几种方式，其中EXIT_ON_CLOSE表示关闭窗体，且程序结束。

4.3.3　任务实施

（1）界面布局设计

闹钟工具软件主界面中，窗体采用边界布局管理来设置菜单和主面板，主面板采用null布局来管理“当前时间”“tab面板”以及“提示”三个部分，“tab面板”上的每个tabPane也同样。

（2）代码实现（黑体字部分为新增代码）

```
/**
* 闹钟工具软件主界面程序
**/
package com.alarm.ui;

import java.awt.Dimension;
import java.awt.event.KeyEvent;
import java.util.Date;
import javax.swing.ButtonGroup;
import javax.swing.JButton;
import javax.swing.JComboBox;
import javax.swing.JFrame;
import javax.swing.JLabel;
import javax.swing.JMenu;
import javax.swing.JMenuBar;
import javax.swing.JMenuItem;
import javax.swing.JPanel;
import javax.swing.JRadioButton;
import javax.swing.JTabbedPane;
import javax.swing.JTextField;

public class AlarmUI extends JFrame {
    private JPanel alarmPanel_0;//主面板
    private JTabbedPane tbPane;//tab 面板
    private JPanel alarmPanel_1;//闹钟 1 面板
    private JButton btnStart_1;//开户闹钟按钮
    private JButton btnListen_1;//试听按钮
    private JLabel lblDateTip;//当前日期时间标签
    private JLabel lblDateTime;//当前日期时间信息
    private JLabel lblMsg; //提示标签
    private JLabel lblMsgContent;//提示信息
    private JLabel lblRingsetup_1;//提醒闹钟
    private JLabel lblRing_1;//闹钟铃声标签
    private JLabel lblRepeat_1;//重复提醒标签
    private JLabel lblHour_1;//时标签
    private JLabel lblMinute_1;//分标签
    private JLabel lblSecond_1;//秒标签
    private JComboBox ckbHour_1;//时设置组合框
    private JComboBox ckbMinute_1;//分设置组合框
    private JComboBox ckbSecond_1;//秒设置组合框
    private JComboBox ckbFile_1;//铃声选择组合框
    private JLabel lblTip_1;//提示文字标签
    private JTextField txtTip_1;//提示文字信息
    private JRadioButton rbRepeat_1;//每日重复提醒单选按钮
```

```
private JRadioButton rbNorepeat_1;//不重复提醒单选按钮
private JPanel alarmPanel_2;//闹钟2面板
private JMenuBar menuBar; //菜单栏
private JMenu menu_file;  //文件菜单
private JMenu menu_tools; //工具菜单
private JMenu menu_about; //帮助菜单
private JMenuItem menuItem_ring; //上传铃声文件菜单项
private JMenuItem menuItem_down_rings;
private JMenuItem menuItem_about; //关于菜单项
private JMenuItem menuItem_exit; //退出菜单项

public AlarmUI(){
    //当前时间、tab和最下方的提示部分的x,y坐标是相对于jframe的
    lblDateTip = new JLabel("当前时间:");
    lblDateTip.setBounds(40, 5, 150, 60);//设置lblDateTip标签的位置
    lblDateTime = new JLabel(new Date().toString());
    lblDateTime.setBounds(180, 5, 350, 60);//设置lblDateTime标签的位置

    alarmPanel_1 = new JPanel();
    alarmPanel_1.setPreferredSize(new Dimension(500, 400));
    alarmPanel_1.setLayout(null);//设置tabPane为null布局
    //设置闹钟部分控件的x,y坐标是相对于其所在panel，即alarmPanel_1
    lblRingsetup_1 = new JLabel("提醒时间");
    lblRingsetup_1.setBounds(40, 10, 100, 30); //设置标签的位置
    String[] h = new String[]{"关闭", "00", "01", "02", "03", "04", "05", "06",
            "07", "08", "09", "10", "11", "12", "13", "14", "15",
            "16", "17", "18", "19", "20", "21", "22", "23" };

    ckbHour_1 = new JComboBox(h);
    ckbHour_1.setBounds(120, 10, 60, 30);

    lblHour_1 = new JLabel("时");
    lblHour_1.setBounds(185, 10, 30, 30);//设置标签的位置
    String[] m = new String[]{"关闭", "00", "01", "02", "03", "04", "05", "06",
           "07", "08", "09", "10", "11", "12", "13", "14", "15",
           "16", "17", "18", "19", "20", "21", "22", "23", "24",
           "25", "26", "27", "28", "29", "30", "31", "32", "33",
           "34", "35", "36", "37", "38", "39", "40", "41", "42",
           "43", "44", "45", "46", "47", "48", "49", "50", "51",
           "52", "53", "54", "55", "56", "57", "58", "59"};
    ckbMinute_1 = new JComboBox(m);
    ckbMinute_1.setBounds(210, 10, 60, 30);
    lblMinute_1 = new JLabel("分");
    lblMinute_1.setBounds(275, 10, 30, 30);//设置标签的位置
```

```
ckbSecond_1 = new JComboBox(m);
ckbSecond_1.setBounds(300, 10, 60, 30);
lblSecond_1 = new JLabel("秒");
lblSecond_1.setBounds(365, 10, 30, 30);//设置标签的位置

lblRing_1 = new JLabel("闹钟铃声");
lblRing_1.setBounds(40, 50, 100, 30);//设置标签的位置
String[] r = new String[] {
        "铃声一", "铃声二", "铃声三", "铃声四", "铃声五", "铃声六", "铃声七" };
ckbFile_1 = new JComboBox(r);
ckbFile_1.setBounds(120, 50, 100, 30);
btnListen_1 = new JButton("试听");
btnListen_1.setBounds(225, 50, 70, 30);//设置按钮的位置

lblTip_1 = new JLabel("提示文字");
lblTip_1.setBounds(40, 90, 100, 30);//设置标签的位置
txtTip_1 = new JTextField("休息，休息一下吧");
txtTip_1.setBounds(120, 90, 175, 30);//设置文本框的位置

lblRepeat_1 = new JLabel("重复提醒");
lblRepeat_1.setBounds(40, 130, 100, 30);//设置标签的位置
rbNorepeat_1 = new JRadioButton("不重复");
rbNorepeat_1.setSelected(true);
rbNorepeat_1.setBounds(120, 130, 80, 30);
rbRepeat_1 = new JRadioButton("每天提醒");
rbRepeat_1.setBounds(200, 130, 80, 30);

ButtonGroup buttongrp_1=new ButtonGroup();
buttongrp_1.add(rbRepeat_1);
buttongrp_1.add(rbNorepeat_1);

btnStart_1 = new JButton("开启定时闹钟");
btnStart_1.setBounds(120, 170, 120, 30); //设置按钮的位置

alarmPanel_1.add(lblRingsetup_1);
alarmPanel_1.add(ckbHour_1);
alarmPanel_1.add(lblHour_1);
alarmPanel_1.add(ckbMinute_1);
alarmPanel_1.add(lblMinute_1);
alarmPanel_1.add(ckbSecond_1);
alarmPanel_1.add(lblSecond_1);
alarmPanel_1.add(lblRing_1);
alarmPanel_1.add(ckbFile_1);
alarmPanel_1.add(btnListen_1);
```

```
        alarmPanel_1.add(lblTip_1);
        alarmPanel_1.add(txtTip_1);
        alarmPanel_1.add(lblRepeat_1);
        alarmPanel_1.add(rbNorepeat_1);
        alarmPanel_1.add(rbRepeat_1);
        alarmPanel_1.add(btnStart_1);

        alarmPanel_2 = new JPanel();
        alarmPanel_2.setPreferredSize(new Dimension(500, 400));
        alarmPanel_2.setLayout(null); //设置 tabPane 为 null 布局
        //……类似地，定义闹钟 2 面板上的组件，并加入该面板，代码部分省略

        tbPane = new JTabbedPane();
        String[] tabNames = {"闹钟 1", "闹钟 2" };
        tbPane.addTab(tabNames[0], alarmPanel_1);
        tbPane.setMnemonicAt(0, KeyEvent.VK_0);// 设置第一个位置的快捷键为 0

        tbPane.addTab(tabNames[1], alarmPanel_2);
        tbPane.setMnemonicAt(1, KeyEvent.VK_1);// 设置第一个位置的快捷键为 0
        tbPane.setBounds(40, 70, 500, 250);//设置 tab 面板的位置

        lblMsg = new JLabel("提示");
        lblMsg.setBounds(30, 340, 30, 25);//设置标签的位置
        lblMsgContent = new JLabel("如果关闭程序闹钟将无法响铃，每次启动程序需
要重新设置闹钟才能生效");
        lblMsgContent.setBounds(30, 360, 500, 60);//设置标签的位置

        alarmPanel_0 = new JPanel();
        alarmPanel_0.setLayout(null);//设置主面板为 null 布局
        alarmPanel_0.add(lblDateTip);
        alarmPanel_0.add(lblDateTime);
        alarmPanel_0.add(tbPane);
        alarmPanel_0.add(lblMsg);
        alarmPanel_0.add(lblMsgContent);

        menuBar = new JMenuBar();  //菜单栏
        menu_file = new JMenu("文件");  //菜单
        menu_tools = new JMenu("工具"); //菜单
        menu_about = new JMenu("关于"); //菜单
        menuItem_ring = new JMenuItem("上传铃声");  //菜单选项
        menuItem_down_rings = new JMenuItem("下载铃声");
        menuItem_about = new JMenuItem("版本说明");
        menuItem_exit = new JMenuItem("退出");
        //将菜单选项加入菜单
```

```
            menu_file.add(menuItem_ring);
            menu_file.add(menuItem_exit);
            menu_tools.add(menuItem_down_rings);
            menu_about.add(menuItem_about);
            //将菜单加入菜单栏
            menuBar.add(menu_file);
            menuBar.add(menu_tools);
            menuBar.add(menu_about);
            //窗体默认边界布局
            this.add(alarmPanel_0);//窗体上加面板
            this.setJMenuBar(menuBar); //窗体上设置菜单栏
            //窗体显示设置
            this.setVisible(true);
            this.setPreferredSize(new Dimension(600, 500));
            this.setDefaultCloseOperation(JFrame.HIDE_ON_CLOSE);//关闭窗体时是隐藏
            this.pack();
            this.setLocationRelativeTo(null);
            this.setResizable(false);
        }

        public static void main(String[] args){
            new AlarmUI();
        }
    }
```

代码解释：

① 利用组件的基类 java.awt.Component 所提供的方法 setBounds(int x, int y, int weight, int height)，设置组件的左上角坐标、长和宽值，以确定其位置。

② 窗体设置为居中，大小不可变，且可自适应组件大小。窗体关闭操作方式为 JFrame.HIDE_ON_CLOSE，即关闭窗体时，当前窗体被隐藏，而非程序结束，用于后续窗体最小化功能的实现。

同步练习：对于计算器主界面（CalculatorMain 类）上的所有组件，参考图 4-37 依次调整摆放位置。

练习提示：请充分利用前面练习已写的代码。

4.4 实战任务四：美化闹钟主界面

4.4.1 任务解读

闹钟工具软件界面中，需要有相应的背景图片来区分每个闹钟选项卡；版本说明界面和主界面最小化（系统托盘），也要求有相应的图标；除此之外，界面上的字体也需要美化，效果如图 4-44 所示。

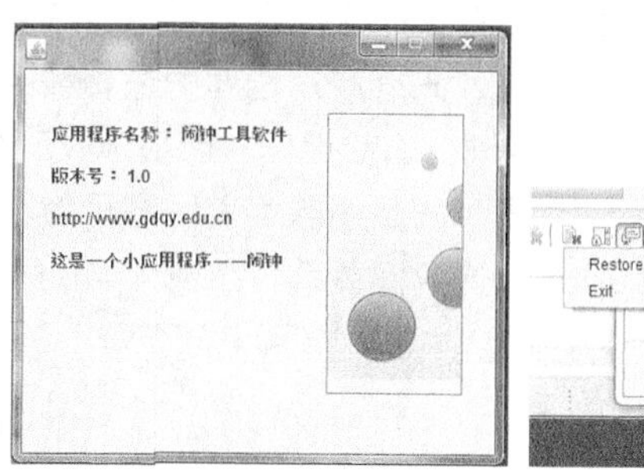

图4-44 任务4运行效果图

4.4.2 知识学习

1. Java2D 绘图机制

这里所讲的图形（像）绘制是二维形式的，所有相关类均存在于 java.awt 包中。

（1）绘图界面和坐标

图形的绘制过程是基于画布来进行的，对于 AWT 组件来说，Java 提供了 Canvas 类创建画布；若是 Swing 组件，则可直接在顶层容器，如 JFrame、JApplet 或 JPanel 上，将其作为画布，进行绘制。

图形界面所采用的坐标系（见图 4-45），是以屏幕左上角为原点，以像素为单位。

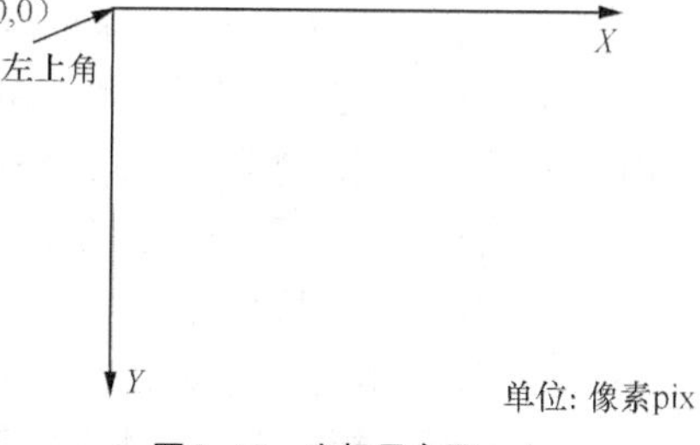

图4-45 坐标示意图

（2）绘制机制

每个 Java 组件都有一个与之相关的图形环境，即图形上下文，java.awt.Graphics 类是图形上下文的抽象基类，用于管理图形上下文，绘制图形（如线条、矩形等）的像素；允许应用程序将图形绘制到组件上或空闲屏幕的映像中。由于 Graphics 类是抽象类，应用时需要创建其子类，才能实现绘图功能。常用方法如表 4-8 所示。

表 4-8 Graphics 常用方法

方法名	描 述
drawString(String test, int x, int y)	在规定位置打印字符串
drawLine(int x1, int y1, int x2, int y2)	画线
drawRect(int x1, int y1, int width, int height)	画长方形
fillRect(int x1, int y1, int width, int height)	画填充的长方形
drawOval(int x1, int y1, int width, int height)	画椭圆形
fillOval(int x1, int y1, int width, int height)	画填充的椭圆
drawImage (Image img, int x, int y, int width, int height, ImageObserver observer)	画图像

Swing 的顶层容器（JFrame、JApplet）均为 Container 的派生类，Container 类提供了一个绘制方法 paint(Graphics g)，参数 g 是一个 Graphics 类对象，即一个经裁剪的相关显示区的图像代表（不是整个显示区），对于图形元素的绘制，就是在顶层容器的类中，重写该方法，并利用参数 g 进行操作来完成的。那么，如何调用 paint 方法呢？我们来看一下 Java 中图形绘制的过程。

首先，将绘制图形的操作写入应用程序中的 paint 方法，一般来说，需要重画界面时，系统会自动调用该方法，只有应用程序的逻辑需要对界面更新时(如动画)，才要调用 repaint() 方法来通知 AWT 线程进行刷新操作，而后 AWT 线程去自动调用 update 方法。update 方法在默认情况下会做两件事，一是清除当前区域内容，二是调用 paint 方法完成实际绘制工作。paint、repaint 和 update 方法间关系，如图 4-46 所示。

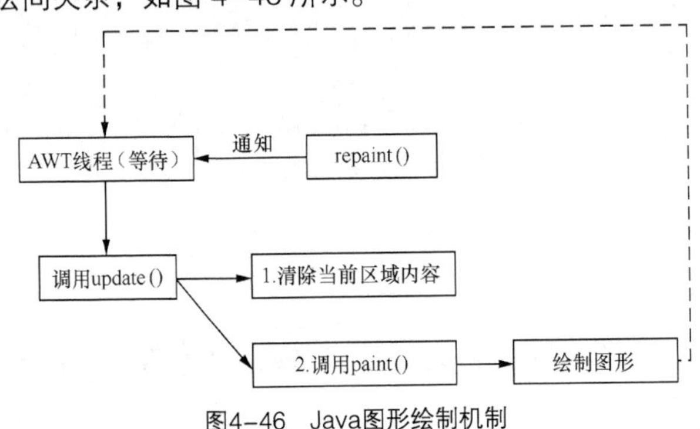

图4-46　Java图形绘制机制

2. 颜色设置

Java 中颜色是由 RGB 值来设定的，R、G、B 分别是红、绿、蓝三种颜色的色量，三种色量组合构成多种颜色，可使用 java.awt.Color 类为 GUI 组件或绘制内容指定颜色值，也可利用 Java 定义的一些标准颜色。Color 类的构造方法如下。

1）Color(int r,int g,int b)：在 0～255 整数范围内指定红、绿和蓝三种颜色的比例。

2）Color(float r,float g,float b)：在 0.0～1.0 浮点数范围内指定红、绿和蓝三种颜色的比例。

3）Color(int rgb)：指定红、绿和蓝的组合 RGB 值。

Color 类用于指定组件所需要的颜色，为组件设置颜色的处理，还需要应用 Graphics 类的相关方法，见表 4-9。

表 4-9　Graphics 类中颜色设置相关方法

方法名	描　述
setColor(Color c)	设置前景色
setBackground(Color c)	设置背景色
getColor()	获取当前所使用的颜色

例如，要将画布的前景设置为绿色，颜色的设置语句为 g.setColor(Color.green)。

3. 字体设置

为了让 GUI 组件（如按钮、标签）上文字的显示效果更加美观，可以利用 Java 中的 Font 类、Color 类，进行字体、颜色的设置。

Font 类可定义字体名、字号、风格，其构造方法为：

```
Font(String name,int style,int size)
```

其中，style表示字体的样式，字体样式有PLAIN（普通）、BOLD（粗体）、ITALIC（斜体）；name表示字体名，字体名有Monospaced、SansSerif、Serif、Dialog和DialogInput。

Font类中常用方法有：

1）setFont()：为指定组件设置字体；

2）getSize()：获取字体大小；

3）getStyle()：获取字体样式；

4）isBold()、isItalic()和isPlain()：判断字体样式。

例如，设置标签上“确定”为粗体、SansSerif字，字号为18，字体的定义语句：

```
JLabel lblConfirm=new JLabel("确定");
Font myFont=new Font("SansSerif",Font.BOLD,18);
lblConfirm.setFont(myFont); //设置字体myFont
```

4. 图像加载

图像的基本操作有创建/加载和显示图像，创建和加载是获得图像的两种方法。java.awt包提供了对图像处理的支持，其中java.awt.Image是所有图形图像类的基类。Java支持的图像文件格式有jpg、gif、png和jpeg。

在Java中显示一个图像过程分为两步：首先创建/加载图像（即将图像文件读入内存），然后画出图像。

先来看看获取图像的两种方法：

（1）创建方式

```
//创建图标对象
ImageIcon imgIcon = new ImageIcon(类名.class.getResource("/images/1.jpg"));
//通过图标对象创建图像对象
Image imgPic = imgIcon.getImage();
```

（2）加载方式

```
//创建文件类（后续会详细介绍）对象，将图像文件读入内存
File file = new File(类名.class.getResource("/images/1.jpg").getFile());
//通过ImageIO读取内存，获取图像对象
Image imgPic = ImageIO.read(file);
```

下面就以“创建+画图像”为例来详细介绍图像绘制的方法。首先，要用ImageIcon类的getImage方法创建图像Image类的对象；再使用Graphics的方法drawImage(Image img, int x, int y, int width, int height, ImageObserver observer)实现图像的绘制。第一个参数是需要画的图像对象，第二、三个参数是图像的坐标，第四、五个参数是图像的宽和高，最后一个参数是画图像操作需要通知的组件对象。

例4-18：在窗体界面上显示图像。

```
package com.ui.drawing;

import java.awt.Dimension;
import java.awt.Graphics;
import java.awt.Image;
```

```
import javax.swing.ImageIcon;
import javax.swing.JFrame;

public class DrawImageOnFrame extends JFrame{
    Image img;

    public DrawImageOnFrame(){
        ImageIcon imageIcon = new ImageIcon("d:\\pic_2.jpg");//创建ImageIcon对象
        img = imageIcon.getImage();//创建Image对象
        this.setPreferredSize(new Dimension(500,500));
        this.pack();
        this.setVisible(true);
    }

    public void paint(Graphics g){//重写paint方法
        g.drawImage(img, 0, 0, 200 ,200, this);//在坐标0,0处绘制图像且尺寸为240×240
    }

    public static void main(String[] args) {
        new DrawImageOnFrame();
    }
}
```

运行效果，如图 4-47 所示。

图4-47　例4-18运行效果

代码解释：

ImageIcon 类常用的构造方法为：Image(URL url)，其中 URL（Uniform Resource Locator）在这里表示的是资源文件。"d:\\pic_2.jpg" 表示 d:\目录中的文件，是绝对路径，其中 "\" 是特殊字符，需要转义。采用绝对路径需要考虑的是，程序执行过程时，有可能会找不到该目录下的文件，因此，通过 class.getResource 方法，在当前类所在包的路径下获取资源，修改黑色字体部分代码为：

```
ImageIcon imageIcon =
new ImageIcon(DrawImageOnFrame.class.getResource("/images/pic_2.jpg"));
```

如此就可以解决问题了。同时，项目的目录结构也要做相应修改：

```
src- com.ui.drawing
        -DrawImageOnFrame
   -images      //将pic_2.jpg存于该目录下
```

例 4-19：在面板上显示图像，并应用于窗体界面。

```
package com.ui.drawing;

import java.awt.Graphics;
import java.awt.Image;
```

```
import javax.swing.ImageIcon;
public class JPanelBackground extends JPanel{//Jpanel 面板类
    Image img;

    public JPanelBackground(){
        img = new ImageIcon(JPanelBackground.class.getResource("/images/pic_2.jpg"))
                .getImage();
    }
    public void paintComponent(Graphics g){//重写组件绘制方法
        g.drawImage(img, 0, 0, this);
    }
}
package com.ui.drawing;

import java.awt.Dimension;
import javax.swing.JButton;
import javax.swing.JFrame;
import javax.swing.JPanel;
public class JPanelBackgroundApp extends JFrame{//JFrame 窗体类
    JPanelBackground panel;
    JButton btn;

    public JPanelBackgroundApp(){
        panel = new JPanelBackground();//创建 JPanelBackground 类对象 (JPanel)
        btn = new JButton("click");
        panel.add(btn);//panel 上添加按钮对象
        this.add(panel);//当前窗体上添加 panel
        this.setPreferredSize(new Dimension(400,400));
        this.pack();
        this.setVisible(true);
    }

    public static void main(String[] args) {
        new JPanelBackgroundApp();
    }
}
```

例 4-19 中，JPanelBackgroundApp 类（窗体）添加了 JPanelBackground（面板），而 JPanelBackground 上添加了按钮。由于面板上除了背景，还有其他控件（按钮），重写的是 paintComponent（Graphics g）而非 paint（Graphics g）。那么，它们之间的关系怎样，又如何合理使用它们呢？

本项目 4.4.2 节已讲过，paint 方法是由 AWT 线程自动调用的，其作用是绘制组件。AWT 和 Swing 组件的绘制不同，AWT 组件绘制时，简单覆盖 paint 方法即可，而 Swing 组件的绘制时，paint 方法会依次调用 paintComponent、paintBorder 和 paintChildren 方法，以确保子组件出现在组件本身的顶部。子类可以始终重写此方法。

1）paintComponent 方法：如果组件的 UI 委托为非 null，则调用该 UI 委托的 paint 方法，绘制组件自身。

2）paintBorder 方法：绘制组件的边框。

3）paintChildren 方法：绘制此组件的子组件。

因此，Swing 编程时，如果继承于 JComponent 类或者其子类需要重绘的话，只要重写 paintComponent 方法而不是 paint 方法，paintBorder、paintChildren 方法不需要重写，一般默认即可。

5. 图形绘制

Java 图形绘制是指矢量图的绘制，基本操作是重写 paint、paintComponent 方法，并在其中绘出线、圆、曲线、字符串等图形，同时可设置前景或背景颜色。

例 4-20：绘制图形的示例。

```
package com.ui.drawing;

import java.awt.Color;
import java.awt.Dimension;
import java.awt.Font;
import java.awt.Graphics;
import javax.swing.JButton;
import javax.swing.JFrame;
import javax.swing.JPanel;

public class DrawGraphOnPanelDemo extends JPanel{
    JButton button;
    public DrawGraphOnPanelDemo(){
        button = new JButton("click");
        this.add(button);
        this.setBackground(Color.PINK);//设置 panel 的背景颜色
    }

    //重写 paintComponent/paint 方法
    public void paintComponent(Graphics g){
        super.paintComponent(g);
        g.setColor(Color.RED);//设置前景色
        g.drawRect(10, 10, 30, 20);//绘制矩形
        g.setColor(Color.BLUE);//设置前景色
        g.fillOval(30, 30, 40, 30);//填充椭圆
        g.drawString("hello,world", 160, 60);//绘制字符串

        //设置字体：Serif 字体，18 号字，风格为粗斜体
        Font myFont=new Font("Serif",Font.BOLD+Font.ITALIC,18);
        g.setFont(myFont);
        g.setColor(Color.blue);//设置字体颜色
        g.drawString("测试字体 Serif",100,80);//绘制字符串
    }
```

```
        public static void main(String[] args){
            JFrame frame = new JFrame();
            //DrawGraphOnPanelDemo 实例化
            DrawGraphOnPanelDemo pd = new DrawGraphOnPanelDemo();
            frame.add(pd);//将面板 panel 加到窗体 frame
            frame.setVisible(true);
            frame.setPreferredSize(new Dimension(300,300));
            frame.pack();
        }
    }
```

运行效果，如图 4-48 所示。

代码解释：

先定义了一个 JPanel 类的子类，在该 JPanel 上绘制图形，并将 JPanel 加入 JFrame 容器，当然也可以直接在 JFrame 上绘制图形，因为 JFrame 和 JPanel 均可作为画布，但要注意 JFrame 上直接绘制时，必须重写 paint 方法完整绘制 JFrame。

图4-48　例4-20运行效果

4.4.3　任务实施

（1）创建有背景的 JPanel

闹钟工具软件主界面中，闹钟选项卡是由多个 JPanel 组成的，先定义符合任务需要的 JPanel 类，再将其作为选项卡的面板（JPanel）。

```
/**
* 背景面板
**/
package com.alarm.ui;

import java.awt.Graphics;
import java.awt.Image;
import javax.swing.JPanel;

public class AlarmPanel extends JPanel{
    private Image picImage;
    public AlarmPanel(Image picImage){//构造方法
        this.picImage = picImage;
    }
    //重写 paintComponent
    public void paintComponent(Graphics g){
        g.drawImage(this.picImage, 0, 0, this.getWidth(), this.getHeight(),
this);//绘制图像
    }
}
```

代码解释：

① 图像的绘制是通过重写 paintComponent 方法实现。

② 通过构造方法，将要绘制的图像对象作为参数，传递给当前的 JPanel 类。

(2) 修改主界面类

相应地，修改主界面类代码（黑体字部分为修改代码）：

```
package com.alarm.ui;

import java.awt.Color;
import java.awt.Font;
import java.awt.Image;
……//未修改的导入类，省略
public class AlarmUI extends JFrame {

    private static final long serialVersionUID = 1L;
    private JPanel alarmPanel_0;
    private JTabbedPane tbPane;
    private AlarmPanel alarmPanel_1;//声明 AlarmPanel 类
    ……//未修改的类声明，省略
    private AlarmPanel alarmPanel_2;
    ……//未修改的类声明类，省略
    private Image image_1;//闹钟 1 界面背景图片
    private Image image_2;//闹钟 2 界面背景图片

    public AlarmUI(){
        //创建图像对象
        image_1 = new
            ImageIcon(AlarmUI.class.getResource("/images/bg1.jpg")).getImage();
        image_2 = new
            ImageIcon(AlarmUI.class.getResource("/images/bg2.jpg")).getImage();
        //创建字体对象
        Font font_1 = new Font("宋体", Font.PLAIN, 24);
        Font font_2 = new Font("宋体", Font.PLAIN, 14);
        Font font_3 = new Font("宋体", Font.PLAIN, 18);
        //当前时间、tab 和最下方的提示部分的 x,y 坐标是相对于 jframe 的
        lblDateTip = new JLabel("当前时间:");
        lblDateTip.setFont(font_1);
        lblDateTip.setBounds(40, 5, 150, 60);
        lblDateTime = new JLabel(new Date().toString());
        lblDateTime.setFont(font_1);
        lblDateTime.setBounds(180, 5, 350, 60);

        alarmPanel_1 = new AlarmPanel(image_1); //自定义 panel，增加了背景图片
        alarmPanel_1.setPreferredSize(new Dimension(500, 400));
        alarmPanel_1.setLayout(null);
        //设置闹钟部分控件的 x,y 坐标是相对于其所在 panel，即 alarmPanel_1
        lblRingsetup_1 = new JLabel("提醒时间");
        lblRingsetup_1.setFont(font_2);
        lblRingsetup_1.setBounds(40, 10, 100, 30);
```

```
String[] h = new String[]{"关闭", "00", "01", "02", "03", "04", "05", "06",
        "07", "08", "09", "10", "11", "12", "13", "14", "15",
        "16", "17", "18", "19", "20", "21", "22", "23" };
ckbHour_1 = new JComboBox(h);
ckbHour_1.setBounds(120, 10, 60, 30);
ckbHour_1.setFont(font_2);
lblHour_1 = new JLabel("时");
lblHour_1.setFont(font_2);
lblHour_1.setBounds(185, 10, 30, 30);
String[] m = new String[]{"关闭", "00", "01", "02", "03", "04", "05", "06",
        "07", "08", "09", "10", "11", "12", "13", "14", "15",
        "16", "17", "18", "19", "20", "21", "22", "23", "24",
        "25", "26", "27", "28", "29", "30", "31", "32", "33",
        "34", "35", "36", "37", "38", "39", "40", "41", "42",
        "43", "44", "45", "46", "47", "48", "49", "50", "51",
        "52", "53", "54", "55", "56", "57", "58", "59"};

ckbMinute_1 = new JComboBox(m);
ckbMinute_1.setFont(font_2);
ckbMinute_1.setBounds(210, 10, 60, 30);
lblMinute_1 = new JLabel("分");
lblMinute_1.setFont(font_2);
lblMinute_1.setBounds(275, 10, 30, 30);

ckbSecond_1 = new JComboBox(m);
ckbSecond_1.setFont(font_2);
ckbSecond_1.setBounds(300, 10, 60, 30);
lblSecond_1 = new JLabel("秒");
lblSecond_1.setFont(font_2);
lblSecond_1.setBounds(365, 10, 30, 30);

lblRing_1 = new JLabel("闹钟铃声");
lblRing_1.setFont(font_2);
lblRing_1.setBounds(40, 50, 100, 30);

String[] r = new String[] {
    "铃声一", "铃声二", "铃声三", "铃声四", "铃声五", "铃声六", "铃声七" };
ckbFile_1 = new JComboBox(r);
ckbFile_1.setFont(font_2);
ckbFile_1.setBounds(120, 50, 100, 30);

btnListen_1 = new JButton("试听");
btnListen_1.setBounds(225, 50, 70, 30);
```

```
lblTip_1 = new JLabel("提示文字");
lblTip_1.setFont(font_2);
lblTip_1.setBounds(40, 90, 100, 30);
txtTip_1 = new JTextField("休息，休息一下吧");
txtTip_1.setFont(font_2);
txtTip_1.setBounds(120, 90, 175, 30);

lblRepeat_1 = new JLabel("重复提醒");
lblRepeat_1.setFont(font_2);
lblRepeat_1.setBounds(40, 130, 100, 30);
rbNorepeat_1 = new JRadioButton("不重复");
rbNorepeat_1.setFont(font_2);
rbNorepeat_1.setSelected(true);
rbNorepeat_1.setBounds(120, 130, 80, 30);
rbRepeat_1 = new JRadioButton("每天提醒");
rbRepeat_1.setFont(font_2);
rbRepeat_1.setBounds(200, 130, 80, 30);

ButtonGroup buttongrp_1=new ButtonGroup();
buttongrp_1.add(rbRepeat_1);
buttongrp_1.add(rbNorepeat_1);

btnStart_1 = new JButton("开启定时闹钟");
btnStart_1.setForeground(new Color(15,77,118));
btnStart_1.setFont(font_2);
btnStart_1.setBounds(120, 170, 120, 30);

alarmPanel_1.add(lblRingsetup_1);
alarmPanel_1.add(ckbHour_1);
alarmPanel_1.add(lblHour_1);
alarmPanel_1.add(ckbMinute_1);
alarmPanel_1.add(lblMinute_1);
alarmPanel_1.add(ckbSecond_1);
alarmPanel_1.add(lblSecond_1);
alarmPanel_1.add(lblRing_1);
alarmPanel_1.add(ckbFile_1);
alarmPanel_1.add(btnListen_1);
alarmPanel_1.add(lblTip_1);
alarmPanel_1.add(txtTip_1);
alarmPanel_1.add(lblRepeat_1);
alarmPanel_1.add(rbNorepeat_1);
alarmPanel_1.add(rbRepeat_1);
alarmPanel_1.add(btnStart_1);
```

```
alarmPanel_2 = new AlarmPanel(image_2);//new JPanel();
alarmPanel_2.setPreferredSize(new Dimension(500, 400));
alarmPanel_2.setLayout(null);
//……类似地，定义闹钟2面板上的组件，并加入该面板，代码部分省略

tbPane = new JTabbedPane();
String[] tabNames = {"闹钟1", "闹钟2" };
tbPane.addTab(tabNames[0], alarmPanel_1);
tbPane.setMnemonicAt(0, KeyEvent.VK_0);// 设置第一个位置的快捷键为0

tbPane.addTab(tabNames[1], alarmPanel_2);
tbPane.setFont(font_3);
tbPane.setMnemonicAt(1, KeyEvent.VK_1);// 设置第一个位置的快捷键为0
tbPane.setBounds(40, 70, 500, 250);

lblMsg = new JLabel("提示");
lblMsg.setFont(font_2);
lblMsg.setBounds(30, 340, 30, 25);
lblMsgContent = new JLabel("如果关闭程序闹钟将无法响铃，每次启动程序需
                    要重新设置闹钟才能生效");
lblMsgContent.setFont(font_2);
lblMsgContent.setBounds(30, 360, 500, 60);

alarmPanel_0 = new JPanel();
alarmPanel_0.setLayout(null);
alarmPanel_0.add(lblDateTip);
alarmPanel_0.add(lblDateTime);
alarmPanel_0.add(tbPane);
alarmPanel_0.add(lblMsg);
alarmPanel_0.add(lblMsgContent);

menuBar = new JMenuBar();  //菜单栏
menu_file = new JMenu("文件");  //菜单
menu_tools = new JMenu("工具"); //菜单
menu_about = new JMenu("关于"); //菜单
menuItem_ring = new JMenuItem("上传铃声");  //菜单选项
menuItem_down_rings = new JMenuItem("下载铃声");
menuItem_about = new JMenuItem("版本说明");
menuItem_exit = new JMenuItem("退出");
//将菜单选项加入菜单
menu_file.add(menuItem_ring);
menu_file.add(menuItem_exit);
menu_tools.add(menuItem_down_rings);
menu_about.add(menuItem_about);
```

```
            //将菜单加入菜单栏
            menuBar.add(menu_file);
            menuBar.add(menu_tools);
            menuBar.add(menu_about);

            this.add(alarmPanel_0); //窗体上加面板
            this.setJMenuBar(menuBar); //窗体上设置菜单栏

            this.setVisible(true);
            this.setPreferredSize(new Dimension(600, 500));
            this.setDefaultCloseOperation(JFrame.HIDE_ON_CLOSE);
            this.pack();
            this.setLocationRelativeTo(null);
            this.setResizable(false);
        }

        public static void main(String[] args){
            new AlarmUI();
        }
}
```

代码解释：

① 利用 Font 类定义了三种字体，对于界面中的标签、选项卡标题进行了设置。

② 利用 AlarmPanel 类作为选项卡中的面板，并通过定义 Image 类获得背景图片，为了保存图片，项目新增文件夹 images，项目结构如图 4-49 所示。

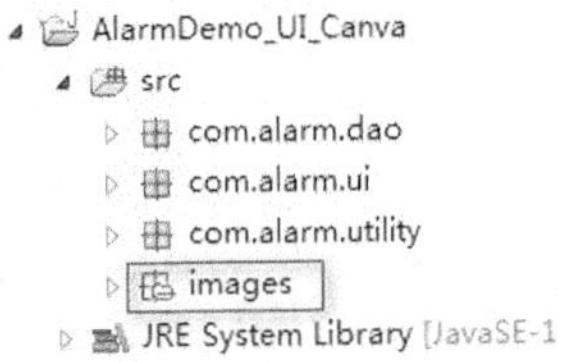

AlarmDemo_UI_Canva
src
com.alarm.dao
com.alarm.ui
com.alarm.utility
images
JRE System Library [JavaSE-1

图4-49 闹钟工具项目目录结构

（3）创建系统托盘类

为了实现闹钟工具软件窗体关闭时退至系统托盘，需要定义系统托盘类。

```
/**
 *闹钟工具软件的系统托盘
**/
package com.alarm.ui;

import java.awt.Image;
import java.awt.MenuItem;
import java.awt.PopupMenu;
import java.awt.SystemTray;
import java.awt.TrayIcon;
import javax.swing.ImageIcon;

public class AlarmTray {
    private Image icon;// 图标
```

```
        private TrayIcon trayIcon;// 托盘图标
        private SystemTray systemTray;// 系统托盘
        private PopupMenu popmenu; // 弹出菜单
        private MenuItem openMain;  // 还原主窗体
        private MenuItem exitMain;  // 退出
        private AlarmUI alarmMain; // 托盘所属主窗体（闹钟工具软件主界面）

        public AlarmTray(AlarmUI alarmMain){ //构造方法
            this.alarmMain = alarmMain;
            //创建图像对象
            icon = new
                ImageIcon(AlarmTray.class.getResource("/images/tray.png")).
getImage();
            popmenu = new PopupMenu(); //创建弹出菜单
            openMain = new MenuItem("Restore");//创建弹出菜单选项
            exitMain = new MenuItem("Exit");//创建弹出菜单选项
            popmenu.add(openMain);//在菜单中加入菜单选项
            popmenu.add(exitMain);//在菜单中加入菜单选项

            if(SystemTray.isSupported()){
                systemTray = SystemTray.getSystemTray();//创建系统托盘对象
                //为系统托盘设置图标、标题、弹出式菜单
                trayIcon = new TrayIcon(icon, "Open Alarm", popmenu);
                try{//异常捕获和处理
                    systemTray.add(trayIcon);//系统托盘添加托盘图标
                }catch(Exception e){
                    e.printStackTrace();
                }
            }
        }
    }
```

代码解释：

将主界面类作为参数传递给构造方法，目的是建立系统托盘与主界面之间的关联，为实现主界面窗体退出到系统托盘，以及从系统托盘返回主界面窗体功能，做好准备。

同步练习：实现版本说明窗体的布局和图标绘制。

同步练习：计算器主界面（CalculatorMain 类）上，对按钮按照功能分组，并设置不同的背景色，效果参考图 4-37。

练习提示：请充分利用前面练习已写的代码。

知识梳理

- Java 中的数据类型包括基本类型和引用类型，引用类型又包括字符串、数组、类和接口类。

- 引用类型变量，是指当一个变量被声明，且指向一个类实例时，则该变量为引用类型变量，通过该变量可以访问所指向的类实例的属性和方法。
- 字符串是指多个字符的组合。常用的字符串类 String（字符串）、StringBuffer（字符串缓冲器类）和 StringTokenizer（词法分析器类）。当需要对于字符串内容频繁修改操作时，StringBuffer 可有效地提高处理效率；当需要对于大量字符串进行分割操作时，选用 StringTokenizer 类会更为适合。
- 数组是存储一组相同类型数据的数据结构，且数组长度不可变。
- Java 中，每个基本类型都对应有一个包装类型类，即 Integer、Float、Double、Boolean、Short、Long、Byte 和 Character。通过包装类可以方便地进行各种基本类型转换处理。
- Java 中用户界面分为字符用户界面（CUI）和图形用户界面（GUI）。CUI 是基于字符方式的。GUI 是由各种图形元素所构成的，如窗体、文本框、按钮、组件框等，这些图形元素被称为 GUI 组件。
- Swing 组件按照功能分为七类：顶层容器，如 JFrame；中间层容器，如 JPanel；特殊容器，如 JLayeredPane；基本组件，如 JButton；显示不可编辑信息的组件，如 JLabel；显示可编辑信息的组件，如 JTextField；特殊对话框组件，如 JFileChooser。常用的组件类：JFrame、JPanel、JButton、JLabel、JTextField、JTextArea、JToolBar、JMenu、JMenuItem 等。
- 布局管理器，通过指定容器中组件的位置和尺寸，管理容器中组件的布局。AWT 提供了 FlowLayout、GridLayout、BorderLayout、CardLayout 等，Swing 中则提供了 BoxLayout、GroupLayout 等布局管理类。
- 每个 Java 组件都有一个与之相关的图形环境，即图形上下文，java.awt.Graphics 类是图形上下文的抽象基类，用于管理图形上下文，绘制图形（如线条、矩形、文字等）的像素和设置颜色；允许应用程序将图形绘制到组件上或空闲屏幕的映像中。
- Java 中的图形绘制是指在 JPanel 或 JFrame 为画布，进行矢量图的绘制，基本操作是重写 paint 或 paintComponent 方法。

Java

5 Chapter

项目 5 利用事件处理机制实现闹铃的设定

【知识要点】

- 事件和事件处理机制
- 事件的注册、监听和处理
- 语义事件和低级事件
- 常用语义和低级事件的应用

引子：Java 中如何响应用户的请求?

清晨，当你还在睡梦中时，闹钟响了，这就是事件。

当你开车经过十字路口时，遇上了红灯，即产生了一个事件，你会将车停下，一直等到交通灯变为绿色，这就是对事件的处理。当你坐在计算机前处理文件时，电话响了（事件），你需要停下手中的工作，接听电话（对事件的处理）。

日常生活中，每当事件发生时，你必须要立即响应。在程序的执行过程中，也会有类似情况发生。例如，用户登录界面，用户单击“登录”按钮（事件），系统应对用户合法性和登录做相应的处理（对事件的响应）。

在 Java 中是通过事件来响应用户请求，事件就是用户与程序间的所有交互活动。每当用户通过键盘或鼠标与 GUI 程序交互时，即产生一个事件，系统将通知运行中的 GUI 程序，调用相应的处理代码段，以响应事件的发生，即事件处理。

5.1 实战任务五：设定闹铃及实现程序最小化至任务栏

5.1.1 任务解读

闹钟工具软件界面已实现，要求能够通过设置闹钟时分秒、选择铃声和重复提醒方式来设定闹钟；窗体可最小化为系统图标，也可恢复原窗体。运行效果如图 5-1 所示。

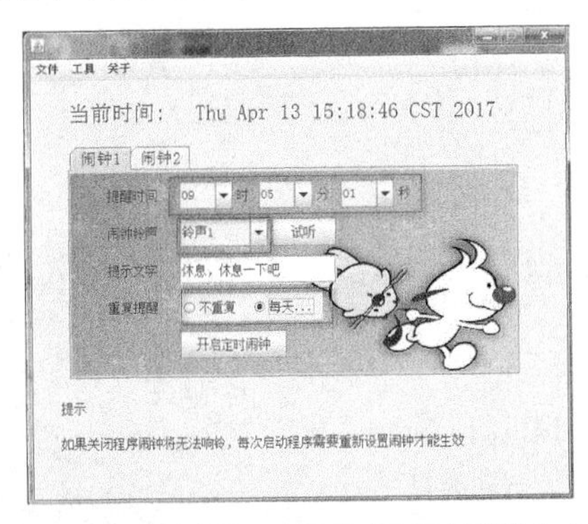

a）设置闹钟时分钟、选择铃声和重复提醒方式

b）窗体可最小化为系统图标

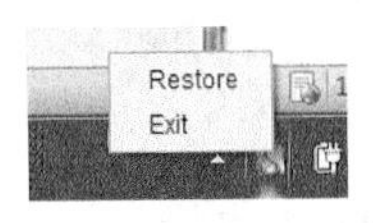

c）恢复原窗体

图5-1　实战任务五运行效果

当前任务需要闹钟程序能够与用户进行互动，即用户通过键盘或鼠标提出请求，程序要有相应的处理，用户请求包括：①在下拉框中选择时分秒、铃声、重复提醒方式；②单击“试听”按钮，以播放铃声音乐；③单击“开启定时闹钟”按钮，以开启闹钟，并按时播放铃声；④关闭窗体，来退出程序，或是最小化为系统图标，并放到任务栏；⑤单击最小化图标的菜单，以还原窗体显示。Java 的事件处理机制为用户和程序之间的交互提供了具体地解决方法。

5.1.2 知识学习

1. 事件模型

事件模型由三个元素组成。

1）事件对象——当用户按下键或鼠标按钮对 GUI 程序操作时，将产生一个事件，系统将捕获该事件以及相关数据（如事件的类型），传递给运行中的程序。当然，这个程序一定是事件所属的应用程序。事件信息是被封装在一个事件对象中的。事件对象所包含的信息有事件的类型(如移动鼠标)、产生事件的组件（如按钮）以及事件发生的时间。

2）事件源——发起（触发）事件的对象。不同的事件源能触发不同的事件。例如，单击按钮，按钮（事件源）触发了一个单击事件；关闭窗体，将会触发窗体事件，这里的按钮和窗体就是事件源。

3）事件处理程序——事件产生后，对事件的处理方法。系统将事件对象作为参数传递给事件处理程序。

在 Java 中，所有的事件都是从 java.util 包中的 EventObject 扩展而来的事件类。EventObject 类有一个子类 AWTEvent，它是所有 AWT 事件类的父类。java.awt.event 包是 java.awt.AWTEvent 下属的一个包，它包含了大部分事件类。

java.awt.event 包中有 4 个语义事件类。

1）ActionEvent：对应按钮单击、菜单选项、选择一个列表项或在文本域中输入 Enter。

2）AdjustmentEvent：用户调整滚动条。

3）ItemEvent：用户在组合框或列表框中选择一项。

4）TextEvent：文本域或文本框中的内容发生变化。

另外，还有 6 个低级事件类。

1）ComponentEvent：组件被缩放、移动、显示或隐藏，它是所有低级事件的基类。

2）ContainerEvent：在容器中添加/删除一个组件。

3）FocusEvent：组件得到焦点或失去焦点。

4）WindowEvent：窗体被激活、钝化、图标化、还原或关闭。

5）KeyEvent：按下或释放一个键。

6）MouseEvent：按下、释放鼠标按钮，移动或拖动鼠标。

jdk1.4 及以上版本中，javax.swing.event 包扩展了事件类，如 javax.swing.JTable 类处理单元格内容变化的事件 ChangeEvent，对应地事件监听接口 CellEditorListener，javax.swing.text.Document 类处理文档内容变化的事件 DocumentEvent，对应地事件监听接口 DocumentListener 等。本书案例中的组件均为 Swing 组件，由于 TextEvent 事件对于 Swing 的文本域或文本框不适用，就采用了 javax.swing.event.DocumentEvent 和 DocumentListener 来实现相应的内容变化事件。

下面列出一些事件对象产生的例子。

当在键盘上按下一个键时，将触发键盘事件，产生 KeyEvent 事件对象。

当移动鼠标时，将触发鼠标事件，产生 MouseMotionEvent 事件对象。

当按钮被点击时，将触发单击事件，产生 ActionEvent 事件对象。

当最大化窗口时，将触发窗体事件，产生 WindowEvent 事件对象。

当光标停于文本框中时，将会触发聚焦事件，产生 FocusEvent 事件对象。

当从列表、复选框选定项目时，将会触发选项事件，产生 ItemEvent 对象。

……

2. 事件处理机制

GUI 程序等待用户执行一些操作动作，用户通过键盘或鼠标控制 GUI 程序的执行顺序，Java 中是通过系统调用某个方法来实现对 GUI 程序的控制，称之为事件驱动编程。图 5-2 说明了单击按钮事件的处理过程。

下面介绍一下 Java 的事件处理机制。

1）在程序中，一个会发起事件的对象（事件源）必须为其设定事件监听器对象（即注册监听器对象）。

2）监听器对象是实现了特定事件监听器接口的类的实例。

3）事件源可以发起一个事件，当事件被触发时，将会被一个或多个监听器对象“接收”。

4）JVM 自动创建相应的事件对象，并将该事件对象传送给监听器对象，监听器对象则利用事件对象的信息来确定如何反应。

图 5-3 是单击按钮事件处理的示意图，其中按钮是事件源，为了处理单击事件，需要为按钮注册监听器对象，而单击事件产生后，JVM 自动创建单击事件对象，并将其传递给按钮的监听器对象，由监听器对象的事件处理方法对单击事件进行相应的处理。

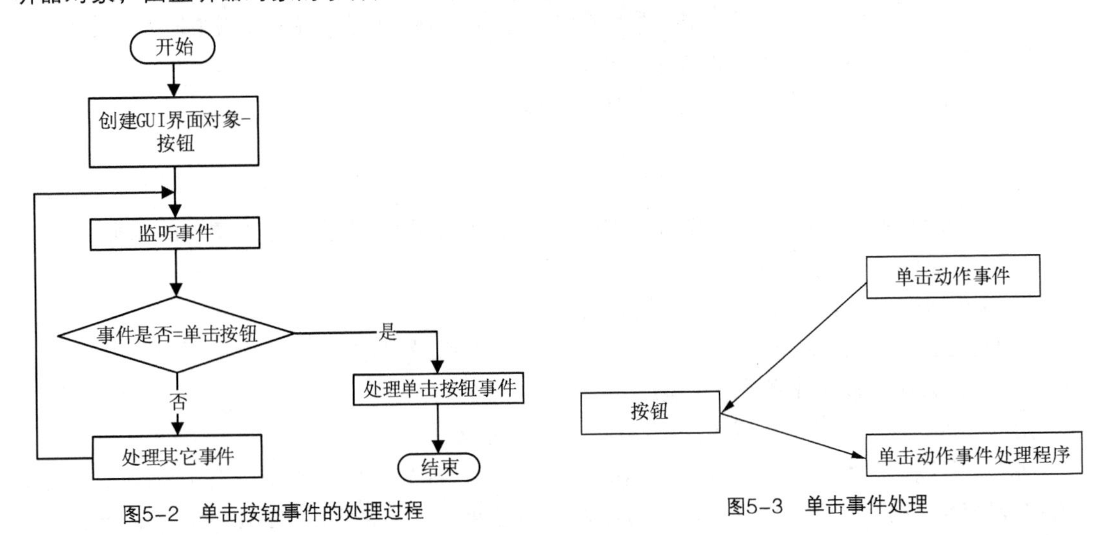

图5-2 单击按钮事件的处理过程

图5-3 单击事件处理

每个事件都有一个相应的监听器接口，接口用于规定标准行为，可由任何类在任何地方实现。例如，电视机和音响设备不同，但都有一个音量调节功能，就可以用一个名为 VolumenessControl 的接口，实现对这两种设备都适用功能。代码如下：

```
//音量控制接口
public interface VolumenessControl{
      void increaseVolumeness(); //音量调大
      void decreaseVolumeness(); //音量调小
}
//实现电视机音量调节
public class TV implements VolumenessControl{
      void increaseVolumeness() {//音量调大
         …… //实现代码
      }
      void decreaseVolumeness(){ //音量调小
         …… //实现代码
      }
```

```
}
//实现音响音量调节
public class AUDIO implements VolumenessControl{
     void increaseVolumeness() { //音量调大
        …… //实现代码
     }
     void decreaseVolumeness() { //音量调小
        ……//实现代码
     }
}
```

表 5–1 给出了监听器接口名及相应方法。

表 5-1　监听器接口及方法

事件类型	接　口	方法及参数
动作	ActionListencr	actionPerformed(ActionEvent)
选项	ItemListencr	itemStateChanged(ItemEvent)
调整滚动条	AdjustmentListener	adjustmentValueChanged(adjustmentEvent)
内容变化	DocumentListener	void changedUpdate(DocumentEvent e)
		void insertUpdate(DocumentEvent e)
		void removeUpdate(DocumentEvent e)
组件	ComponentListener	componentHidden(ComponentEvent)
		componentMoved(ComponentEvent)
		componentResized(ComponentEvent)
		componentShown(ComponentEvent)
鼠标按钮	MouseListener	mouseClicked(MouseEvent)
		mouseEntered(MouseEvent)
		mouseExited(MouseEvent)
		mouseReleased(MouseEyent)
		mousePressed(MouseEVent)
鼠标移动	MouseMotionListener	mouseDragged(MouseEveilt)
		mouseMoved(MouseEvent)
窗体	WindowListener	windowActivated(WindowEvent)
		windowDeactivated(WindowEvent)
		windowOpened(WindowEvent)
		windowClosed(WindowEvent)
		windowClosing(WindowEvent)
		windowIconified(WindowEvent)
		windowDeIconified(WindowEvent)
键	KeyListener	void keyPressed(KeyEvent)
		void keyReleased(KeyEvent)
		void keyTyped(KeyEvent)

需要注意的是，定义监听类实现对应接口时，必须实现该接口中所有的方法。例如，处理鼠标按钮按下/释放事件，在监听类中除了要重写 mouseReleased 和 mousePressed 方法外，还需要将 MouseListener 接口中的其他方法实现。

3. 内部类

事件监听类的定义可采用成员内部类和匿名内部类两种方式。因此，有必要了解一下 Java 中的内部类，它是指一个类的定义放在另一个类的内部，其主要作用如下。

① 使类的多重继承更为完善。

② 完全隐藏类内部的实现细节。

③ 对于仅使用一次的类及实例化对象，简化代码。

④ 通过内部类访问外部类的所有成员变量。

内部类有四种：静态内部类、成员内部类、局部内部类和匿名内部类。下面分别介绍它们的使用方法。

（1）静态内部类

静态内部类在定义时需用 static 关键字修饰类，且不能和外部类有相同的名字。静态内部类只可以访问外部类的静态成员和静态方法，包括私有的静态成员和方法。创建静态内部类对象的方法是：

```
OuterClass.InnerClass inner = new OuterClass.InnerClass();
```

其中，OuterClass 为外部类，InnerClass 为内部类。当外部类被编译时，静态内部类同时被编译成一个完全独立的.class 文件，名称为 OuterClass$InnerClass.class 的形式。

例 5-1：静态内部类的使用示例。

```
package com.innerclass;
public class StaticInnerDemo{//外部类
    private static int x = 4;  //静态成员
    public static class Inner{// 静态内部类
        public void method(){
            System.out.println(x);// 访问外部类的静态成员
        }
    }
}
public class StaticInnerClassApp{//应用类
    public static void main(String[] args){
        StaticInnerDemo.Inner inner = new StaticInnerDemo.Inner(); //实例化内部类
        inner.method();
    }
}
```

（2）成员内部类

成员内部类在定义时不需用 static 修饰，且不能定义 static 成员变量。成员内部类可以访问其外部类的所有成员变量和方法（包括静态和非静态）。在外部类内，创建成员内部类实例的方法是：this.new Innerclass()；而在外部类外，创建内部类实例的方法：(new Outerclass()).new

Innerclass(); 在内部类里，访问外部类的成员的方法是：Outerclass.this.member。成员内部类编译后的形式与静态内部类相同。

例 5-2：成员内部类的使用示例。

```
package com.innerclass;
public class MemberInnerDemo{//外部类
    private int x = 1;
    private int y = 2;
    public class Inner{ //成员内部类
        private int y = 3;
        public void method(){
            System.out.println(x);//直接访问外部类对象
            System.out.println(y);//内外类均有成员变量，直接访问是内部类里的 y
            System.out.println(this.y);//也可使用 this.y 访问内部类的成员变量
            //使用"外部类.this.x"访问外部类的成员变量
            System.out.println(MemberInnerDemo.this.x);
        }
    }
}
public class MemberInnerClassAppt{//应用类
    public static void main(String[] args) {
        // 创建成员内部类的对象，要先创建外部类的实例
        MemberInnerDemo.Inner inner = new MemberInnerDemo().new Inner();
        inner.method();
    }
}
```

（3）局部内部类

局部内部类是定义于方法内部的类，实际应用中很少使用，它类似于局部变量，不可被 public、protected、private 和 static 修饰。局部内部类能够访问外部类的成员变量，但只能访问所属方法的 final 修饰的参数和局部变量，创建局部内部类时，只能在方法中实例化，以及使用其方法或属性，创建局部内部类的方法是：new Inner()。

例 5-3：局部内部类的使用示例。

```
package com.innerclass;
public class LocalInnerDemo{//外部类
    int x = 1;
    public void method(){
        int y = 2;
        final int z = 3;
        class Inner{// 定义一个局部内部类

            public void innerMethod(){
                System.out.println(x);//访问外部类成员变量
                // System.out.println(y);// 不允许访问所属方法的非final 局部变量
```

```
                    System.out.println(z); //访问所属方法的 final 变量
                }
            }
            new Inner().innerMethod();// 创建局部内部类的实例并调用方法
        }
    }
public class LocalInnerClassApp{//应用类
    public static void main(String[] args){
        LocalInnerDemo inner = new LocalInnerDemo(); // 创建外部类对象
        inner.method(); //调用外部类的方法

    }
}
```

（4）匿名内部类

匿名内部类是一种无名内部类，在实际应用中经常会遇到，尤其是在事件处理中，常用于注册监听器。匿名内部类不使用关键字 class、extends 和 implements，且无构造方法；不能定义任何静态成员、方法和类；不能是 public、protected、private 和 static。

匿名内部类的定义语句一定是在 new 的后面，通过匿名内部类隐式地继承父类或者实现接口，建议匿名内部类的代码行数不要太多。由于没有名字，所以匿名类是没有实例化操作的，它通常作为一个方法参数，且只能被使用一次。当外部类被编译时，匿名类会生成 OuterClass$数字.class 文件，其中数字表示是第几个匿名类。

例 5-4：匿名内部类隐式继承父类的使用示例。

```
abstract class Student{//抽象类
    public abstract void enrollIn();//抽象方法
}
public class anonymousClassDemo {//应用类
    public static void main(String[] args) {
        Student s = new Student() {//匿名内部类定义
            public void enrollIn() {//重写父类中的方法
                System.out.println("enroll in Java");
            }
        };
        s.enrollIn();//调用方法
    }
}
```

例 5-4 在 Student 类实例语句的大括号中将其抽象方法实现，等同于先继承抽象类（父类）生成子类，接着子类实例化，再重写父类中的抽象方法，从而简化了代码。

例 5-5：匿名内部类实现接口的使用示例。

```
interface IStudent{//接口
    public void enrollIn();
}
```

```
public class anonymousClassDemo {//应用类
    public static void main(String[] args) {
        IStudent s = new IStudent() {//匿名内部类定义
            public void enrollIn() {//实现接口中的方法
                System.out.println("enroll in Java");
            }
        };
        s.enrollIn();//调用方法
    }
}
```

例 5-5 与例 5-4 的匿名内部类定义相似，只是例 5-5 定义的匿名类，是实现了 IStudent 接口。

4. 事件处理的应用

（1）语义事件处理的应用

例 5-6：用户登录中的事件处理。

```
package com.event.highlevel;

import java.awt.Dimension;
import java.awt.event.ActionEvent;
import java.awt.event.ActionListener;
import javax.swing.ButtonGroup;
import javax.swing.JButton;
import javax.swing.JCheckBox;
import javax.swing.JFrame;
import javax.swing.JLabel;
import javax.swing.JPanel;
import javax.swing.JPasswordField;
import javax.swing.JRadioButton;
import javax.swing.JTextField;

public class LoginApp extends JFrame{
    JPanel panel;
    JButton btnConfirm;
    JButton btnCancel;
    JTextField txtUser;
    JPasswordField txtPwd;
    JRadioButton radOrdinay;
    JRadioButton radSuper;
    JCheckBox chkIsRemeberPwd;
    JComboBox cmbDept;

    JLabel lblUser;
    JLabel lblPwd;
```

```
    JLabel lblLevel;
    JLabel lblDept;
    String dept;

    public LoginApp(){
        panel = new JPanel();
        txtUser = new JTextField(20);
        txtPwd = new JPasswordField(20);
        String[] deptArray = new String[]{"请选择部门","人事部","销售部","技术部"};
        cmbDept = new JComboBox(deptArray);
        dept = null;
        cmbDept.addItemListener(new ItemListener(){//匿名类实现ItemListener接口
            public void itemStateChanged(ItemEvent evt) {
                if(evt.getStateChange() == ItemEvent.SELECTED
                        && cmbDept.getSelectedIndex() > 0){
                    dept = (String)cmbDept.getSelectedItem();
                }
            }
        });
        radOrdinay = new JRadioButton("普通用户");
        radOrdinay.setSelected(true);//设置默认选项为普通用户
        radSuper = new JRadioButton("管理员");
        ButtonGroup bg = new ButtonGroup();
        bg.add(radOrdinay);
        bg.add(radSuper);
        chkIsRemeberPwd = new JCheckBox("记住密码");

        lblUser = new JLabel("用户名");
        lblPwd = new JLabel("密码");
        lblDept = new  JLabel("部门");
        lblLevel = new JLabel("用户级别");

        btnConfirm = new JButton("确定");
        btnCancel = new JButton("取消");
        ActionListenerImpl al = new ActionListenerImpl();//监听器类实例化
        btnConfirm.addActionListener(al);//确认按钮注册监听器
        btnCancel.addActionListener(al);//取消按钮注册监听器

        panel.add(lblUser);
        panel.add(txtUser);
        panel.add(lblPwd);
        panel.add(txtPwd);
        panel.add(lblLevel);
        panel.add(radOrdinay);
```

```
            panel.add(radSuper);
            panel.add(chkIsRemeberPwd);
            panel.add(btnConfirm);
            panel.add(btnCancel);

            this.add(panel);
            this.setVisible(true);
            this.setPreferredSize(new Dimension(340,400));
            this.pack();
        }
        //成员内部类：实现按钮监听接口
        class ActionListenerImpl implements ActionListener{
            public void actionPerformed(ActionEvent e) {//实现接口方法
                JButton btn = (JButton)e.getSource();//获取事件对象
                if(btn.equals(btnConfirm)){//当事件对象是确认按钮时，获取登录信息
                    String user = txtUser.getText();
                    String pwd = txtPwd.getPassword().toString();
                        if(dept == null){//如果未选择部门，提示用户重新选择
                            JOptionPane.showMessageDialog(null, "请选择部门");
                            return;//程序返回
                        }
                        String level = null;
                        //radio 选中时
                        if(radOrdinay.isSelected()) level = "普通用户";
                        else if(radSuper.isSelected()) level = "管理员";
                        String isRemeber = null;
                        //checkbox 选中时
                        if(chkIsRemeberPwd.isSelected()) isRemeber = "记住密码";

                        System.out.println("用户名:" + user);
                        System.out.println("密码:" + pwd);
                        System.out.println("部门:" + dept);
                        System.out.println("级别: " + level);
                        System.out.println("记住密码? " + (isRemeber==null?"":
isRemeber));
                }else if(btn.equals(btnCancel)){//当事件对象是取消按钮时，
登录信息复位
                        //清空输入框，设置默认的用户级别和记住密码选项
                        txtUser.setText("");
                        txtPwd.setText("");
                        radOrdinay.setSelected(true);
                        if(radSuper.isSelected()) radSuper.setSelected(false);
                        if(chkIsRemeberPwd.isSelected()) chkIsRemeberPwd.
setSelected(false);
```

```
            }
        }
    }

    public static void main(String[] args) {
        new LoginApp();
    }
}
```

运行结果，如图 5-4 所示。

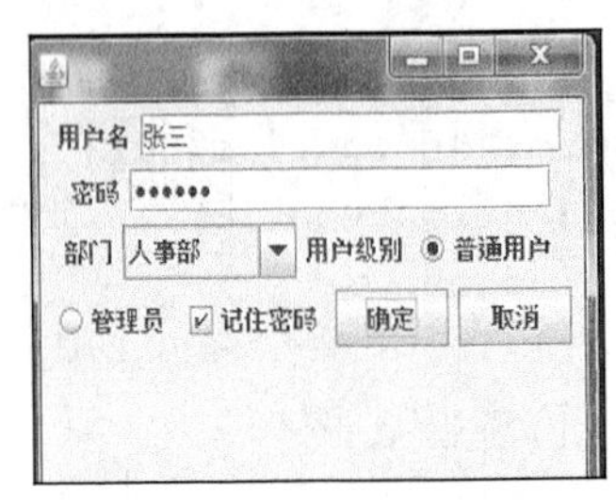


```
LoginApp [Java Application] C:\Program
用户名:张三
密码:[C@1aaa14a
部门:人事部
级别: 普通用户
记住密码? 记住密码
```

图5-4　例5-6运行结果

代码解释：

① 事件处理编写步骤。

a. 确定事件源对象、事件对象以及事件处理的业务逻辑。

事件源对象：btnConfirm 和 btnCancel；事件：ActionEvent（按钮单击）；事件处理的业务逻辑：获取文本框、单选按钮和复选按钮的值，并显示这些值。

b. 定义事件监听类。

定义 ActionListenerImpl 类，实现监听 ActionEvent 事件类的接口 ActionListener，并在该接口方法中，编写代码实现事件处理的业务逻辑。

c. 为事件源对象注册监听对象。

利用 addActionListener 方法，并将 ActionListenerImpl 类的实例作为该方法参数，实现对 JButton 对象的监听器注册。

② 按钮 btnConfirm 和 btnCancel 使用了成员内部类定义监听类，以实现接口，而下拉选项框 cmbDept 则是利用匿名类来实现监听接口的。

③ 选项事件 ItemEvent 在下拉选项框选择某个选项时，会发生两次，一次是将原选择项从选择改变为不选，另一次是将当前要选的选项从原未选改变为已选，因此，获取选项时，需要明确是在从原未选到现已选，可通过 ItemEvent 的 getStateChange()方法实现，本例中语句 evt.getStateChange() == ItemEvent.SELECTED 表示选择状态时才获取选项值。

（2）低级事件处理应用

例 5-7：鼠标和鼠标移动事件示例（内部类实现接口）。

```
package com.event.lowlevel;

import java.awt.*;
import java.awt.event.*;
```

```
import javax.swing.*;
import javax.swing.event.MouseInputAdapter;
import javax.swing.event.MouseInputListener;

public class MouseEventApp extends JFrame{
    int x,y;
    JPanel panel;
    JLabel labelX;
    JLabel labelY;
    JLabel labelX_1;
    JLabel labelY_1;
    JTextField textX;
    JTextField textY;
    JTextField textX_1;
    JTextField textY_1;
    JTextField text1;
    JTextField text2;

    public MouseEventApp (){
        panel=new JPanel();
        labelX=new JLabel("鼠标移动 X:");
        labelY=new JLabel("鼠标移动 Y:");
        textX=new JTextField(3);
        textY=new JTextField(3);
        labelX_1=new JLabel("鼠标拖动 X:");
        labelY_1=new JLabel("鼠标拖动 Y:");
        textX_1=new JTextField(3);
        textY_1=new JTextField(3);
        text1=new JTextField(8);
        text2=new JTextField(10);

        panel.add(labelX);
        panel.add(textX);
        panel.add(labelY);
        panel.add(textY);
        panel.add(labelX_1);
        panel.add(textX_1);
        panel.add(labelY_1);
        panel.add(textY_1);
        panel.add(text1);
        panel.add(text2);
        this.add(panel);

        //定义、绑定鼠标事件监听器对象，需要与窗体来绑定
```

```
        this.addMouseListener(new TestMouseListener());
        this.addMouseMotionListener(new TestMovedListener());

        this.setVisible(true);
        this.setPreferredSize(new Dimension(350,150));
        this.pack();
    }
    //内部类：实现鼠标移动监听器接口
    class TestMouseListener implements MouseListener{
        public void mouseClicked(MouseEvent event){//鼠标单击
            text1.setText("Mouse Click");
        }
        public void mousePressed(MouseEvent event){//鼠标按下
            text2.setText("Mouse pressed");
        }
        public void mouseEntered(MouseEvent  event){//鼠标进入
            text2.setText("Come in");
        }
        public void mouseExited(MouseEvent  event){//鼠标移出
            text2.setText("Come out");
        }
        public void mouseReleased(MouseEvent  event){//鼠标释放
            text2.sctText("Mouse released");
        }
    }
    //内部类：实现鼠标监听器接口
    class TestMovedListener implements MouseMotionListener{
        public void mouseMoved(MouseEvent  evt){
            x=evt.getX();
            y=evt.getY();
            textX.setText(String.valueOf(x));//显示鼠标移动的 x 坐标
            textY.setText(String.valueOf(y));//显示鼠标移动的 y 坐标
        }
        public void mouseDragged(MouseEvent  evt){
            x=evt.getX();
            y=evt.getY();
            textX_1.setText(String.valueOf(x));//显示鼠标拖动的 x 坐标
            textY_1.setText(String.valueOf(y));//显示鼠标拖动的 y 坐标
        }
    }

    public static void main(String args[]){
        MouseEventApp mouseXY=new MouseEventApp();
    }
}
```

运行效果，如图 5-5 所示。

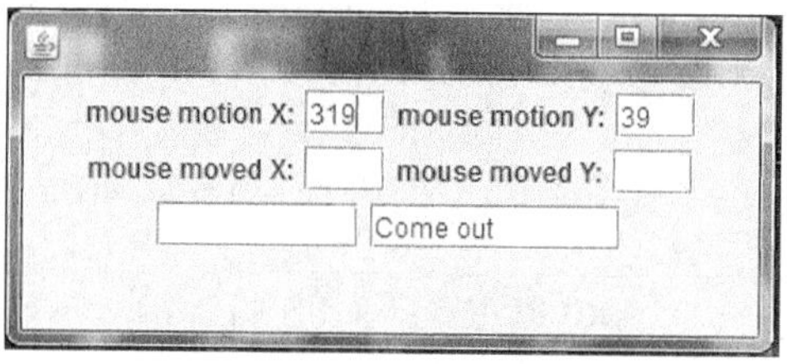

图5-5　例5-7运行结果

例 5-8：键盘和窗体事件的示例（匿名类实现接口）。

```
package com.event.lowlevel;

import javax.swing.JFrame;
import javax.swing.JLabel;
import javax.swing.JPanel;
import javax.swing.JTextField;
import java.awt.Dimension;
import java.awt.event.KeyEvent;
import java.awt.event.KeyListener;
import java.awt.event.WindowEvent;
import java.awt.event.WindowListener;

public class KeyWindowEventDemo extends JFrame {
    JPanel panel;
    JLabel lbl_1;
    JLabel lbl_2;
    JTextField txtField;

    public KeyWindowEventDemo (){
        super("key event demo");
        panel=new JPanel();
        txtField = new JTextField(10);
        lbl_1=new JLabel("输入数字：");
        lbl_2=new JLabel("");
        panel.add(lbl_1);
        panel.add(txtField);
        panel.add(lbl_2);

        txtField.addKeyListener(new KeyListener(){//匿名类：实现键盘事件接口
            public void keyPressed(KeyEvent e){//按下键时

            }
            @Override
```

```
            public void keyReleased(KeyEvent e) {//释放键时，要求输入数字
                // TODO Auto-generated method stub
                if(e.getKeyCode()>=KeyEvent.VK_0&&
                    e.getKeyCode()<=KeyEvent.VK_9){
                    lbl_2.setText("当前键入的数字为:"+e.getKeyChar());
                }else{
                    txtField.selectAll();
                }
            }

            @Override
            public void keyTyped(KeyEvent e) {//输入enter，可得到输入的内容
                // TODO Auto-generated method stub
                System.out.println("输入值为: " + txtField.getText());
            }
        });
        this.addWindowListener(new WindowListener(){//匿名类：窗体事件接口
            @Override
            public void windowActivated(WindowEvent arg0) {//窗体被激活
                // TODO Auto-generated method stub
                System.out.println("window is activated…");
            }

            @Override
            public void windowClosed(WindowEvent arg0) {//窗体被关闭之后
                // TODO Auto-generated method stub
                System.out.println("window is closed…");
            }

            @Override
            public void windowClosing(WindowEvent arg0) {//窗体关闭时
                // TODO Auto-generated method stub
                System.out.println("window is closing…");
            }

            @Override
            public void windowDeactivated(WindowEvent arg0) {//窗体被钝化
                // TODO Auto-generated method stub
                System.out.println("window is deactivated…");
            }

            @Override
            public void windowDeiconified(WindowEvent arg0) {//窗体被还原
                // TODO Auto-generated method stub
```

```
                System.out.println("window is deiconified…");
            }

            @Override
            public void windowIconified(WindowEvent arg0) {//窗体被最小化
                // TODO Auto-generated method stub
                System.out.println("window is iconified…");
            }

            @Override
            public void windowOpened(WindowEvent arg0) {//窗体被打开
                // TODO Auto-generated method stub
                System.out.println("window is opened…");
            }
        });
        this.add(panel);
        this.setVisible(true);
        this.setPreferredSize(new Dimension(250,200));
        this.pack();
    }

    public static void main(String[] args){
        new KeyWindowEventDemo ();
    }
}
```

运行效果，如图 5-6 所示。

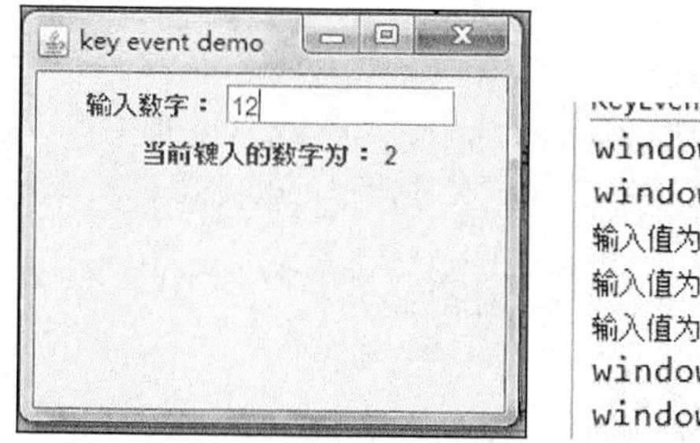

图5-6　例5-8运行结果

5. 事件适配器类

在实现事件接口时，需要实现所有方法，但实际应用中却不一定会调用所有方法，尤其是 WindowListener 等较多方法的接口，可以利用 Java 事件适配器类，来简化代码。大部分事件都有相应的事件适配器类，其名称通常以事件源名+Adapter，如 WindowEvent 事件适配器类 WindowAdapter。

例 5-9：修改例 5-8，说明 KeyAdapter 和 WindowAdapter 的使用方法。

```
package com.event.lowlevel;

……//导入组件包，代码省略
import java.awt.event.KeyEvent;
import java.awt.event.KeyAdapter;
import java.awt.event.WindowEvent;
import java.awt.event.WindowAdapter;

public class KeyWindowEventDemo extends JFrame {
     JPanel panel;
     JLabel lbl_1;
     JLabel lbl_2;
     JTextField txtField;

     public KeyWindowEventDemo (){
          super("key event demo");
          panel=new JPanel();
          txtField = new JTextField(10);
          lbl_1=new JLabel("输入数字：");
          lbl_2=new JLabel("");
          panel.add(lbl_1);
          panel.add(txtField);
          panel.add(lbl_2);

          txtField.addKeyListener(new KeyAdapter(){//匿名类：键盘事件适配器
               @Override
               public void keyReleased(KeyEvent e) {//释放键时，要求输入数字
                    // TODO Auto-generated method stub
                    if(e.getKeyCode()>=KeyEvent.VK_0&&
                         e.getKeyCode()<=KeyEvent.VK_9){
                         lbl_2.setText("当前键入的数字为："+e.getKeyChar());
                    }else{
                         txtField.selectAll();
                    }
               }

               @Override
               public void keyTyped(KeyEvent e) {//输入enter，可得到输入的内容
                    // TODO Auto-generated method stub
                    System.out.println("输入值为：" + txtField.getText());
               }
          });
          this.addWindowListener(new WindowAdapter(){//匿名类：窗体事件适配器
               @Override
```

```
            public void windowActivated(WindowEvent arg0) {//窗体被激活
                // TODO Auto-generated method stub
                System.out.println("window is activated…");
            }

            @Override
            public void windowClosing(WindowEvent arg0) {//窗体关闭时
                // TODO Auto-generated method stub
                System.out.println("window is closing…");
            }
        });
        this.add(panel);
        this.setVisible(true);
        this.setPreferredSize(new Dimension(250,200));
        this.pack();
    }

    public static void main(String[] args){
        new KeyWindowEventDemo ();
    }
}
```

代码解释：

由于监听器是通过实例化键盘事件适配类来实现的，根据程序需要键盘事件处理仅重写了keyReleased 和 keyTyped 方法，类似地，窗体监听器也是通过实例化对应的事件适配器类，可以仅重写编写所需要的方法。

5.1.3　任务实施

（1）主界面类的事件处理实现

```
/**
* 闹钟工具软件主界面程序黑色字体部分为修改代码
**/
package com.alarm.ui;

import java.awt.Color;
import java.awt.Dimension;
import java.awt.Font;
import java.awt.Image;
import java.awt.event.ActionEvent;
import java.awt.event.ActionListener;
import java.awt.event.FocusEvent;
import java.awt.event.FocusListener;
import java.awt.event.ItemEvent;
```

```
import java.awt.event.ItemListener;
import java.awt.event.KeyEvent;
import java.awt.event.WindowEvent;
import java.awt.event.WindowListener;
import java.io.File;
import java.util.Date;
import java.util.List;
import java.util.Vector;

import javax.swing.ButtonGroup;
import javax.swing.ImageIcon;
import javax.swing.JButton;
import javax.swing.JComboBox;
import javax.swing.JFileChooser;
import javax.swing.JFrame;
import javax.swing.JLabel;
import javax.swing.JMenu;
import javax.swing.JMenuBar;
import javax.swing.JMenuItem;
import javax.swing.JOptionPane;
import javax.swing.JPanel;
import javax.swing.JRadioButton;
import javax.swing.JTabbedPane;
import javax.swing.JTextField;
import com.alarm.ui.AlarmPanel;

public class AlarmUI extends JFrame {
    private JPanel alarmPanel_0;
    private JTabbedPane tbPane;
    private JPanel alarmPanel_1;
    private JButton btnStart_1;
    private JButton btnListen_1;
    private JLabel lblDateTip;
    private JLabel lblDateTime;
    private JLabel lblMsg;
    private JLabel lblMsgContent;
    private JLabel lblRingsetup_1;
    private JLabel lblRing_1;
    private JLabel lblRepeat_1;
    private JLabel lblHour_1;
    private JLabel lblMinute_1;
    private JLabel lblSecond_1;
    private JComboBox ckbHour_1;
    private JComboBox ckbMinute_1;
```

```
    private JComboBox ckbSecond_1;
    private JComboBox ckbFile_1;
    private JLabel lblTip_1;
    private JTextField txtTip_1;
    private JRadioButton rbRepeat_1;
    private JRadioButton rbNorepeat_1;
    private JPanel alarmPanel_2;
    private JMenuBar menuBar; //菜单栏
    private JMenu menu_file;  //文件菜单
    private JMenu menu_tools; //工具菜单
    private JMenu menu_about; //帮助菜单
    private JMenuItem menuItem_ring; //上传铃声文件菜单项
    private JMenuItem menuItem_down_rings;
    private JMenuItem menuItem_about; //关于菜单项
    private JMenuItem menuItem_exit; //退出菜单项
    private Image image_1;//闹钟1界面背景图片
    private Image image_2;//闹钟2界面背景图片
    private List<String> alarmPaths;//铃声文件路径
    private Vector<String> rings;//保存铃声选项集合
    private String rings_str;//保存选择的铃声
    private int hour;//保存时
    private int minute;//保存分
    private int second;     //保存秒

    public AlarmUI(){
        //初始化铃声文件路径
        String curTime = new Date().toString();
        image_1 =
            new ImageIcon(AlarmUI.class.getResource("/images/bg1.jpg")).getImage();
        image_2 =
            new ImageIcon(AlarmUI.class.getResource("/images/bg2.jpg")).getImage();
        Font font_1 = new Font("宋体", Font.PLAIN, 24);
        Font font_2 = new Font("宋体", Font.PLAIN, 14);
        Font font_3 = new Font("宋体", Font.PLAIN, 18);

        lblDateTip = new JLabel("当前时间:");
        lblDateTip.setFont(font_1);
        lblDateTip.setBounds(40, 5, 150, 60);
        lblDateTime = new JLabel(curTime);
        lblDateTime.setFont(font_1);
        lblDateTime.setBounds(180, 5, 350, 60);

        alarmPanel_1 = new AlarmPanel(image_1); //自定义panel，增加了背景图片
        alarmPanel_1.setPreferredSize(new Dimension(500, 400));
```

```
        alarmPanel_1.setLayout(null);
        //设置闹钟部分控件的x,y坐标是相对于其所在panel，即alarmPanel_1
        lblRingsetup_1 = new JLabel("提醒时间");
        lblRingsetup_1.setFont(font_2);
        lblRingsetup_1.setBounds(40, 10, 100, 30);
        String[] h = new String[]{"关闭", "00", "01", "02", "03", "04", "05", "06",
                "07", "08", "09", "10", "11", "12", "13", "14", "15",
                "16", "17", "18", "19", "20", "21", "22", "23" };

        Vector<String> hours = new Vector<String>();
        for(int i = 0; i < h.length; i++){
            hours.add(h[i]);
        }
        ckbHour_1 = new JComboBox(hours);
        ckbHour_1.setFont(font_2);
        ckbHour_1.setBounds(120, 10, 60, 30);
        ckbHour_1.addItemListener(new ItemListener(){
            @Override
            public void itemStateChanged(ItemEvent evt) {//选择时，则分选项可用
                if(evt.getStateChange() == ItemEvent.SELECTED &&
                    ckbHour_1.getSelectedIndex() > 0){
                    ckbMinute_1.setEnabled(true);
                    hour = Integer.parseInt((String)ckbHour_1.
getSelectedItem());
                }
            }
        });
        lblHour_1 = new JLabel("时");
        lblHour_1.setFont(font_2);
        lblHour_1.setBounds(185, 10, 30, 30);
        String[] m = new String[]{"关闭", "00", "01", "02", "03", "04", "05", "06",
                "07", "08", "09", "10", "11", "12", "13", "14", "15",
                "16", "17", "18", "19", "20", "21", "22", "23", "24",
                "25", "26", "27", "28", "29", "30", "31", "32", "33",
                "34", "35", "36", "37", "38", "39", "40", "41", "42",
                "43", "44", "45", "46", "47", "48", "49", "50", "51",
                "52", "53", "54", "55", "56", "57", "58", "59"};

        Vector<String> minutes = new Vector<String>();
        for(int i = 0; i < m.length; i++){
            minutes.add(m[i]);
        }
        ckbMinute_1 = new JComboBox(minutes);
        ckbMinute_1.setFont(font_2);
```

```
            ckbMinute_1.setBounds(210, 10, 60, 30);
            ckbMinute_1.setEnabled(false);
            ckbMinute_1.addItemListener(new ItemListener(){
                @Override
                public void itemStateChanged(ItemEvent evt) {//选择分，则秒选项可用
                    if(evt.getStateChange() == ItemEvent.SELECTED &&
                          ckbMinute_1.getSelectedIndex() > 0){
                        ckbSecond_1.setEnabled(true);
                        minute  =  Integer.parseInt((String)ckbMinute_1.
getSelectedItem());
                    }
                }
            });
            lblMinute_1 = new JLabel("分");
            lblMinute_1.setFont(font_2);
            lblMinute_1.setBounds(275, 10, 30, 30);

            Vector<String> seconds = new Vector<String>();
            for(int i = 0; i < m.length; i++){
                seconds.add(m[i]);
            }
            ckbSecond_1 = new JComboBox(seconds);
            ckbSecond_1.setFont(font_2);
            ckbSecond_1.setBounds(300, 10, 60, 30);
            ckbSecond_1.setEnabled(false);
            ckbSecond_1.addItemListener(new ItemListener(){
                @Override
                public void itemStateChanged(ItemEvent evt) {
                    if(evt.getStateChange()==ItemEvent.SELECTED &&
                          ckbSecond_1.getSelectedIndex() > 0){
                        second  =  Integer.parseInt((String)ckbSecond_1.
getSelectedItem());
                    }
                }
            });
            lblSecond_1 = new JLabel("秒");
            lblSecond_1.setFont(font_2);
            lblSecond_1.setBounds(365, 10, 30, 30);

            lblRing_1 = new JLabel("闹钟铃声");
            lblRing_1.setFont(font_2);
            lblRing_1.setBounds(40, 50, 100, 30);

            rings = new Vector<String>();
```

```
rings.add("请选择铃声");
ckbFile_1 = new JComboBox(rings);
ckbFile_1.setFont(font_2);
ckbFile_1.setBounds(120, 50, 100, 30);
ckbFile_1.addFocusListener(new FocusListener(){
    @Override
    public void focusGained(FocusEvent arg0) {//聚焦时，加载最新铃声列表
        //动态获取最新铃声文件列表（未实现）
        String[] r = new String[5];
        ckbFile_1.removeAllItems();
        r[0] = "请选择铃声";
        ckbFile_1.addItem(r[0]);
        for(int i = 1; i < r.length; i++){
            r[i] = "铃声" + (i - 1);
        }
        for(int i = 1; i < r.length; i++){
            ckbFile_1.addItem(r[i]);
        }
    }

    @Override
    public void focusLost(FocusEvent arg0) {
    }
});
ckbFile_1.addItemListener(new ItemListener(){
    @Override
    public void itemStateChanged(ItemEvent evt) {
        // TODO Auto-generated method stub
        if(evt.getStateChange() == ItemEvent.SELECTED){
            btnListen_1.setText("试听");
        }
    }
});

btnListen_1 = new JButton("试听");
btnListen_1.setFont(font_2);
btnListen_1.setBounds(225, 50, 70, 30);
btnListen_1.addActionListener(new ActionListener(){
    @Override
    public void actionPerformed(ActionEvent arg0) {
    if(ckbFile_1.getItemCount() <= 1){
        JOptionPane.showMessageDialog(null, "暂无铃声，无法试听",
                                "提示信息", JOptionPane.OK_OPTION);
        return;
```

```
            }
            if("试听".equals(btnListen_1.getText())){
                //获取选中的铃声文件序号
                int ringIndex = ckbFile_1.getSelectedIndex() - 1;
                //音乐播放（暂未实现）
                //将按钮显示更改为"停止"
                btnListen_1.setText("停止");
                ckbFile_1.setEnabled(false);
            }else if("停止".equals(btnListen_1.getText())){
                //如果铃声在播放，则中断该铃声播放（暂未实现）
                //重置时、分、秒选项
                ckbHour_1.setSelectedIndex(0);
                ckbMinute_1.setEnabled(false);
                ckbSecond_1.setEnabled(false);
                //下位列表可使用
                ckbFile_1.setEnabled(true);
            }
        }
    });

    lblTip_1 = new JLabel("提示文字");
    lblTip_1.setFont(font_2);
    lblTip_1.setBounds(40, 90, 100, 30);
    txtTip_1 = new JTextField("休息，休息一下吧");
    txtTip_1.setFont(font_2);
    txtTip_1.setBounds(120, 90, 175, 30);

    lblRepeat_1 = new JLabel("重复提醒");
    lblRepeat_1.setFont(font_2);
    lblRepeat_1.setBounds(40, 130, 100, 30);
    rbNorepeat_1 = new JRadioButton("不重复");
    rbNorepeat_1.setFont(font_2);
    rbNorepeat_1.setSelected(true);
    rbNorepeat_1.setBounds(120, 130, 80, 30);
    rbRepeat_1 = new JRadioButton("每天提醒");
    rbRepeat_1.setFont(font_2);
    rbRepeat_1.setBounds(200, 130, 80, 30);

    ButtonGroup buttongrp_1=new ButtonGroup();
    buttongrp_1.add(rbRepeat_1);
    buttongrp_1.add(rbNorepeat_1);

    btnStart_1 = new JButton("开启定时闹钟");
    btnStart_1.setForeground(new Color(15,77,118));
```

```
btnStart_1.setFont(font_2);
btnStart_1.setBounds(120, 170, 120, 30);
btnStart_1.addActionListener(new ActionListener(){ //闹钟1的启动按钮
    @Override
    public void actionPerformed(ActionEvent e) {
        //获取闹钟时分秒
        if(!"关闭".equals(String.valueOf(hour)) &&
           !"关闭".equals(String.valueOf(minute)) &&
           !"关闭".equals(String.valueOf(second)) && rings_str != null){
            btnListen_1.setText("停止");
            int ringIndex = ckbFile_1.getSelectedIndex() - 1;
            //每隔1秒获取一次系统当前时间，与设定的闹钟时间进行比较，如相等
            //则播放铃声（未实现）
        }else{
           JOptionPane.showMessageDialog(null, "时间未设置，或
是未选铃声", "温馨提示：", JOptionPane.INFORMATION_MESSAGE);
           return;
        }

        //时、分、秒、铃声选项以及是否重复选项全部重置
        btnStart_1.setEnabled(false);
        isRepeat = false;
        rings_str = null;
        hour = 0;
        minute = 0;
        second = 0;
    }
});

alarmPanel_1.add(lblRingsetup_1);
alarmPanel_1.add(ckbHour_1);
alarmPanel_1.add(lblHour_1);
alarmPanel_1.add(ckbMinute_1);
alarmPanel_1.add(lblMinute_1);
alarmPanel_1.add(ckbSecond_1);
alarmPanel_1.add(lblSecond_1);
alarmPanel_1.add(lblRing_1);
alarmPanel_1.add(ckbFile_1);
alarmPanel_1.add(btnListen_1);
alarmPanel_1.add(lblTip_1);
alarmPanel_1.add(txtTip_1);
alarmPanel_1.add(lblRepeat_1);
alarmPanel_1.add(rbNorepeat_1);
alarmPanel_1.add(rbRepeat_1);
```

```
            alarmPanel_1.add(btnStart_1);

            alarmPanel_2 = new AlarmPanel(image_2);//new JPanel();
            alarmPanel_2.setPreferredSize(new Dimension(500, 400));
            alarmPanel_2.setLayout(null);

            //……类似地，定义闹钟 2 面板上的组件，并加入该面板，代码部分省略
            tbPane = new JTabbedPane();

            String[] tabNames = {"闹钟 1", "闹钟 2" };
            tbPane.addTab(tabNames[0], alarmPanel_1);
            tbPane.setMnemonicAt(0, KeyEvent.VK_0);// 设置第一个位置的快捷键为 0

            tbPane.addTab(tabNames[1], alarmPanel_2);
            tbPane.setFont(font_3);
            tbPane.setMnemonicAt(1, KeyEvent.VK_1);// 设置第一个位置的快捷键为 0
            tbPane.setBounds(40, 70, 500, 250);

            lblMsg = new JLabel("提示");
            lblMsg.setFont(font_2);
            lblMsg.setBounds(30, 340, 30, 25);
            lblMsgContent = new JLabel("如果关闭程序闹钟将无法响铃，每次启动程序需
要重新设置闹钟才能生效");
            lblMsgContent.setFont(font_2);
            lblMsgContent.setBounds(30, 360, 500, 60);

            alarmPanel_0 = new JPanel();
            alarmPanel_0.setLayout(null);
            alarmPanel_0.add(lblDateTip);
            alarmPanel_0.add(lblDateTime);
            alarmPanel_0.add(tbPane);
            alarmPanel_0.add(lblMsg);
            alarmPanel_0.add(lblMsgContent);

            menuBar = new JMenuBar();  //菜单栏
            menu_file = new JMenu("文件");  //菜单
            menu_tools = new JMenu("工具"); //菜单
            menu_about = new JMenu("关于"); //菜单

            menuItem_ring = new JMenuItem("上传铃声");  //菜单选项
            menuItem_ring.addActionListener(new ActionListener(){
                @Override
                public void actionPerformed(ActionEvent arg0) {
                    // TODO Auto-generated method stub
```

```
                //获取本地文件
                JFileChooser fileChoose = new JFileChooser();
                fileChoose.setMultiSelectionEnabled(true); //文件可多选
                fileChoose.showOpenDialog(AlarmUI.this); //打开文件
                File[] files = fileChoose.getSelectedFiles();
                //I/O 处理：读取本地音乐文件（暂未实现）
                //写到服务器上文件夹/数据库表（暂未实现）
                //提示当前文件上传成功（暂未实现）
            }
        });

        menuItem_down_rings = new JMenuItem("下载铃声");
        menuItem_down_rings.addActionListener(new ActionListener(){
            @Override
            public void actionPerformed(ActionEvent arg0) {
                // TODO Auto-generated method stub
                //从服务器上文件夹，数据库表中读取音乐文件（未实现）
                //写到本地文件夹（暂未实现）
                //提示当前文件下载成功（暂未实现）
            }
        });

        menuItem_about = new JMenuItem("版本说明");
        menuItem_about.addActionListener(new ActionListener(){
            @Override
            public void actionPerformed(ActionEvent arg0) {
                new AboutUI(AlarmUI.this); //弹出关于窗体
            }
        });
        menuItem_exit = new JMenuItem("退出");
        menuItem_exit.addActionListener(new ActionListener(){
            @Override
            public void actionPerformed(ActionEvent arg0) {
                System.exit(0); //退出系统
            }
        });

        menu_file.add(menuItem_ring);
        menu_file.add(menuItem_exit);
        menuBar.add(menu_file);

        menu_tools.add(menuItem_down_rings);
        menuBar.add(menu_tools);
```

```
        menu_about.add(menuItem_about);
        menuBar.add(menu_about);


        this.add(alarmPanel_0);   //窗体上加面板
        this.setJMenuBar(menuBar); //窗体上设置菜单栏
        this.addWindowListener(new WindowListener(){ //窗体事件监听
            @Override
            public void windowActivated(WindowEvent arg0) {
            }

            @Override
            public void windowClosed(WindowEvent arg0) {
            }

            @Override
            public void windowClosing(WindowEvent arg0) {
                // 当单击"X"关闭窗口按钮时，会询问用户是否要最小化到托盘
                // 是，表示最小化到托盘，否，表示退出
                int option = JOptionPane.showConfirmDialog(AlarmUI.this, "
                 是否最小化到托盘?", "提示: ", JOptionPane.YES_NO_OPTION);
            if(option == JOptionPane.YES_OPTION){//单击“是（Y）”按钮时
                new AlarmTray(AlarmUI.this); //创建托盘对象
            }else{
                System.exit(0);
            }
        }

        @Override
        public void windowDeactivated(WindowEvent arg0) {
        }

        @Override
        public void windowDeiconified(WindowEvent arg0) {
        }

        @Override
        public void windowIconified(WindowEvent arg0) {
        }

        @Override
        public void windowOpened(WindowEvent arg0) {
        }
    });
```

```
        this.setPreferredSize(new Dimension(600, 500));
        //设置为 JFrame.HIDE_ON_CLOSE，即关闭窗体时是隐藏而不是退出程序
        this.setDefaultCloseOperation(JFrame.HIDE_ON_CLOSE);
        this.pack();
        this.setLocationRelativeTo(null);
        this.setResizable(false);
        this.setVisible(true);
    }

    //获取当前窗体的 x,y 坐标值
    public int getPointX(){
        return  (int)this.getLocation().getX();
    }
    public int getPointY(){
        return (int)this.getLocation().getY();
    }
    public static void main(String[] args){
        new AlarmUI();
    }
}
```

代码解释：

① 主界面窗体中的事件有：选择时分秒和铃声的下拉框选项事件，重复提醒方式的单选按钮点击事件，以及试听和开启闹钟的按钮点击事件。

② 定义 getPointX、getPointY 方法获取主界面窗体的左上角坐标，以便版本说明窗体设置相对位置。

（2）系统托盘窗体的事件处理实现

```
/*
 * 系统托盘程序（黑色字体部分为修改代码）
 */
package com.alarm.ui;

import java.awt.Image;
import java.awt.MenuItem;
import java.awt.PopupMenu;
import java.awt.SystemTray;
import java.awt.TrayIcon;
import java.awt.event.ActionEvent;
import java.awt.event.ActionListener;
import java.awt.event.MouseEvent;
import java.awt.event.MouseListener;
import javax.swing.ImageIcon;
import javax.swing.JFrame;
import javax.swing.SwingUtilities;
```

```
public class AlarmTray {
    private Image icon;// 托盘图标
    private TrayIcon trayIcon;
    private SystemTray systemTray;// 系统托盘
    private PopupMenu popmenu; // 弹出菜单
    private MenuItem openMain;  // 还原主窗体
    private MenuItem exitMain;  // 退出

    private AlarmUI alarmMain; // 托盘所属主窗体

    public AlarmTray(AlarmUI alarmMain){
        this.alarmMain = alarmMain;
        icon = new
            ImageIcon(this.getClass().getClassLoader().getResource("images/
            tray.png"))
           .getImage();
        popmenu = new PopupMenu();
        openMain = new MenuItem("Restore");
        openMain.addActionListener(new ActionListener(){
            @Override
            public void actionPerformed(ActionEvent e) {//还原窗口
                systemTray.remove(trayIcon);//将最小化系统按钮移除
                setMainVisible();//还原主界面窗体
            }
        });
        exitMain = new MenuItem("Exit");
        exitMain.addActionListener(new ActionListener(){//退出系统
            @Override
            public void actionPerformed(ActionEvent e) {
                System.exit(0);
            }
        });

        if(SystemTray.isSupported()){
            systemTray = SystemTray.getSystemTray();
            trayIcon = new TrayIcon(icon, "Open Alarm", popmenu);
            trayIcon.addMouseListener(new MouseListener(){//托盘图标的鼠标事件
                @Override
                public void mouseClicked(MouseEvent evt) {
                    // TODO Auto-generated method stub
                    //鼠标单击或双击，且为左键
                    if((evt.getClickCount() == 1 || evt.getClickCount() == 2)
                    && SwingUtilities.isLeftMouseButton(evt)){
                        systemTray.remove(trayIcon);//将系统托盘图标移除
                        setMainVisible();//还原主界面窗体
```

```
                    }
                }

                @Override
                public void mouseEntered(MouseEvent arg0) {
                }

                @Override
                public void mouseExited(MouseEvent arg0) {
                }

                @Override
                public void mousePressed(MouseEvent arg0) {
                }

                @Override
                public void mouseReleased(MouseEvent arg0) {
                }
            });

            popmenu.add(openMain);
            popmenu.add(exitMain);

            try{//捕获异常
                systemTray.add(trayIcon);//为系统托盘加图标
            }catch(Exception e){
                e.printStackTrace();
            }
        }
    }
    //设置闹钟主窗体界面可见性
    public void setMainVisible(){
        if(!alarmMain.isVisible()){
            alarmMain.setVisible(true);
            alarmMain.setExtendedState(JFrame.NORMAL);//设置扩展状态为正常
        }else{
            alarmMain.setVisible(false);
            alarmMain.setExtendedState(JFrame.ICONIFIED);//设置扩展状态为最小化
        }
    }
}
```

代码解释：

① 系统托盘窗体中的事件有图标的右键弹出式菜单选项事件、图标的鼠标事件，使得用户

可通过弹出式菜单选项还原主界面窗体，也可以通过点击鼠标左键还原。

② 定义 setMainVisible 方法，用于设置主界面窗体的还原方式。

③ 系统托盘加图标时，需要捕获异常，这部分将在后面介绍。

（3）版本说明窗体的事件处理

```
/*
 * 版本说明程序
 */
package com.alarm.ui;

import java.awt.Dimension;
import javax.swing.ImageIcon;
import javax.swing.JFrame;
import javax.swing.JLabel;
import javax.swing.JPanel;
import javax.swing.border.Border;
import javax.swing.border.LineBorder;

public class AboutUI extends JFrame {
    private JLabel appTitleLabel;//应用程序名称
    private JLabel appVersionLabel ;//版本号
    private JLabel appHomepageLabel ;//Homepage
    private JLabel appDescLabel;//说明
    private JLabel imageLabel;//图片
    AlarmUI alarmUI;
    JPanel panel;

    public AboutUI(AlarmUI alarmUI){
        this.alarmUI = alarmUI;
        panel = new JPanel();
        panel.setLayout(null);

        appTitleLabel = new JLabel("应用程序名称： 闹钟工具软件");
        appTitleLabel.setBounds(20, 30, 200, 30);
        appVersionLabel = new JLabel("版本号：1.0");
        appVersionLabel.setBounds(20, 60, 200, 30);
        appHomepageLabel = new JLabel("http://www.gdqy.edu.cn");
        appHomepageLabel.setBounds(20, 90, 200, 30);
        appDescLabel = new JLabel("这是一个小应用程序——闹钟");
        appDescLabel.setBounds(20, 120, 200, 30);
        ImageIcon icon = new
                ImageIcon(AboutUI.class.getResource("/images/about.png"));
        imageLabel = new JLabel();
        imageLabel.setBounds(220, 30, 100, 200);
        Border border = LineBorder.createGrayLineBorder(); //创建边框对象
```

```
            imageLabel.setBorder(border);//给 label 加上边框
            imageLabel.setIcon(icon);

            panel.add(appTitleLabel);
            panel.add(appVersionLabel);
            panel.add(appHomepageLabel);
            panel.add(appDescLabel);
            panel.add(imageLabel);
            this.add(panel);
            this.setPreferredSize(new Dimension(350, 300));
            //窗体相对于主界面窗体的位置
            this.setLocation(this.alarmUI.getX() + 100, this.alarmUI.getY() + 100);
            //设置为 JFrame.HIDE_ON_CLOSE，即关闭窗体时是隐藏而不是退出程序
            this.setDefaultCloseOperation(JFrame.HIDE_ON_CLOSE);
            this.pack();
            this.setResizable(false);
            this.setVisible(true);
        }
    }
```

代码解释：

① 版本说明窗体需要监听的只有窗体已关闭事件，当事件发生时，需要隐藏当前窗体，语句“this.setDefaultCloseOperation(JFrame.HIDE_ON_CLOSE);”实现了对应的事件处理。

② 语句“this.setLocation(this.alarmUI.getX() + 100, this.alarmUI.getY() + 100);”中，this.alarmUI.getX 方法和 this.alarmUI.getY 方法，分别用于获得主界面窗体的左上角坐标 x 和坐标 y。

同步练习：计算器 CalculatorProj 项目。

① 创建包 com.calculate.utility，在该包下创建数字接口类 INumber、数字计算类 ExpNumberCalculation。ExpNumberCalculation 类通过实现 INumber 接口，能够分别进行整型数、浮点数的显示，两个整型、浮点数的相等比较，同时 ExpNumberCalculation 类自身还具有加、减、乘和除运算功能。

② 创建包 com.calculator.main，在该包下创建 CalculatorMain 类，参考图 4-37，完成计算器界面的设计与实现，实现输入算式清除、加、减、乘和除运算相关按钮的事件处理，完成相应的功能。

练习提示：请充分利用前面练习已写的代码。

知识梳理

- 事件模型由三个元素组成：事件对象、事件源和事件处理程序。事件对象用于表示一个发生了的事件，包括事件的类型、产生事件的对象、发生的时间；事件源是发起（触发）事件的对象；事件处理程序是在事件发生后，对于事件的处理方法。当事件产生时，系统会自动将事件对象作为参数传递给事件处理程序。

• 事件处理机制是指，对于一个能够产生事件的对象（事件源），事先绑定一个事件监听器对象，而监听器对象是一个实现了特定事件监听器接口的类的实例。当事件源发起（触发）一个事件时，将会被一个或多个监听器“接收”，监听器负责处理事件。

• 事件源可以是可视化组件，如窗体上各构件等，也可以是非可视化对象，如文档（document）、表格单元格内容等；Java　AWT 提供了两件种事件概念：①语义事件，它不依赖于特定的图形界面组件类，而关注组件类封装的语义模型，如单击事件，按钮可以单击，菜单项也可以有单击事件；②低级事件，代表图形界面上可视化组件的低级输入或窗口系统事件。相应地事件监听器接口包括动作、选项、调整滚动条、内容变化、组件、鼠标按钮、鼠标移动和窗体等。

• 大部分事件类及对应的监听器接口都在 java.awt.event 包中，包括四个语义事件类：①ActionEvent：按钮单击、菜单选项、选择一个列表项或在文本域中输入 Enter；②AdjustmentEvent：用户调整滚动条；③ItemEvent：用户在组合框或列表框中选择一项；④TextEvent：文本域或文本框中的内容发生变化。六个低级事件类：①ComponentEvent：组件被缩放、移动、显示或隐藏；②ContainerEvent：在容器中添加/删除一个组件；③FocusEvent：组件得到焦点或失去焦点；④WindowEvent：窗体被激活、钝化、图标化、还原或关闭；⑤KeyEvent：按下或释放一个键；⑥MouseEvent：按下、释放鼠标按钮，移动或拖动鼠标。

• 内部类是指一个类的定义放在另一个类的内部，其主要作用是：①使类的多重继承更为完善；②完全隐藏类内部的实现细节；③对于仅使用一次的类及实例化对象，简化代码；④通过内部类访问外部类的所有成员变量。

• 内部类有四种：静态内部类、成员内部类、局部内部类和匿名内部类。静态内部类定义时，需用 static 关键字修饰类，且不能和外部类有相同的名字。成员内部类在定义时不需用 static 修饰，且不能定义 static 成员变量。局部内部类是定义于方法内部的类，实际应用中很少使用，它类似于局部变量，不可被 public、protected、private 和 static 修饰。匿名内部类是一种无名内部类，应用频繁，不能使用关键字 class、extends 和 implements，且无构造方法，不能定义任何静态成员、方法和类，不能是 public、protected、private 和 static，且只能被使用一次。

• 事件处理的实现：

（1）确定事件源类型；

（2）确定事件源将会发起的事件类型；

（3）根据事件类型，选择对应的事件监听器接口类型；

（4）采用内部类实现监听器接口，编写响应事件的业务逻辑处理代码；

（5）将监听器绑定到事件源上。

Java

6 Chapter

项目 6 利用异常机制处理闹钟软件的运行错误

【知识要点】

- 异常和异常类
- 异常处理机制
- 自定义异常类
- 日志管理类

引子：如果程序出错了，怎么办？

在调试闹钟工具软件时，可能会遇到这样的情况：应用程序运行过程中，突然中止，屏幕上出现一大堆英文……让人不知所措。不过大家都知道，一定是程序出错了，究竟是出了什么错，为什么出错，如果软件专业人士，还可以从错误描述中找到些蛛丝马迹，而对于一般用户来说，只好到处求救或是作罢。

在许多城市，银行 ATM 机随处可见，取款非常方便。在 ATM 机上取款必须按照一定的步骤操作，若操作出错，会有相应的提示信息，以指导下一步的操作。比如密码输入错误，ATM 机将会显示“密码输入错误，请重新输入”的消息，如果三次密码输入都有误，则吞卡没商量。

上面的例子中，一个是程序出错，另一个是用户操作失误。其实，任何程序都可能在运行中出现错误，用户在操作时也难免会出现误操作。如果对于程序可能出现的错误或用户可能做的误操作，加以适当的处理，就能提高程序的实用性和可靠性，比如上述的 ATM 机例子。所以，对于可能出现的程序错误或用户误操作，必须采取相应地补救措施，保证程序的正常运行。

无论什么原因引起的程序运行不正常，都将被认为是程序出现了异常。在本项目中，将主要介绍 Java 中的异常处理。

6.1 实战任务六：防止背景图片找不到而导致的程序中断

6.1.1 任务解读

闹钟工具软件运行过程中，遇到背景图片文件有问题时会报错，如图片文件路径（黑色字体）“/images/bg1.jpg”错写为“/images/bg5.jpg”时，程序运行时就会显示异常信息，如图 6-1 所示。

```
package com.alarm.ui;
……//导入包，代码省略
public class AlarmUI extends JFrame {

    //……声明引用变量，代码省略

    public AlarmUI(){
        //初始化铃声文件路径
        String curTime = new Date().toString();
        image_1 = new
            ImageIcon(AlarmUI.class.getResource("/images/bg5.jpg")).getImage();
        image_2 = new
            ImageIcon(AlarmUI.class.getResource("/images/bg2.jpg")).getImage();
        Font font_1 = new Font("宋体", Font.PLAIN, 24);
        Font font_2 = new Font("宋体", Font.PLAIN, 14);
        Font font_3 = new Font("宋体", Font.PLAIN, 18);
        ……//后面的代码省略
```

在编写程序过程中，需要不断调试程序来修改错误，可能出现的错误情况有两种：编译时出错和运行时出错。第一种情况是在程序编译时，编译器会发现如语法或拼写等错误，并给出相应提示，比较容易修改。而第二种情况，也就是前面所讲的异常，原因比较复杂，较难处理，这需要仔细阅读出错信息，根据出现的错误类型和位置，修改程序代码。

```
Exception in thread "main" java.lang.NullPointerException
	at javax.swing.ImageIcon.<init>(Unknown Source)
	at com.alarm.ui.AlarmUI.<init>(AlarmUI.java:95)
	at com.alarm.ui.AlarmUI.main(AlarmUI.java:519)
```

图6-1　闹钟工具软件报错

对于可能出现错误的代码段，可采用 Java 提供的异常处理机制，即 try…catch…finally 语句，捕获异常并加以处理，以避免程序因出错而中断。

6.1.2　知识学习

1. 异常

异常是指发生在正常情况以外的事情，如用户输入错误、除数为零、需要的文件不存在、文件打不开、数组下标越界、内存不足等。程序在运行过程中发生这样或那样的错误是不可避免的。然而，一个好的应用程序，除了应具备用户要求的功能外，还应具备预见程序执行过程中可能产生各种异常的能力，并把处理异常的功能包括在程序中。也就是说，在设计程序时，要充分考虑到各种意外情况，不仅要保证应用程序的正确性，而且还应该具有较强的容错能力。这种对异常情况给予恰当处理的技术就是异常处理。

2. 异常处理机制

无论是程序本身或用户原因出现的问题，都属于程序中的异常，异常表示例外的事件。下面列出几种程序执行过程中，可能出现的例外情况：

① 非法运算错误
② 运行内存不足
③ 资源耗尽错误
④ 文件不存在错误
⑤ 网络无法连接

如果出现异常现象时，程序应能至少做到：

① 通知用户错误产生
② 保存相关数据
③ 用户可退出程序

用任何一种程序设计语言所设计的程序，在运行时都可能出现各种意想不到的事件或意外，计算机系统对于异常的处理通常有两种方法。

① 计算机系统本身直接检测程序中的错误，遇到错误时终止程序运行
② 由程序员在程序设计中加入处理异常的功能

由程序员在程序设计中加入处理异常的功能，又可以进一步区分为没有异常处理机制的异常处理和有异常处理机制的异常处理两种。在没有异常处理机制的程序设计语言中进行异常处理，通常是使用 if…else 或 switch…case 语句来预设人们所能设想到的错误情况，以捕获程序中可能发生的错误。在使用这种异常处理方式的程序中，对异常的监视、报告和处理的代码与程序中

完成正常功能的代码交织在一起，即在完成正常功能程序的许多地方插入了与处理异常有关的程序块。这种处理方式虽然在异常的发生点就可以看到程序如何处理异常，但它干扰了人们对程序正常功能的理解，使程序的可读性和可维护性下降，并且会由于人的思维限制，而常常遗漏一些意想不到的异常。

Java 的特色之一是异常处理机制（Exception Handling）。对于异常，Java 使用一种错误捕获方法进行处理，称为异常处理。与传统方式（用某个变量值来描述程序中出现一个或多个错误）不同，Java 采用面向对象的方法处理异常。可以使用异常类的分层结构来管理运行中的错误。异常为程序员提供了通知出错的机制。通过异常处理机制，可以预防程序代码或系统错误所造成的不可预期的结果发生，并且当这些不可预期的结果发生时，异常处理机制会尝试恢复异常发生前的状态或对这些错误结果做一些善后处理。通过异常处理机制，减少了编程人员的工作量，增加了程序的灵活性，增强了程序的可读性和可靠性。

在 Java 中预定义了很多异常类，每个异常类都代表了相应的错误，当产生异常时，如果存在一个异常类与此异常相对应，系统将自动创建一个异常类对象。

异常类的基类 Throwable 派生出两个直接子类：Error 和 Exception。Error 类及其所有子类用来表示严重的运行错误，它定义了通常无法捕捉到的异常，用于 Java 程序运行时出现了灾难性的失败，例如系统的内部错误或资源耗尽错误。如果出现这类错误，程序员只能通知用户并试图中止程序，不过这种情况较少发生。Exception 类及其子类定义了程序可以捕捉到的异常，它是读者要重点关注的，在编程中要处理的异常主要是这一类。

Exception 类的所有子类又可以分成两种类型，RuntimeException 异常和其他异常。RuntimeException 异常表示异常产生的原因是程序中存在的错误引起的。如数组下标越界、空对象引用，只要程序中不存在错误，这类异常就不会产生。其他的异常不是由于程序错误引起的，而是由于运行环境的异常、系统的不稳定等原因引起的，这一类异常应该主动地去处理。

当程序运行过程中发生异常时，可以有两种方式处理，第一种方式就是将异常交由 Java 异常处理机制的预设处理方法来处理，但无法得知程序发生何种异常，也就无法针对异常进行相应的处理。第二种方式是程序员自行处理，即采用 Java 提供的 try…catch…finally 语句对于可能出现的异常进行有的放矢地预先处理。

3. 异常的捕获和处理

（1）认识程序运行的错误类型及位置

前面已了解到，Exception 类定义了程序可捕捉的异常。Exception 类有两个重要子类：RuntimeException 和 IOException。RuntimeException 类的异常一般是编程原因，如：

① 错误的类型转换（NumberFormatException）

② 数组越界访问（ArrayIndexOutOfBoundsException）

③ 空指针访问（NullPointerException）

④ 除以零的算术操作（ArithmeticException）

IOException 类的异常原因主要一些意外情况的出现，如：

① 试图读文件结尾后的数据（EOFException）

② 试图打开一个错误的 URL（UnknownHostException）

③ 试图根据一个根本不存在的类的字符串来找一个 Class 对象(ClassNotFoundException)

NullPointerException 异常发生的原因，通常是由于应用程序企图在某个需要的对象上使用 null 值。如：

① 使用未分配内存的对象

② 调用未分配内存对象的方法

③ 访问或修改未分配内存对象的属性

④ 使用未分配内存的数组元素，前提是该元素是引用类型

需要说明的是，尚未分配内存的对象保持 null 值。

例 6-1：程序异常示例。

```
package com.except.define;
public class ExceptionDemo{
     public void arrayException(){
          Position[] p;
          p = new Position[2];
          for(int i = 0; i < p.length; i++){
               System.out.println(p[i].x);
          }
     }
     public static void main(String[] args){
          ExceptionDemo gd = new ExceptionDemo();
          gd.arrayException();
     }
}
class Postion{
     int x;
     int y;
}
```

运行结果，如图 6-2 所示。

```
Exception in thread "main" java.lang.NullPointerException
	at com.except.define.ExceptionDemo.arrayException(ExceptionDemo.java:7)
	at com.except.define.ExceptionDemo.main(ExceptionDemo.java:12)
```

图6-2 例6-1报错

由图 6-2 显示的错误信息中，可以看到出错位置在 ExceptionDemo.java 程序的第 7 行，即字体为黑色的代码行。错误类型为 NullPointerException（空指针访问异常）。

（2）捕获和处理异常

当方法中出现意外错误时，Java 自动创建 Exception 类的对象，之后 Java 把它传给程序，由一个称为 throwing an exception（引发异常）的操作完成，Exception 对象中包含了当异常发生时的错误类型信息及程序状态，最后，由异常处理代码段实现对异常的处理。图 6-3 描述了异常处理的过程。

在程序中可以用下列关键字实现异常处理：try、catch、finally。

① try 和 catch

如果 Java 方法遇到了不能处理的情况，那么它可以抛出一个异常。因此，将可能抛出异常的代码放入 try 语句中，然后用 catch 语句捕捉该异常。

```
try-catch 语法：
try{
        //可能引起异常的语句
}catch(…){
        //出错处理程序
 }
```

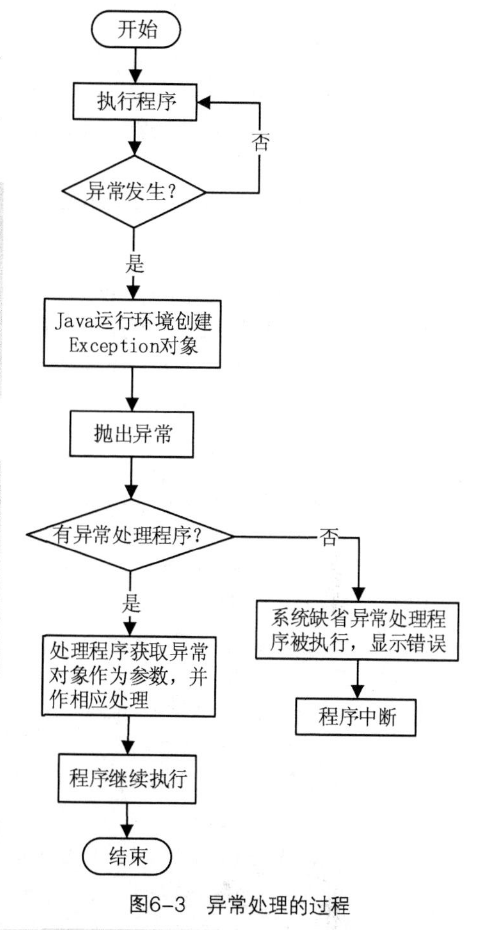

图6-3　异常处理的过程

下面是一个出现异常的代码段：

```
public void ArithTest (int num1, int num2){
    int ArithResult;
    ArithResult = num1/num2;
    System.out.println("Arith Result: "+
ArithResult);
  }
```

在上述代码里，当方法的参数 num2 的值等于零时，将引发算术异常 java.lang.Arithmetic Exception。程序出错信息是：

```
Exception in thread "main" java.lang.
ArithmeticException;/by zero at <classname>.
ArithTest (<filename>.java:<line>) at <classname>.
main(<filename>. java:<line>)
```

这个错误出现的原因，是由于 ArithTest 方法中试图执行除以零的操作，导致运行错误。从图 6-3 的异常处理过程可知，该异常出现后，算术异常对象被创建，引起程序中止并处理异常。因程序中没有异常处理程序，缺省的异常处理程序就被激活和执行，并显示上述出错消息，中止了程序的运行。

如果不希望终止程序，可以利用 Java 提供的异常处理机制来解决问题。Java 的异常处理是以结构化的方法处理异常情况。当异常发生时，Java 将在引起异常的方法里搜索异常处理（try…catch 块）代码段，如果在当前方法里没有找到异常处理代码段，则在调用方法（调用当前方法的方法）中寻找，直到系统找到适当的异常处理（某个 catch 语句捕获的异常类型与引发的异常类型一致）为止。

try 语句中包含可能出现异常的代码段，catch 语句中包含相关的异常处理程序。每个 try 语句必须随后紧跟至少一个 catch 语句。通过一个或多个 catch 语句，可以使异常处理程序对于 try 语句出现的不同类型的错误进行处理。

对于上述代码进行异常处理：

```
public void ArithTest (int num1, int num2){
    int result;
```

```
        try{
            result = num2/num1;
        }catch(ArithmeticException e){//算术异常处理代码段
            System.out.println("除数为零");
        }
        System.out.println("Result: "+result);
    }
```

RuntimeException 类的 NullPointerException 异常也是编程中常常碰到的错误，但它不像算术异常那么容易找到原因，尤其对于初学者。

举一个简单的例子。这个程序实现了对象数组的赋值。

例 6-2：NullPointerException 异常处理示例。

```
package com.except.define;
class Student
{
    String studName;
    int studAge;
    String studClass;
}
public class NullPointerTest{
    Student studObj[];
    public NullPointerTest(){
        studObj = new Student[2];
        studObj[0].studName = "LingMing";
        studObj[0].studAge = 19;
        studObj[0].studClass = "soft011";
        studObj[1].studName = "WangQing";
        studObj[1].studAge = 18;
        studObj[1].studClass = "soft012";
    }
    public void dispStudent(){
        for(int i=0;i<2;i++) {
            System.out.println(studObj[i].studName);
            System.out.println(studObj[i].studAge);
            System.out.println(studObj[i].studClass);
        }
    }
    public static void main(String args[]){
        NullPointerTest stud=new NullPointerTest();
        stud.dispStudent();
    }
}
```

运行结果，如图 6-4 所示。

```
Exception in thread "main" java.lang.NullPointerException
        at com.except.define.NullPointerTest.<init>(NullPointerTest.java:12)
        at com.except.define.NullPointerTest.main(NullPointerTest.java:27)
```

图6-4　例6-2运行报错

从图 6-4 所显示的异常信息中，可以看出程序中的黑体字代码行出现了空指针访问异常，这是因为 studObj 对象数组元素未曾分配内存。因此，try 语句块应包含对象数组的实例化代码段；另外，main 方法也需要 try 语句块。修改后的代码如下：

```
......
studObj=new Student[2];
try{
     studObj[0]=new Student();
     studObj[1]=new Student();
     studObj[0].studName = "LingMing";
     studObj[0].studAge = 19;
     studObj[0].studClass = "soft011";
     studObj[1].studName = "WangQing";
     studObj[1].studAge = 18;
     studObj[1].studClass = "soft012";
}catch(NullPointerException e){
     System.out.println("memory not allocated to object…");
}
......
NullPointerTest stud=new NullPointerTest();
try{
     stud.dispStudent();
}catch(NullPointerException e){
     System.out.println("memory not allocated to object…");
}
......
```

下面再来看一个使用多个 catch 的例子。这个程序实现了算术和数组越界的异常处理。

例 6-3：算术和数组越界异常处理。

```
package com.except.define;
public class ArithTest {
     public static void main(String args[]) {
          int ArithResult1 = 0, ArithResult2 = 0, num1, num2;
          int arr[] = {1, 2, 3};
          num1 = 0;
          num2 = 10;
          try {
               ArithResult1 = num2 / num1;
               ArithResult2 = num2 + arr[4];
          } catch (ArithmeticException e) {//算术异常处理
               System.out.println("除数为零");
```

```
            } catch (ArrayIndexOutOfBoundsException e) {//数组越界异常处理
                System.out.println("数组越界");
            } catch (Exception e) {//其他异常处理
                System.out.println("其他错误");
            }
            System.out.println("运算结果: " + ArithResult1);
            System.out.println("运算结果: " + ArithResult2);
        }
    }
```

运行结果，如图 6-5 所示。

除数为零
运算结果：0
运算结果：0

图6-5　例6-3运行结果

在上述代码中，有三个 catch 语句，分别处理算术、数据越界和其他异常。其中 Exception 类是所有可捕捉异常的基类，该类可处理所有异常，也就是说，若将捕捉 Exception 类写在前面，则其他的 catch 语句将永远不会被执行，因此，特殊异常的 catch 语句应写在前面。程序运行的结果仅显示出 ArithmeticException 异常信息，原因是程序在执行到除法运算时，被第一个 catch 语句捕捉到 ArithmeticException 类异常，程序中断，转去执行该 catch 语句中的语句，再执行所有 catch 之后的其他语句，因此，第二、三个 catch 语句不会被执行。

② finally

当异常发生时，程序将从抛出异常的语句处跳出，转去执行与之相匹配的 catch 语句，try 块中的有些语句（抛出异常的语句后面的语句）将被忽略，若无法找到相匹配的 catch 语句时，程序可能过早返回，这也许不是程序员所希望的。在某些情况下，不管异常是否发生，都需要处理某些语句，例如，打开文件，无论读的过程中出现什么问题，最后都要将文件关闭。可以利用 finally 语句来实现。

```
finally 语句的形式:
finally{
    //需要处理的语句
}
```

例如，

```
public void FinallyTest (int num1,int num2){
    try{
        num1=num1/num2; //引起算术异常
    }catch(ArithmeticException e) {
        System.out.println("捕捉到: "+ e.getMessage());//处理异常
    }finially{
        System.out.println("执行 finally");
    }
}
```

上例中，当 num2 为零时，上述代码中的 try 语句将捕捉到算术异常，然后执行 catch 语句。而 finally 语句无论程序是否出现算术异常，都会被执行。

一个 try 语句可以有 catch 语句或 finally 语句与之匹配，其中 catch 语句可以有多个，而 finally

语句只能有一个，并且 finally 语句并非必须有的。下面给出 Java 异常处理中 try…catch…finally 的各种组合用法。

③ try+catch

程序的流程是：运行到 try 块中，如果有异常抛出，则转到 catch 块去处理，然后执行 catch 块后面的语句。

④ try+catch+finally

程序的流程是：运行到 try 块中，如果有异常抛出，则转到 catch 块，catch 块执行完毕后，执行 finally 块的代码，再执行 finally 块后面的代码。如果没有异常抛出，执行完 try 块，也要执行 finally 块的代码，然后执行 finally 块后面的语句。

⑤ try+finally

程序的流程是：运行到 try 块中，如果有异常抛出，程序转向执行 finally 块的代码。那么 finally 块后面的代码还会被执行吗？不会！因为没有处理异常，所以遇到异常执行完 finally 后，方法就以抛出异常的方式退出了。这种方式中要注意的是，由于没有捕获异常，所以要在方法头部中声明抛出异常。

（3）抛出异常的方式

除了 try…catch 语句结构，Java 还提供了 throw 和 throws 异常抛出方法，下面就三种方式的用法进行比较说明。

① try…catch

用于捕获可能出现的异常，try…catch 语句块是放在方法（函数）体内的，异常处理也是由方法（函数）来完成的。

```
public void formatException(){
      try{
            //可能出现异常的代码段
            String str_10 = "123s";
            int x = Integer.parseInt(str_10);//将字符串转为 int
            System.out.println(x);
      }catch(NumberFormatException e){
            //异常抛出后的处理代码
      }
}
```

② throws

与 try…catch 相类似，throws 也是用于处理可能抛出的异常，但 throws 是放在方法（函数）头部，声明方法可能抛出的异常（一个或多个），且异常处理由方法（函数）的上层处理。

```
public void formatException() throws NumberFormatException{//抛出数据格式异常
      String str_10 = "123s";
      int x = Integer.parseInt(str_10);//将字符串转为 int
      System.out.println(x);
}
```

③ throw

throw 则是一定抛出某种异常，且放在方法（函数）体内，由方法（函数）处理，编程者可自行定义异常抛出后的信息。

需要说明的是 throw 只能抛出一种异常，且必须与 throws 或是 try…catch 联合使用。

```
public void formatException() throws NullPointException{//抛出空指针异常
    String str_10 = "123s";
    if(str_10 == null){
        throw new NullPointException("字符串未赋值");//与 throws 配套使用
    }
    try{
        //可能出现异常的代码段
        int x = Integer.parseInt(str_10);//将字符串转为 int
        System.out.println(x);
    }catch(NumberFormatException ne){//抛出数据格式异常
        //异常抛出后的处理代码
        throw ne;  //与 try…catch 配套使用
    }
}
```

三种异常抛出方式没有优劣之分，可根据使用的需要来选用其中的一种方式。

4. 自定义异常

在实际应用中，软件产品应为用户提供安全和直观的异常信息，需要统一异常展示方式，同时对于编程者定位异常位置，也会非常有帮助；有时系统中有些错误是符合 Java 语法的，但却不符合项目的业务要求，需要抛出自己想要的异常。显然，上述要求 Java 提供的异常类是无法满足的，但 Java 允许开发人员自定义异常。

自定义异常的步骤如下。

1）定义一个类继承于 Exception 类或 Throwable 类。

2）重载构造函数。

3）根据需要，重写父类的公共方法。

例 6-4：自定义异常类的示例。

```
//自定义异常类
package com.except. userexception;
public class MyException extends Exception{
    //重载构造函数
    public MyException() {
        super();
    }
    public MyException(String message) {
        super(message);
    }
    public MyException(Throwable cause) {
        super(cause);
    }
    public MyException(String message, Throwable cause,
```

```
                boolean enableSuppression, boolean writableStackTrace) {
            super(message, cause, enableSuppression, writableStackTrace);
        }
        public MyException(String message, Throwable cause) {
            super(message, cause);
        }
        //重写父类的方法
        @Override
        public String getMessage() {
            // TODO Auto-generated method stub
            return "信息: " + super.getMessage();  //改为自己需要的格式
        }
}
//自定义异常的应用类
package com.except. userexception;
public class BusinessService {
        //验证用户登录信息
        public void verifyUser(String userName, String userPwd) throws MyException{
            if(userName.equals("lisi") && userPwd.equals("123")){
                throw new MyException("登录成功");//自定义的异常信息
            }else{
                throw new MyException("用户名或密码错误");//自定义的异常信息
            }
        }
        //判断年龄是否符合要求
        public void getAge(int age) throws MyException{
            if(age>100 || age<=0){
                throw new MyException("年龄超出 0~100 的范围");//不符合业务要求
            }else{
                System.out.println("年龄:" + age);
            }
        }
}
//自定义异常应用的测试类
package com.except.userexception;
import java.util.Scanner;
public class MyExceptionApp {
        public static void main(String[] args) {
        System.out.println("请输入用户名和密码: ");
        @SuppressWarnings("resource")
        Scanner scan = new Scanner(System.in);
        String str_name = scan.next();//输入用户名
        String str_pwd = scan.next();//输入密码
        BusinessService ls = new BusinessService();
```

```
        try{
            ls.verifyUser(str_name, str_pwd);//验证用户名和密码
        }catch(MyException e){
            System.out.println(e.getMessage());//输出验证结果信息
        }
        System.out.println("请输入年龄（整型）：");
        try {
            String str_age = scan.next();//输入年龄，须为正整数
            ls.getAge(Integer.parseInt(str_age));
        } catch (MyException e) {
            System.out.println(e.getMessage());//输出验证结果信息
        }
    }
```

代码解释：

1）当 BusinessService 类 verifyUser 方法被调用执行时，若用户名和密码输入正确，会输出“信息：登录成功”，否则会输出“信息：用户名或密码错误”，由于使用 throw 关键字，无论用户名和密码是否正确均会抛出异常，同时显示出我们想要的信息格式和内容，也清晰了界面层和业务逻辑层的代码（主要指 Web 应用项目），更利于代码维护。

2）当 BusinessService 类 getAge 方法被调用执行时，若输入值超出范围，即违反了业务要求，会抛出自定义异常。

5. Logging API

在通常情况下，一个软件项目会有数量众多的类，以文件形式记录抛出的异常，对于调试和维护工作，都将会很有帮助。Java 提供了 Logging API（日志管理 API），它可以让程序记录不同级别的信息，并保存在日志文件中，一旦系统因为某种原因崩溃，通过日志就可清晰地追溯到问题所在。

Java 的日志信息有 8 个级别，按优先级从高到低顺序：SEVERE、WARNING、INFO、CONFIG、FINE、FINER、FINEST 和 ALL。

Logging API 中几个重要的类。

1）LogManager：所有 Logger 实例共享的类，用于维护 Logger 和日志服务的一组共享状态。

2）Logger：核心类，用来记录特定系统或应用程序组件的日志消息。

3）LogRecord：用于在日志框架和单个日志 Handler 之间传递日志请求。

4）Handler：用于从 Logger 中获取日志信息，并将这些信息导出。

5）Formatter：日志格式化处理器，为格式化 LogRecords 提供支持。

先来看一个小例子。

```
1 public class LoggerDemo {
2     public static void main(String[] args) {
3         Logger log = Logger.getLogger("test.log");// 创建日志类对象
4         log.info("test logger…");// 显示 INFO 级别消息
5     }
6 }
```

结合上例来描述一下日志管理类的处理流程。

1）当程序要创建 Logger 对象时，如 LogManager（Logger 工厂）已存在当前 Logger 的名字，则直接使用，否则 LogManager 读取系统配置（默认的 Java 日志框架将其配置信息存储到 jre/lib/logging.properties 文件中），设置默认级别 INFO，返回一个新的日志管理类对象。语句 3 就是通过这个方式创建一个 test.log 的日志管理类对象。

2）当使用 Logger 来生成一条日志时，首先将日志保存在 LogRecord 中，并由 LogRecord 传送给 Handler 导出信息，信息格式则是由 Formatter 事先已为 Handler 指定好的。由于 logging.properties 文件中，已设置了默认 Handler 为 java.util.logging.ConsoleHandler，Formatter 为 java.util.logging.SimpleFormatter，因此，语句 4 执行后，输出 INFO 级别信息，且信息显示于 console（控制台）上。

例 6-5：Logger 的应用示例。

```
package com.exception.log;

import java.text.DateFormat;
import java.text.SimpleDateFormat;
import java.util.Date;
import java.util.logging.ConsoleHandler;
import java.util.logging.Level;
import java.util.logging.Logger;

public class LoggerDemo {
    //创建日志管理对象，日志名为当前类的全路径
    private static Logger logger = Logger.getLogger(LoggerDemo.class.getName());
    public static void main(String[] args) {
        // TODO Auto-generated method stub
        DateFormat df = new SimpleDateFormat("dd/MM/yyyy");//日期格式
        df.setLenient(false);//精确匹配
        int x = 0;
        int y = 4;
        try{
            Date date = df.parse("04/19/2017");
            System.out.println(date);
        }catch(Exception e){
            if(logger.isLoggable(Level.SEVERE)){//判断日志信息级别
                logger.log(Level.SEVERE, "解析日期异常",e);//输出日志信息
            }
        }
    }
}
```

运行结果，如图 6-6 所示。

日志内容同时保存在默认目录的日志文件中。

```
2017-5-7 18:04:00 com.exception.log.LoggerDemo main
严重: 解析日期异常
java.text.ParseException: Unparseable date: "04/19/2017"
        at java.text.DateFormat.parse(Unknown Source)
        at com.exception.log.LoggerDemo.main(LoggerDemo.java:23)
```

图6-6 例6-5运行结果

例 6-6：自定义 Logger 的应用示例。

```
package com.exception.log;

import java.io.File;
import java.io.IOException;
import java.text.SimpleDateFormat;
import java.util.Date;
import java.util.logging.ConsoleHandler;
import java.util.logging.FileHandler;
import java.util.logging.Level;
import java.util.logging.Logger;
import java.util.logging.SimpleFormatter;

public class MyLogger{
     private static Logger logger;
     private static String fileName = "系统日志";
     public static Logger getLogger(String className) {
          logger = Logger.getLogger(className);
          setLogProperties(logger, Level.ALL);//设置为自定义配置属性
          return logger;
     }

     //自定义 Logger 属性
     private static void setLogProperties(Logger logger,Level level){
          FileHandler fh = null;
          try{
               fh = new FileHandler(getFilePath(), true);
               fh.setLevel(level);//设置 level
               fh.setFormatter(new SimpleFormatter());//设置LogRecoder的formatter
               logger.addHandler(fh);//设置 Handler
          }catch(SecurityException e){
               logger.log(Level.SEVERE, "安全性错误", e);
          }catch (IOException e) {
               // TODO Auto-generated catch block
               logger.log(Level.SEVERE, "读文件错误", e);
          }
     }
     //设置日志文件保存目录和文件
     private static String getFilePath(){
```

```
            StringBuffer filePath = new StringBuffer();
            filePath.append("log/" + fileName);
            File file = new File(filePath.toString());
            if(!file.exists()){
                file.mkdirs();
            }
            Date date = new Date();
            SimpleDateFormat sdf = new SimpleDateFormat("yyyyMMdd");
            filePath.append("/" + sdf.format(date) + ".log");
            return filePath.toString();
        }
    }
    //自定义日志类的应用
    package com.exception.log;

    import java.text.DateFormat;
    import java.text.SimpleDateFormat;
    import java.util.Date;
    import java.util.logging.Level;
    import java.util.logging.Logger;

    public class MyLoggerDemo {
        //创建自定义日志类的对象
        private static Logger logger = MyLogger.getLogger(MyLoggerDemo.class.getName());

        public static void main(String[] args) {
            // TODO Auto-generated method stub
            DateFormat df = new SimpleDateFormat("dd/MM/yyyy");
            df.setLenient(false);//精确匹配
            int x = 0;
            int y = 4;
            try{
                Date date = df.parse("04/19/2017");//df.parse("19/04/2017");
                System.out.println(date);
            }catch(Exception e){
                logger.log(Level.SEVERE, "解析日期异常",e);
            }
        }
    }
```

例 6-6 的逻辑处理部分代码与例 6-5 相同，因此，报错也是相同的，但日志内容保存的文件位置变成了“项目目录/log/系统日志/日期.log”，如图 6-7 所示。

代码解释：

1）getFilePath 方法的作用是创建日志文件的保存目录，日志文件名为当前日期。

2）setLogProperties 方法的作用是为自定义日志管理类配置属性：输出的目的地（Handler）为文件，输出信息的格式（Formatter）为 SimpleFormatter，记录信息的级别（Level）为 ALL。

3）getLogger 方法的作用是使用 Logger.getLogger 方法创建日志管理类对象，调用 setLogProperties 方法改变默认配置属性。

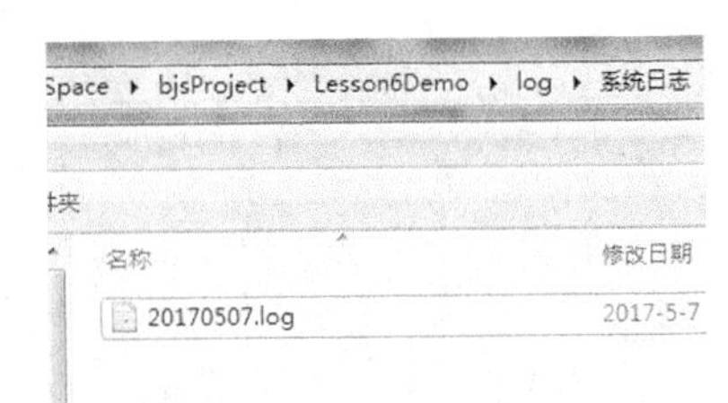

图6-7　例6-6日志文件名及所在目录

6.1.3　任务实施

（1）定义一个日志管理类

与例 6-6 中 MyLogger 类相类似，定义一个闹钟工具软件日志类 AlarmLogger，代码与例 6-6 内容基本相同，不再列出。

（2）闹钟工具软件主界面类

对于相关语句加上 try…catch，以捕获可能出现的文件读取异常。

```
    package com.alarm.ui;
    ……//导入包，代码省略
    public class AlarmUI extends JFrame {
        //声明并创建一个日志管理类
        private Logger aLogger = AlarmLogger.getLogger(AlarmUI.class.getName());
        //……声明引用变量，代码省略

        public AlarmUI(){
            //初始化铃声文件路径
            String curTime = new Date().toString();
            try{
                image_1 = new
                ImageIcon(AlarmUI.class.getResource("/images/bg5.jpg")).
getImage();
                image_2 = new
                ImageIcon(AlarmUI.class.getResource("/images/bg2.jpg")).
getImage();
            }catch(IOException e){
                aLogger.log(Level.SEVERE,"文件不存在或读取出错");//写入日志文件
            }
            Font font_1 = new Font("宋体", Font.PLAIN, 24);
            Font font_2 = new Font("宋体", Font.PLAIN, 14);
            Font font_3 = new Font("宋体", Font.PLAIN, 18);
            ……//后面的代码，省略
```

（3）系统托盘类

系统托盘上增加图标语句，也需要有捕获异常的处理。

```
    public class AlarmTray {
```

```
        public AlarmTray(AlarmUI alarmMain){
                ……//代码省略
                try{
                        systemTray.add(trayIcon);
                }catch(Exception e){
                        aLogger.log(Level.SEVERE,"系统图标文件有错");//写入日志文件
                }
            }
        }
    ……//后面的代码，省略
```

闹钟工具软件的许多功能还未完成，之后陆续实现过程中，也会遇到不少地方需要捕获异常，如读写铃声文件、播放音乐等。

同步练习：为计算器 CalculatorProj 项目的 ExpNumberCalculation 类，对于除运算进行异常处理。

练习提示： 请充分利用前面练习已写的代码。

知识梳理

• 异常是指发生在正常情况以外的事情，如用户输入错误、除数为零、需要的文件不存在、文件打不开、数组下标越界、内存不足等。程序在运行过程中发生这样或那样的意外是不可避免的。一个好的应用程序，在设计程序时，要充分考虑到各种意外情况，不仅要保证应用程序的正确性，而且还应该具有较强的容错能力。这种对异常情况给予恰当处理的技术就是异常处理。

• 计算机系统对于异常的处理通常有两种方法：①计算机系统本身直接检测程序中的错误，遇到错误时终止程序运行；②由程序员在程序设计中加入处理异常的功能。

• Java 异常处理机制（Exception Handling），使用一种错误捕获方法对异常进行处理，即异常处理。具体地说，是通过异常类的分层结构来管理运行中的错误，为程序提供预防错误发生的处理方式，还可以对已发生的错误做些善后处理，可减少编程人员的工作量，增加程序的灵活性、可读性和可靠性。

• Java API 中有许多异常类，分别代表不同的异常现象。使用异常处理机制，程序一旦发生异常，JVM 会自动创建相应的异常类对象。异常类的基类是 Throwable，其直接子类为：Error 和 Exception。Error 类及其所有子类用来表示严重的运行错误，且编程人员无法通过程序进行预处理，但发生几率较小；Exception 类及其子类定义了程序可以捕捉到的异常，它也是编程人员主要处理的异常。

• Exception 类包括 RunTimeException 异常和其他异常。RunTimeException 异常表示异常产生的原因是程序中存在的错误引起的。如数组下标越界等；其他异常不是程序本身的问题，而是由于运行环境的异常、系统的不稳定等原因引起的，这一类异常应该主动地去处理。

• Exception 类的两个重要子类：RuntimeException 和 IOException。RuntimeException 异常主要包括类型转换（NumberFormatException）、数组越界访问（ArrayIndexOutOfBoundsException）、空指针访问（NullPointerException）、除以零的算术操作

（ArithmeticException）等，这些均为其子类。

- IOException 类是其他异常中常见的一类，主要包括试图读文件结尾后的数据（EOFException）、试图打开一个错误的 URL（UnknownHostException）、试图根据一个根本不存在的类的字符串来找一个 Class 对象（ClassNotFoundException）等，这些均为其子类。
- Java 使用 try、catch 和 finally 关键字来实现异常处理机制，可以组合的方式：try+catch、try+catch+finally 和 try+finally，其中 catch 可以有多个，但要注意每个 catch 捕获异常类型应不同，且特殊异常要写在前面。
- 抛出异常的方式有三种。

1）try-catch——用于捕获可能出现的异常，try…catch 语句块是放在方法（函数）体内的，异常处理是也由方法（函数）来完成的。

2）throws——与 try…catch 相类似，throws 也是用于处理可能抛出的异常，但 throws 是放在方法（函数）头部，声明方法可能抛出的异常（一个或多个），且异常处理由方法（函数）的上层处理。

3）throw——是一定抛出某种异常，且放在方法（函数）体内，由方法（函数）处理，开发人员可自行定义异常抛出后的信息。但 throw 只能抛出一种异常，且必须与 throws 或是 try…catch 联合使用。

- 在实际应用中，自定义异常非常必要，由编程人员自己定义异常类，根据项目的业务特殊要求，抛出相应的异常，当然是 Java API 中未预定义的。自定义异常的步骤如下。

1）定义一个类继承于 Exception 类或 Throwable。

2）重载构造函数。

3）根据需要，重写父类的公共方法。

- 日志管理 API（Logging API）可以让程序记录不同级别的信息，并保存在日志文件中，一旦系统因为某种原因崩溃，通过日志就可清晰地追溯到问题所在。Java 的日志信息有 8 个级别，按优先级从高到低顺序：SEVERE、WARNING、INFO、CONFIG、FINE、FINER、FINEST 和 ALL。Logging API 有几个重要的类：①LogManager：用于维护 Logger 和日志服务的一组共享状态；②Logger：用来记录特定系统或应用程序组件的日志消息；③LogRecord：用于在日志框架和单个日志 Handler 之间传递日志请求；④Handler：用于从 Logger 中获取日志信息，并将这些信息导出；⑤Formatter：日志格式化处理器，为格式化 LogRecords 提供支持。

Java

7 Chapter

项目 7
应用输入/输出机制实现铃声上传/下载

【知识要点】

- 文件
- 流
- 字节流和字符流的使用
- 数据流和对象流的使用
- MySQL 数据库表的操作

引子：如何读取或写入数据？

手机是许多人的最爱，除了打电话，它还可以让人随心所欲地拍，照片送入计算机后，利用照片处理软件进行编辑、裁剪等处理，最后获得令人满意的相册。这里手机拍的照片就是照片处理软件的输入，而相册就是照片处理软件的输出。

通过前面几个项目的学习，读者已学会了编写闹钟工具软件程序部分功能，可是铃声文件如何保存呢？编写程序的最终目的是获得用户希望的结果（输出），而程序处理需要必要的数据对象（输入）。输入源可以是键盘、鼠标、扫描仪等设备，也可以是文件；输出的目的地可以是显示器、打印机等设备，也可以是文件。

输入/输出是程序必不可少的操作。Java 提供了多种支持文件输入/输出操作的类，本项目将利用这些类，通过案例实现不同方式的文件读写操作，来了解 Java 中输入/输出操作的实现方法。

数据不仅可以保存在文件中，当数据量大的时候，更好的方式是将数据保存在数据库中，便于对数据的管理和操作，利用 JDBC 技术访问数据库也是一个重要内容。

本章任务的主要内容是，闹钟工具软件允许用户上传新的铃声到数据库，也可以从数据库中下载铃声，运行效果如图 7-1 所示。为了更好地结合知识点的讲解，这里将任务分成两子任务。

1）获取要上传的铃声文件：从系统目录上读取要上传的铃声文件，如图 7-1（a）（b）所示。

2）实现铃声的上传和下载：上传是将 1）所读取的文件保存至数据库中，下载则是从数据库中获取铃声文件，保存到本地，闹钟设置时就可以选用了，如图 7-1（c）所示。

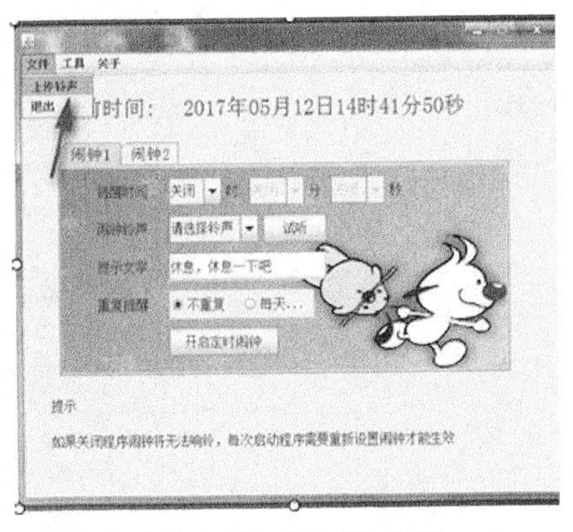

a）单击“上传铃声”选项

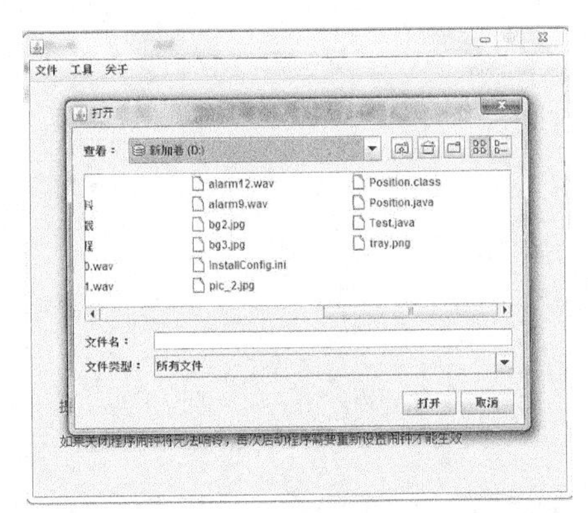

b）从系统目录上选取要上传的文件

c）显示“上传成功”

图7-1 任务运行效果

7.1 实战任务七：获取要上传的铃声文件

7.1.1 任务解读

无论是 Word 文档、Excel 表，或是图片、音乐，都是以文件形式保存在某个目录下的，当需要的时候，通过某个应用程序，如 Word、Excel、图片查看器等，就可以打开这些文件。前面几个项目中的例子，都是将运行结果输出到控制台（Console），如果需要保存到文件中，或是需要从文件读取数据，再保存到数据库中，这些都如何实现呢？Java 的 java.io 包提供了相应的 API，可以很好地支持文件的输入和输出，即文件的读和写。利用 java.io 包，就可以实现从指定目录上，读取指定音乐文件，为下一步写入数据库打下基础。

7.1.2 知识学习

1. 输入/输出

（1）输入/输出（I/O）操作

所有的程序设计语言都支持输入和输出操作。I/O 操作不仅是针对本地文件、目录的操作，还有可能面向二进制流或网络方面的资源，这使得 I/O 操作复杂多变且较为耗时。Java 对 I/O 的支持，主要体现在 java.io 包中，分为四个大组将近 80 个类。

① 基于字节操作的 I/O 接口：InputStream 和 OutputStream。

② 基于字符操作的 I/O 接口：Writer 和 Reader。

③ 基于磁盘操作的 I/O 接口：File。

④ 基于网络操作的 I/O 接口：Socket（在 java.net 包下的）。

对于 I/O 操作性能影响较大的因素是数据格式和存储方式，前两组主要数据格式不同，而后两组则是存储方式分为本地和网络两种。因此，关注这两个因素，有助于合理地使用 I/O。本项目内容主要涉及的是前三组，第四组相关类在后续项目详细介绍。

（2）流

Java 是以流的形式处理所有的输入/输出（I/O）操作。流是随通信路径从来源地移动到目的地的字节序列。

从流的方向，可以将流分为输入流和输出流。可以从其中读取一个字节序列的对象，被称为输入流，向其中写入一个字节序列的对象，则被称为输出流。这些字节序列的来源地和目的地可以是文件（通常是文件）、网络或是内存块。“入”和“出”是相对于程序而言，从流中读取数据到程序，即入，从程序写数据到流，即出。所以，只能从输入流读出，相反地，也只能写进输出流。

从数据单位，可以将流分为字符流和字节流。字符流处理的单元为两个字节的 Unicode 字符，可分别操作字符、字符数组或字符串，而字节流处理单元为 1 个字节，用于操作字节和字节数组。由于字节是计算机中最基本的数据单位，因此，字节流可以处理任何类型的数据，而字符流只能处理字符类型的数据。

从流的功能，则又可分为节点流和过滤流。节点流是使用原始的流类进行的操作，而过滤流是在节点流的基础上进行修饰以获得更多的功能，这里使用了装饰器模式。

（3）File 类

由于 I/O 操作的目标通常是文件，有必要先了解 Java 中的文件类 java.io.File。使用该类可以创建目录或文件，也可以获得文件诸多属性，如文件名、文件类型和文件大小等。File 的常用方法多为无参方法，下面直接通过例子来学习这些方法的使用。

例 7-1：File 类应用的示例。

```
package com.io.file;

import java.io.File;
import java.io.IOException;

public class FileDemo {
    public static void main(String[] args) {
        // TODO Auto-generated method stub
        //创建文件
        File file_1 = new File("d:\\test\\aaa.txt");//文件路径为d:\test\aaa.txt
        System.out.println("文件名: " + file_1.getName());
        System.out.println("文件是否存在:" + file_1.exists());
        System.out.println("文件父路径:" + file_1.getParent());
        System.out.println("文件绝对路径:" + file_1.getAbsolutePath());
        System.out.println("文件是否可读: " + file_1.canRead());
        System.out.println("文件是否可写:" + file_1.canWrite());
        System.out.println("是目录吗? " + file_1.isDirectory());
        System.out.println("是文件吗? " + file_1.isFile());
        //获取文件名，扩展名
        String path = file_1.getAbsolutePath();
        int index = path.lastIndexOf("\\");
        String filename = path.substring(index+1);
        String[] name = filename.split("\\.");
        System.out.println("文件扩展名: "+ name[1]);
        //创建目录
        File file_2 = new File("d:\\test\\mydir");
        if(!file_2.exists()){
            file_2.mkdirs();//创建多级目录，使用 mkdir();创建一级目录
        }
        System.out.println("是否存在?" + file_2.exists());
        System.out.println("是目录吗?" + file_2.isDirectory());
        System.out.println("是文件吗? " + file_2.isFile());
        File file_3 = new File(file_2, "test.txt");//在 file_2 目录下创建文件
        try {
            file_3.createNewFile();//创建新文件
        } catch (IOException e) {
            // TODO Auto-generated catch block
            e.printStackTrace();
```

```
            }
            System.out.println("是否存在?" + file_3.exists());
            System.out.println("是文件吗? " + file_3.isFile());
        }
    }
```

（4）字符流和字节流

InputStream 类、OutputStream 类、Reader 类和 Writer 类是 java.io 包最为重要的输入/输出流类。InputStream 类、OutputStream 类是以字节（byte）为对象进行输入/输出，而 Reader 类和 Writer 类是以字符（char）为对象处理输入/输出，如图 7-2 所示。

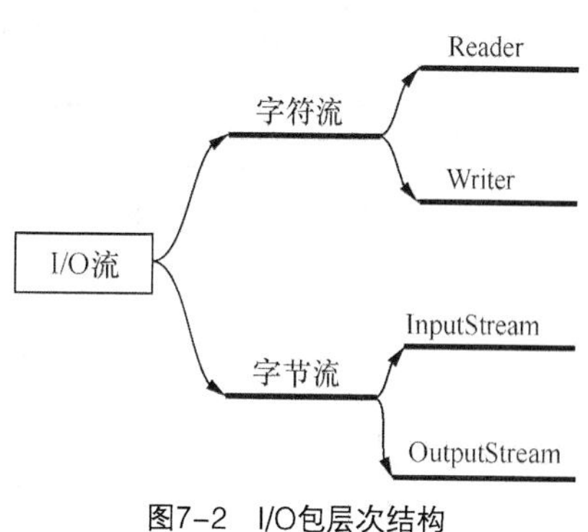

图7-2　I/O包层次结构

① InputStream/OutputStream（以字节为数据序列的流）

InputStream 和 OutputStream 均为抽象类，所有字节数据序列的流都扩展自这两个基类。

- InputStream，如图 7-3 所示。

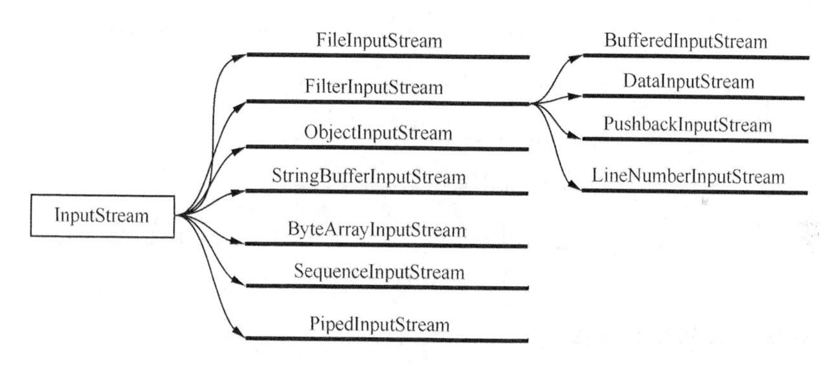

图7-3　InputStream层次结构

- OutputSteam，如图 7-4 所示。

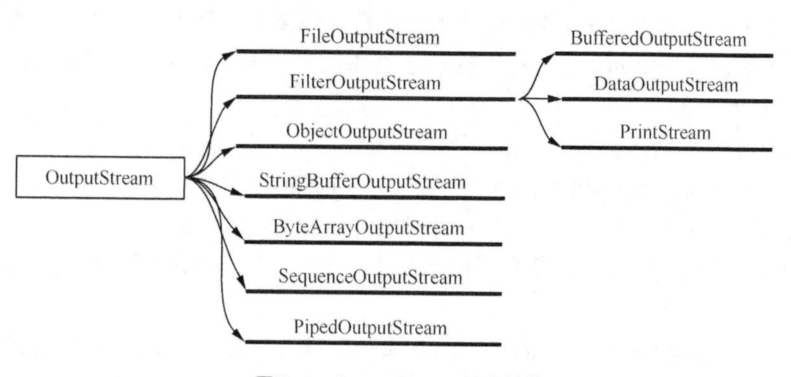

图7-4　OutputStream层次结构

② Reader/Writer（以字符为数据序列的流）

Unicode 字符序列流，表示以 Unicode 字符为单位，从流中读取或往流中写入信息。Reader/Writer 也是抽象类，以 Unicode 字符为数据序列的流都扩展自这两个基类。

- Reader，如图 7-5 所示。

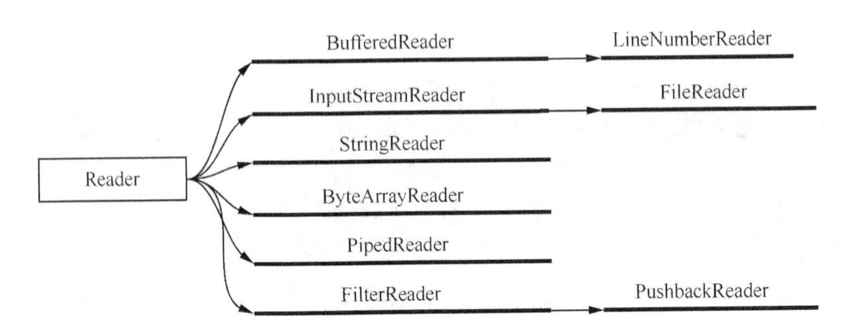

图7-5　Reader层次结构

- Writer，如图 7-6 所示。

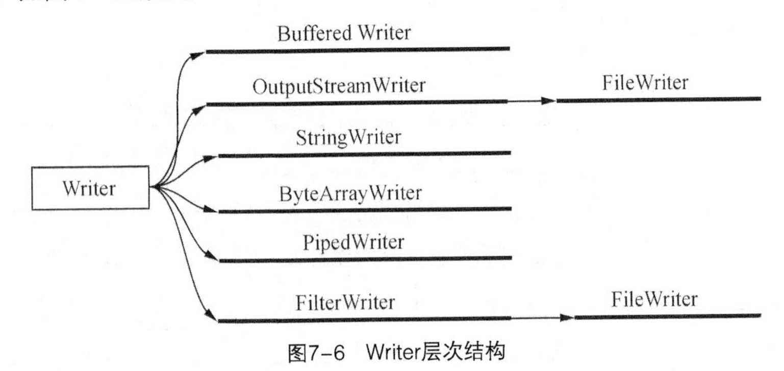

图7-6　Writer层次结构

2. 字节流和字符流读写操作

（1）字节流读写操作

① 文件输入/输出

FileInputStream 类和 FileOutputStream 类是使用字节流的方式读写文件。如果用户的文件读取要求比较简单，则可以使用 FileInputStream 类，该类继承自 InputStream 类。FileOutput Stream 类与 FileInputStream 类对应，提供了基本的文件写入能力。FileOutputStream 类是 OutputStream 类的子类。

FileInputStream 类常用的构造方法如下。

- FileInputStream(String name)：根据参数 name 创建流文件读入类，name 为路径和文件名。
- FileInputStream(File file)：根据 File 类对象创建流文件读入类。

第一个构造方法比较简单，但第二个构造方法，允许文件连接输入流之前，先对文件做前期分析。

FileOutputStream 类有与 FileInputStream 类相同参数的构造方法，创建 FileOutputStream 对象时，可以指定不存在的文件名，但不能是一个已被其他程序打开的文件。下面举例说明

FileInputStream 类和 FileOutputStream 类读写文件的方法。

例 7-2：使用 FileOutputStream 类向文件 word.txt 写入信息，然后通过 FileInputStream 类将文件中的数据读取到程序，并通过控制台显示文件内容。

```
package com.io.byterw;

import java.io.FileInputStream;
import java.io.FileOutputStream;
import java.io.IOException;

public class FileRW { // 创建类
     File file;
     public void readFile(){//读取文件
          FileInputStream in = null;
          try {
               //创建 FileInputStream 类对象
               in = new FileInputStream(file);
               byte byt[] = new byte[1024]; // 创建 byte 数组
               int len = in.read(byt); // 从文件中读取信息
               // 将文件中信息输出
               System.out.println("文件中的信息是: " + new String(byt, 0, len));
          } catch (Exception e) {
               e.printStackTrace(); // 输出异常信息
          }finally{
               try{
                    if(in != null)  in.close(); // 关闭流
               }catch(IOException e){
                    e.printStackTrace(); // 输出异常信息
               }
          }
     }
     public void writeFile(){//写入文件
          file = new File("d:\\word.txt"); // 创建文件对象
          FileOutputStream out = null;
          try { //捕捉异常
               //创建 FileOutputStream 对象
               out = new FileOutputStream(file);
               // 创建 byte 型数组
               byte buy[] = "我有一只小毛驴，我从来也不骑。".getBytes();
               out.write(buy); // 将数组中信息写入到文件中
          } catch (Exception e) { // catch 语句处理异常信息
               e.printStackTrace(); // 输出异常信息
          }finally{
               try{
```

```
                    if(out != null) out.close(); // 关闭流
                }catch(IOException e){
                    e.printStackTrace(); // 输出异常信息
                }
            }
        }
        public static void main(String[] args) {
            FileRW filerw = new FileRW();
            filerw.writeFile();
            filerw.readFile();
        }
    }
```

运行结果，如图 7-7 所示。

图7-7　例7-2运行结果

说明

虽然在程序结束时，JVM 会自动关闭所有打开的流，但显式地关闭打开的流是一个好习惯。若未及时关闭一个被打开的流可能会用尽系统资源（取决于平台和实现），且其他程序也将无法使用。

② 对象输入/输出

Java 是面向对象的程序设计语言，对象是其中一种重要的数据。I/O 操作除了对基本数据类型（如整型、字符型）实现读写操作，还需实现将对象形式的数据写入到文件中，或从文件中读取。

与基本数据类型相比，对象包含的内容复杂，为了在读写对象时，不至于出现数据乱序现象，Java 提供了一种对象序列化的机制。即一个对象可以被表示为一个字节序列，该字节序列包括该对象的数据、有关对象的类型的信息和存储在对象中数据的类型，或称为保存对象“状态”。将序列化对象写入文件之后，也可从文件中读出，对它进行反序列化，即使用对象的类型信息、对象的数据，以及存储在对象中的数据类型，在内存中新建对象，也可以说是将字节序列重新组装成对象。

ObjectOutStream 和 ObjectInputStream 类用于写入对象流和读取对象流，包含了序列化和反序列化对象的方法，即 ObjectOutStream 类中 writeObject 方法和 ObjectInputStream 类的 readObject 方法，它们的定义分别如下。

- public final void writeObject(Object x) throws IOException：该方法用于序列化对象 x，并发送到输出流。
- public final Object readObject() throws IOException, ClassNotFoundException：该方法

从流中取出下一个对象，并将该对象反序列化，它的返回值为 Object 类，因此，还需要将它转换成合适的数据类型。

序列化后的对象，既可以被读写到文件，也可以传输于网络之间。序列化对象的前提是该对象可被序列化，需要其所属类先实现 Serializable 接口，该接口是一个标识性接口，标注该类对象是可被序列化的。之后就可以使用输出流来构造一个对象输出流，通过 writeObject 方法实现对对象的写出（即保存其状态）；此时，再用输入流建立一个对象输入流，利用 readObject 方法可从流中读取该对象。

例 7-3：将 Student 类对象写入 out.txt 文件中，之后从 out.txt 文件中读出该对象。

```
package com.io.byterw;

import java.io.FileInputStream;
import java.io.FileOutputStream;
import java.io.IOException;
import java.io.ObjectInputStream;
import java.io.ObjectOutputStream;

public class ObjectRW {
     public void writeObjectFile(){//将对象写入文件
          FileOutputStream fos = null;
          ObjectOutputStream oos = null;
          Students s = new Students();
          s.name = "张三";
          s.age = 19;
          s.sex = "男";
          try{
               fos = new FileOutputStream( "d:\\out.txt");//字节输出流对象
               oos = new ObjectOutputStream(fos);//对象输出流对象
               oos.writeObject(s);//写入对象
          }catch(IOException e){
               e.printStackTrace();
          }finally{
               try{
                    if(oos != null) oos.close();
                    if(fos != null) fos.close();
               }catch(IOException e){
                    e.printStackTrace();
               }
          }
     }
     public void readObjectFile(){//从文件中读取对象
          FileInputStream fis = null;
          ObjectInputStream ois = null;
          try{
```

```
                fis = new FileInputStream("d:\\out.txt");//字节输入流对象
                ois = new ObjectInputStream(fis);//对象输入流对象
                Students st = null;
                st = (Students)ois.readObject();//读取对象
                System.out.println(st.name + " " + st.age + " " + st.sex);
            }catch(IOException e){
                e.printStackTrace();
            }catch (ClassNotFoundException e) {
                // TODO Auto-generated catch block
                e.printStackTrace();
            }finally{
                try{
                    if(fis != null) fis.close();
                    if(ois != null) ois.close();
                }catch(IOException e){
                    e.printStackTrace();
                }
            }
        }

        public static void main(String[] args) {
            // TODO Auto-generated method stub
            ObjectRW obw = new ObjectRW();
            obw.writeObjectFile();
            obw.readObjectFile();
        }
    }

    //定义一个可序列化的Student类
    class Students implements java.io.Serializable{//实现Serializable接口
        String name;
        String sex;
        int age;
    }
```

③ 缓冲流

与字节流不同的是，JVM会为缓冲流开辟一个缓冲区，将每次读取的字节先存到缓冲区中，当缓冲区存满时，再将缓冲区中的内容写入到其他文件中，否则，不会写入。

例如，文件大小为1024字节，缓冲区大小设置为100字节，需要11次完成读取，但第11次只有24字节，缓冲区未满，此时不会将缓冲区内容写入另一文件，可以调用缓冲流类的flush方法，将缓冲区最后24字节的内容强制读出并写入文件。

Java中缓冲流类为：BufferedInputStream和BufferedOutputStream，通过使用缓冲流，可提高I/O操作的效率。使用时，需要使用字节流对其进行实例化。如：

```
    BufferedInputStream bis  = new BufferedInputStream(new FileInputStream(文件路径));
```

例 7-4：利用缓冲流来读写文件的示例。

```
package com.io.byterw;

import java.io.BufferedInputStream;
import java.io.BufferedOutputStream;
import java.io.FileInputStream;
import java.io.FileOutputStream;
import java.io.IOException;

public class byteBufferFileRW {

    public void byteBufferReadFile(){//缓冲流读文件
        FileInputStream fis = null;
        BufferedInputStream bufi = null;
        byte[] byteArray = new byte[1024];
        try {
            fis = new FileInputStream(("d:\\in.txt"));//创建字节输入流对象
            bufi = new BufferedInputStream(fis);//创建缓冲输入流对象
            while(bufi.read(byteArray) != -1){//缓冲输入流对象读字节数组
                System.out.println(new String(byteArray,"utf-8"));
            }
        } catch (IOException e) {
            // TODO Auto-generated catch block
            e.printStackTrace();
        }finally{
            try {
                if(bufi != null) bufi.close();//关闭缓冲
                if(fis != null) fis.close();//关闭文件输入流
            } catch (IOException e) {
                // TODO Auto-generated catch block
                e.printStackTrace();
            }
        }
    }

    public void byteBufferWriteFile(){//缓冲流写文件
        FileOutputStream fos = null;
        BufferedOutputStream bufo = null;
        String[] str = new String[]{"line1","line2","line3","line4"};
        try{
            fos = new FileOutputStream("d:\\out.txt"));//创建字节输出流对象
            bufo = new BufferedOutputStream(fos);//创建缓冲输出流对象
            for(int i = 0; i<str.length; i++){
                bufo.write(str[i].getBytes());//缓冲输出流写数据
            }
        }catch (IOException e) {
```

```
                // TODO Auto-generated catch block
                e.printStackTrace();
            }finally{
                try {
                    if(bufo != null) bufo.close();//关闭缓冲
                    if(fos != null) fos.close();//关闭文件输出流
                } catch (IOException e) {
                    // TODO Auto-generated catch block
                    e.printStackTrace();
                }
            }
        }

    public static void main(String[] args) {
        // TODO Auto-generated method stub
        byteBufferFileRW bbf = new byteBufferFileRW();
        bbf.byteBufferReadFile();
        bbf.byteBufferWriteFile();
    }
}
```

与 InputStream 相比，BufferedInputStream 多了一个缓冲区，执行 read 方法时，先读缓冲区，如缓冲区空时要先将数据充满缓冲区后才能再读，因此，如果所读文件内容的字节数与缓冲区默认值（8192 字节）相近或远远超出，两者的效率差异不大，OutputStream 和 BufferedOutputStream 也有类似的情况。

（2）字符流读写操作

使用 FileOutputStream 类向文件中写入数据与使用 FileInputStream 类从文件中将内容读出来，存在一点不足，即这两个类都只提供了对字节或字节数组的读写方法。由于 Java 中的字符是 Unicode 编码，是双字节的，汉字在文件中占两个字节，如果使用字节流，读取过程可能会出现乱码现象。此时采用字符流 Reader 或 Writer 类，即可避免这种现象。

FileReader 和 FileWriter 字符流对应了 FileInputStream 和 FileOutputStream 类，构造方法也类同。FileReader 顺序地读取文件，只要不关闭流，每次通过 read 方法就能顺序地读取源中其余的内容，直到源的末尾或流被关闭。

例 7-5：字符流结合缓冲来读写文件的示例。

```
package com.io.charrw;

import java.io.BufferedReader;
import java.io.BufferedWriter;
import java.io.FileReader;
import java.io.FileWriter;
import java.io.IOException;

public class CharBufferFileRW {
```

```
    public void charBufferReadFile(){//缓冲流读字符文件
        FileReader fr = null;
        BufferedReader bufr = null;
        try{
            //创建输入流对象
            fr = new FileReader(CharBufferFileRW.class
                                .getResource("/files/in.txt").getFile());
            bufr = new BufferedReader(fr);
            String line = null;
            while((line = bufr.readLine()) != null){//读取一行
                System.out.println(line);
            }
        }catch(IOException e){
            e.printStackTrace();
        }
    }

    public void charBufferWriteFile(){//缓冲流写字符文件
        String[] str={"line1","line2","line3","line4"};
        FileWriter fw = null;
        BufferedWriter bufw = null;
        try{
            //创建输出流对象
            fw = new FileWriter(CharBufferFileRW.class
                                .getResource("/files/out.txt").getFile());
            bufw = new BufferedWriter(fw);
            for(int i=0;i<str.length;i++){
                bufw.write(str[i]);//写入文件
                bufw.flush();//将缓冲区一次性输出到文件
            }
        }catch(IOException e){
            e.printStackTrace();
        }
    }

    public static void main(String[] args) {
        // TODO Auto-generated method stub
        CharBufferFileRW cb = new CharBufferFileRW();
        cb.charBufferReadFile();
        cb.charBufferWriteFile();
    }
}
```

代码解释：

通过 FileReader 类，可将文件的内容以字符方式显示出来，但每次读取是以字符为单位的，而 BufferedReader 类提供了 readLine 方法，可实现每次读取一行，提高效率。

3. 字节流与字符流间的转换

在实际应用中，有时需要将字节流转为字符流，如从网络上读取的输入流为字节流，本地使用时，通常要以字符形式显示（后续项目还会有进一步的介绍）。Java.io 包中的 InputStream-Reader 和 OutputStreamWriter 类是字节流与字符流间转换的桥梁。

InputStreamReader 类常用的构造方法如下。

InputStreamReader(InputStream in)：根据 InputStream 类创建字符输入流对象。

InputStreamReader(InputStream in, String charsetName)：根据 InputStream 类和指定的编码格式，创建字符输入流对象。

InputStreamReader 类提供的 read 方法，也是以单个或一组字符为单位进行读取的，同样地，可以利用 BufferedReader 类对其包覆，提高读取的效率。

OutputStreamWriter 类常用的构造方法如下。

OutputStreamWriter (OutputStream in)：根据 OutputStream 类创建字符输出流对象。

OutputStreamWriter (OutputStream in, String charsetName)：根据 OutputStream 类和指定的编码格式，创建字符输出流对象。

对应地，可以利用 BufferedReader 类对 OutputStreamWriter 进行包覆，从而更有效地进行写入。

例 7-6：字节流与字符流转换的示例。

```
package com.io.byteTochar;

import java.io.BufferedInputStream;
import java.io.BufferedReader;
import java.io.BufferedWriter;
import java.io.FileOutputStream;
import java.io.IOException;
import java.io.InputStreamReader;
import java.io.OutputStreamWriter;

public class ByteToCharFile {
    public void readFromByteFile(){//字节输入流转为字符输入流
        BufferedReader bufr = null;
        InputStreamReader isr = null;//字节转字符流读取器
        try {
            //将控制台输入作为输入流，创建字节/字符转换输入流对象
            isr = new InputStreamReader(System.in);
            bufr = new BufferedReader(isr);//利用 BufferedReader 包覆输入流对象
            String str = null;
            while((str = bufr.readLine()) != null){//利用BufferedReader对象读取一行
                System.out.println(str);
            }
        } catch (IOException e) {
            // TODO Auto-generated catch block
            e.printStackTrace();
        }finally{
            try {
```

```
                    if(bufr != null) bufr.close();//关闭缓冲
                    if(isr != null) isr.close();//关闭文件输入流
                    if(fis != null) fis.close();//关闭文件输入流
                } catch (IOException e) {
                    // TODO Auto-generated catch block
                    e.printStackTrace();
                }
            }
        }

        public void writeToCharFile(){//字节输出流转为字符输出流
            FileOutputStream fos = null;
            OutputStreamWriter osr = null;
            BufferedWriter bufw = null;
            try{
                fos = new FileOutputStream(ByteToCharFile.class
                                .getResource("/files/out.txt").getFile());
                //创建字节/字符转换输出流对象
                osr = new OutputStreamWriter(fos);
                bufw = new BufferedWriter(osr); //利用BufferedWriter包覆输出流对象
                //写入文件
                String[] strs = new String[]{"aaa","bbb","ccc"};
                for (int i=0; i<strs.length; i++){
                    bufw.write(strs[i]); //利用 BufferedWriter 对象写入字符串
                }
            }catch(IOException e){
                e.printStackTrace();
            }finally{
                try {
                    if(bufw != null) bufw.close();//关闭缓冲
                    if(osr != null) osr.close();//关闭文件输入流
                    if(fos != null) fos.close();//关闭文件输入流
                } catch (IOException e) {
                    // TODO Auto-generated catch block
                    e.printStackTrace();
                }
            }
        }

        public static void main(String[] args) {
            // TODO Auto-generated method stub
            ByteToCharFile bcf = new ByteToCharFile();
            bcf.readFromByteFile();
            bcf.writeToCharFile();
        }
    }
```

运行结果，如图 7-8 所示。

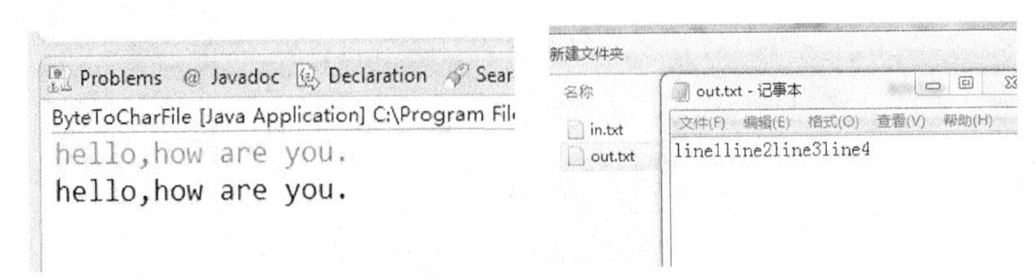

图7-8 例7-6运行结果

例 7-6 的 readFromByteFile 方法在 InputStreamReader 实例化时，为构造方法提供的参数是 System.in（标准输入流），即从控制台输入数据，当然，也可采用 FileInputStream 对象作为参数，留给读者自行完成。

前面所提及的字节流和字符流，它们的读写是以字节或字符为单位，而在许多情况下，希望能够直接读写常用类型如 int、String 等，FilterInputStream/FilterOutputStream（InputStream/OutputStream 的包装类）的子类：DataInputStream/DataOutInputStream 提供了一些方法，如 readInt、readFloat、writeInt 方法等，可以满足要求，使用方法与字节流/字符流相关类类同。

7.1.3 任务实施

利用文件选择组件来选择目录和文件，得到文件路径，并定义了 Translate 类实现上传和下载功能。在项目 5 任务实施的基础上，对闹钟工具软件进行功能扩展。

```
package com.alarm.ui;

……//省略部分包导入代码
import java.io.File;
import java.util.ArrayList;
import java.util.Date;
import java.util.List;
import java.util.Vector;

import javax.swing.ButtonGroup;
import javax.swing.ImageIcon;
import javax.swing.JButton;
import javax.swing.JComboBox;
import javax.swing.JFileChooser;
import com.alarm.ui.AlarmPanel;
import com.alarm.utility.UploadFiles;

public class AlarmUI extends JFrame {

    private static final long serialVersionUID = 1L;
    private JPanel alarmPanel_0;
    ……//部分引用变量声明代码，省略

    public AlarmUI(){
```

```
        ……//部分代码，省略

        menuBar = new JMenuBar(); //菜单栏
        menu_file = new JMenu("文件"); //菜单
        menu_tools = new JMenu("工具"); //菜单
        menu_about = new JMenu("关于"); //菜单

        menuItem_ring = new JMenuItem("上传铃声"); //菜单选项
        menuItem_ring.addActionListener(new ActionListener(){
            @Override
            public void actionPerformed(ActionEvent arg0) {
                // TODO Auto-generated method stub
                //创建文件选择器
                JFileChooser fileChoose = new JFileChooser();
                fileChoose.setMultiSelectionEnabled(true); //文件可多选
                fileChoose.showOpenDialog(AlarmUI.this); //打开文件选择对话框
                File[] files = fileChoose.getSelectedFiles();
                //I/O 处理：上传多个音乐文件
                boolean rs = TranslateFiles.UploadHandle(files);
                if(rs){
                    JOptionPane.showMessageDialog(null, "上传成功");
                }else{
                    JOptionPane.showMessageDialog(null, "上传失败");
                }
            }
        });

        ……//部分代码，省略

        this.setPreferredSize(new Dimension(600, 500));
        this.setDefaultCloseOperation(JFrame.HIDE_ON_CLOSE);
        this.pack();
        this.setLocationRelativeTo(null);
        this.setResizable(false);
        this.setVisible(true);
    }
    ……//后续代码，省略
}

//TranslateFiles 类：上传和下载铃声
package com.alarm.utility;

import java.io.BufferedInputStream;
import java.io.BufferedOutputStream;
import java.io.File;
```

```
import java.io.FileInputStream;
import java.io.FileNotFoundException;
import java.io.FileOutputStream;
import java.io.IOException;
import java.math.RoundingMode;
import java.text.DecimalFormat;
import java.util.List;
import java.util.logging.Level;
import java.util.logging.Logger;
import javax.swing.JOptionPane;
import com.alarm.dao.DAOTFiles;
import com.alarm.dao.TFiles;
import com.alarm.ui.AlarmUI;
public class TranslateFiles{
    private static Logger aLogger = AlarmLogger.getLogger(AlarmUI.class.getName());
    //多文件上传处理
    public static boolean UploadHandle(File[]  files){
        boolean rs = false;
        int count = 0;
        for(int i = 0; i < files.length; i++){
            rs = sendFile(files[i]);                    //上传文件
            if(rs) count++;
        }
        return (count == files.length)?true:false;
    }
    //上传铃声
    private static boolean sendFile(File file) {
        // TODO Auto-generated method stub
        FileInputStream fis = null;
        BufferedInputStream buf_is = null;
        DAOTFiles daot = new DAOTFiles();
        TFiles tfile = new TFiles();
        boolean flag = false;
        try {
            //创建文件对象，读入流，用于读取本地文件
            file = new File(file.getPath());
            fis = new FileInputStream(file);
            buf_is = new BufferedInputStream(fis);

            byte[] i_byte = new byte[fis.available()];
            //将文件读到字节数组
            buf_is.read(i_byte, 0, i_byte.length);
            flag = true;
        } catch(Exception e) {
            // TODO Auto-generated catch block
```

```
                aLogger.log(Level.SEVERE, "文件读取出错");
                e.printStackTrace();
            }finally{
                try {
                    if(buf_is != null) buf_is.close();
                    if(fis != null) fis.close();
                } catch (IOException e) {
                    // TODO Auto-generated catch block
                    aLogger.log(Level.SEVERE, "输入流关闭出错");
                    e.printStackTrace();
                }
            }
            return flag;
        }

        //格式化文件长度
        private static String getFileSize(long bytes){
            //设置数字格式，保留一位有效小数
            DecimalFormat df = new DecimalFormat("#0.0");
            df.setRoundingMode(RoundingMode.HALF_UP); //四舍五入
            double size = ((double)bytes) / (1<<30);//1024*1024*1024
            if(size >= 1) return df.format(size) + "GB";
            size = ((double)bytes)/ (1<<20);//1024*1024
            if(size >= 1 ) return df.format(size) + "MB";
            size = ((double)bytes)/ (1<<10);//1024
            if(size >= 1 ) return df.format(size) + "KB";
            return df.format(size) + "B";
        }
    }
```

代码解释：

1）AlarmUI 类中菜单项 menuItem_ring 单击事件中，创建文件选择器对象，通过方法 fileChoose.setMultiSelectionEnabled(true)；设置文件可多选，利用方法 fileChoose.showOpenDialog(AlarmUI.this); 打开文件选择器，并得到 File 类数组，调用 Translate 类的方法 UploadHandle(File[] files)，实现文件上传（字体加粗部分）。

2）UploadHandle 方法将指定目录下的文件读取，临时保存在 i_byte 字节数组。

3）getFileSize 方法实现以 GB、MB、KB 形式表示文件大小，其中运用了左移运算，左移 1 位表示乘以 2，因此，1<<30 表示 1 左移 30 位，即 1*2^30=1073740824=1 GB。

同步练习：创建一个音乐播放器项目 MusicPlayerProj，创建包 com.musicplayer.main，在该包中创建类 MusicPlayerMain，作为播放器的主界面（效果参考图 7-9），能够通过下拉框显示音乐文件列表，选择某个音乐文件，通过从该文件所在指定目录读取文件内容，并显示读取成功。

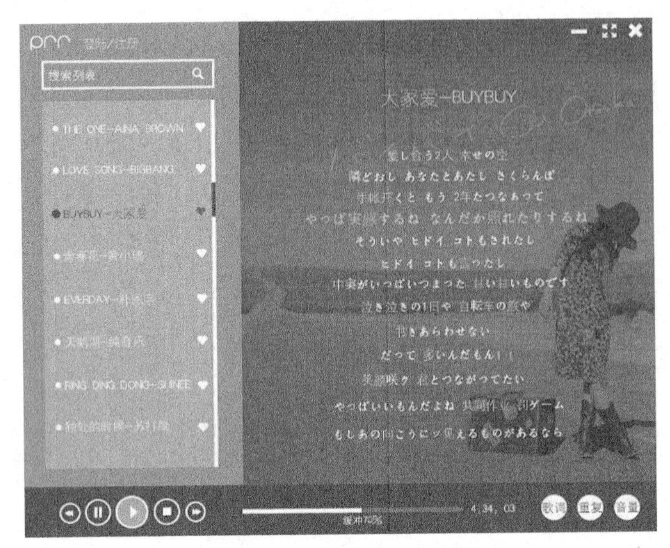

图7-9 音乐播放器界面效果

说明

JDK7 及以上增强了 try 功能，它允许在 try 关键字后紧跟一对圆括号，圆括号可以声明、初始化一个或多个资源（此处资源是指在程序结束时必须显式关闭的资源，比如 IO 流、网络连接等），即 try-with-resources 机制，它会确保在语句的最后每个资源都会被关闭，前提是资源应是任何实现了 java.lang.AutoCloseable 的对象，包括所有实现了 java.io.Closeable 的对象。本项目中输入/输出流类，包括 FileReader/FileWriter、FileInputStream/FileOutputStrem、、BufferedReader/BufferedWriter、BufferedInputStream/BufferedOutputStream 均已实现了 AutoCloseable 接口，因此，使用 IO 流类读写文件的代码就可以更为简洁。以读取字节流代码段为例：

```
byte[] byteArray = new byte[1024];
try (FileInputStream fis = new FileInputStream(("d:\\in.txt"));
    BufferedInputStream bufi = new BufferedInputStream(fis)){
        while(bufi.read(byteArray) != -1){//缓冲输入流对象读字节数组
            System.out.println(new String(byteArray,"utf-8"));
        }
} catch (IOException e) {
    e.printStackTrace();
}
```

7.2 实战任务八：实现铃声的上传与下载

7.2.1 任务解读

本项目任务七已完成了从系统目录读取文件的功能。本任务需要将文件写入数据库，即保存在数据库中。由于 Java 语言与访问数据库表所用的 SQL 查询语言无法直接交互，为此数据库厂商面向不同的编程语言提供了相应的驱动程序，利用数据库驱动程序类，以及 java.sql 包中的类 Connection、Statement 和 ResultSet 等，就可以实现文件上传到数据库表，或是从数据库读取文件到本地。

7.2.2 知识学习

1. JDBC

JDBC（Java Data Base Connectivity，Java 数据库连接）是一种用于执行 SQL 语句的 Java API，包括一组接口和类，是连接数据库和 Java 应用程序的纽带，它可以为多种关系型数据库提供统一的访问方式，主要完成的任务如下。

1）Java 程序连接到数据库。

2）创建 SQL 语句。

3）执行 SQL 语句，访问数据库。

4）查看和处理结果记录。

一般 JDBC 体系结构，采用两层处理模型进行数据库访问（见图 7-10）。

1）JDBC API：提供了 Java 应用程序对于 JDBC 的管理连接。

2）JDBC Driver API：提供了支持 JDBC 管理器到驱动器连接。

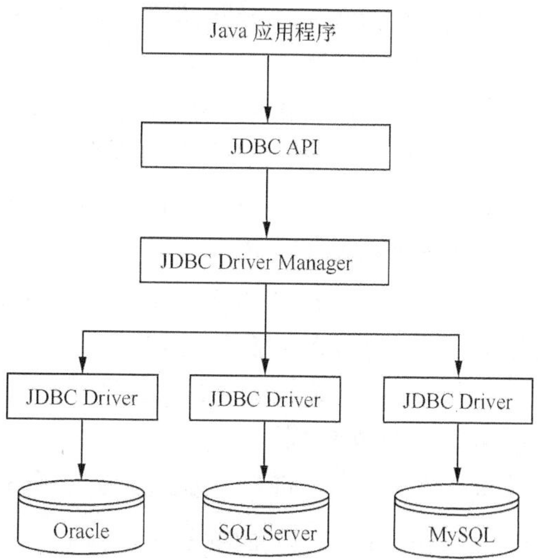

图7-10　JDBC体系结构

2. JDBC 接口和类

（1）DriverManager 类

管理数据库驱动程序的列表，确定内容是否匹配 Java 应用程序使用的通信子协议，是否能够响应数据库驱动程序的请求。

（2）Driver 接口

用于处理与数据库服务器的通信。通常由数据库厂家提供实现了该接口的驱动程序，如 MySQL 的驱动类为 com.mysql.jdbc.Driver，Oracle 的驱动类为 oracel.jdbc.driver.OracleDriver，SQL Server 的驱动类为 com.microsoft.sqlserver.jdbc.SQLServerDriver 等。开发人员只要通过 java.lang. Class 类的 forName（驱动类名）方法，装载数据库驱动类即可。

（3）Connection 接口

此接口对象表示数据库连接上下文，用于与指定数据库建立连接（会话），在连接上下文中执行 SQL 语句，并返回结果。

使用方法 DriverManager.getConnection(url,user,password)，可以创建 Connection 接口对象。

（4）Statement 接口

用于执行静态 SQL 语句，并返回执行结果。有三种 Statement 类。

① Statement：由 createStatement 方法创建，发送不带参数的 SQL 语句。

② PreparedStatement：继承自 Statement 接口，由 prepareStatement 方法创建，发送带参数的 SQL 语句，其效率和安全性均优于 Statement。

③ CallableStatement：继承自 PreparedStatement 接口，由 prepareCall 方法创建，用于调用存储过程。

Statement 接口常用方法如下。

① executeQuery()：执行查询语句，返回 ResultSet 结果集。

② executeUpdate()：执行 INSERT、UPDATE 或 DELETE 更新语句，返回更新的行数。

（5）ResultSet 接口

用于保存查询结果集，并提供对结果集的检索操作，通常使用 next 方法实现结果集的滚动，可以通过 getXXX(int column_number)方法检索 ResultSet 行中数据，这里 XXX 指列的数据类型如 String、Integer 或 Float，column_number 指出结果集中列号。

3. 访问数据库

我们以查询为例，介绍访问数据库的一般步骤。

（1）加载驱动器

任何程序与数据库间的交互，都需要借助于数据库驱动器，因此，操作数据库表前，首先根据所使用的数据库，确定数据库厂商提供的驱动器，并装载该驱动器。如：

```
Class.forName("com.mysql.jdbc.Driver");//加载 MySQL 驱动器类
```

（2）连接数据库

创建 Connection（连接）对象，识别被连接与查询的数据库。在应用中，一个 Connection 对象可以与一个或多个数据库连接。

使用 DriverManager 类的 getConnection(url,user,password)方法建立与数据库连接。其中参数 url 由三部分组成：

```
<protocol>:<subprotocol>:<subname>
```

① <protocol> ：是指 jdbc。

② <subprotocol>：是于标识数据库驱动程序。

③ <subname>：用于标识数据库。

假设数据库系统运行于本机，要访问的数据库名为 myDB，常用三种 JDBC url 表示如下。

```
Oracle 数据库——jdbc:oracle:thin:@localhost:1521:myDB
SQL Server 数据库——jdbc:sqlserver://localhost:1433;databaseName=myDB
MySQL 数据库——jdbc:mysql://localhost:3306/myDB
```

（3）查询数据库

使用 Statement 对象把 SQL 查询语句发送到数据库，使用 executeQuery()、executeUpdate()方法执行 SQL 查询语句，并返回结果。

例 7-7：简单查询的示例。

```
package com.io.rwdb;

import java.awt.BorderLayout;
import java.awt.event.ActionEvent;
import java.awt.event.ActionListener;
import java.sql.Connection;
import java.sql.DriverManager;
import java.sql.PreparedStatement;
import java.sql.ResultSet;
import java.sql.SQLException;
```

```
import java.sql.Statement;
import javax.swing.JButton;
import javax.swing.JFrame;
import javax.swing.JPanel;
import javax.swing.JTextArea;
import javax.swing.JTextField;

public class QueryMysqlDB extends JFrame{
    JPanel panel,panel_0;
    JButton btnSearch;
    JTextField txtDeptNo;
    JTextArea txtDeptInfo;

    public QueryMysqlDB(){
        panel_0=new JPanel();
        panel=new JPanel();
        panel_0.setLayout(new BorderLayout());
        btnSearch=new JButton("Search");
        //绑定按钮监听器
        btnSearch.addActionListener(new ActionListener(){
            @Override
            public void actionPerformed(ActionEvent e) {
                // TODO Auto-generated method stub
                txtDeptInfo.setText("result:"+"\n");
                searchInfoByAll();//查询所有记录
            }});

        txtDeptNo=new JTextField(20);
        txtDeptInfo=new JTextArea();
        txtDeptInfo.setEnabled(false);

        panel.add(txtDeptNo);
        panel.add(btnSearch);
        panel_0.add(panel,BorderLayout.NORTH);
        panel_0.add(txtDeptInfo,BorderLayout.CENTER);
        this.add(panel_0);
        this.setVisible(true);
        this.setSize(400,400);
    }

    public void searchInfoByAll(){
        Connection con=null;//声明连接变量
        try{
            Class.forName("com.mysql.jdbc.Driver");//加载驱动程序类
            //建立与数据库的连接
            con=DriverManager.getConnection(
```

```
                "jdbc:mysql://localhost/dbstudents?user=root&password=888888");
            Statement stat=con.createStatement();//创建语句类对象
            ResultSet rs=null;
            rs=stat.executeQuery("select * from departments");//执行查询返回结果
            txtDeptInfo.append("dept_code" + "    " + "deptname" + "\n");
            //逐条记录读出,并显示在多行文本框中
            while(rs.next()){
                //获取第1、2个字段的值
                txtDeptInfo.append(rs.getString(1)+" "+rs.getString(2)+"\n");
            }
        } catch(ClassNotFoundException e){
            e.printStackTrace();
        } catch(SQLException e){
            e.printStackTrace();
        }
    }

    public static void main(String[] args) {
        // TODO Auto-generated method stub
        QueryMysqlDB amd = new QueryMysqlDB();
    }
}
```

运行结果，如图7-11所示。

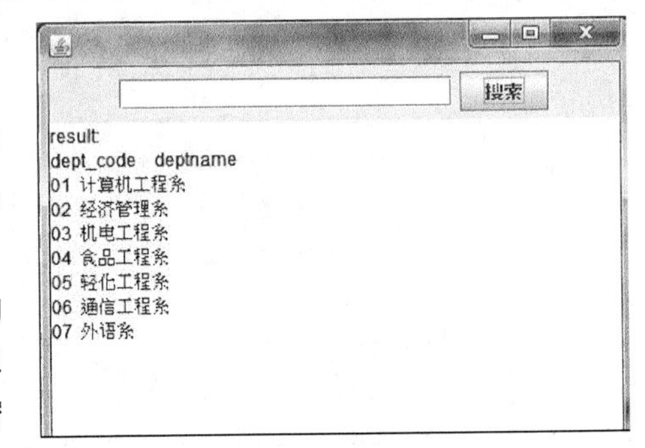

图7-11　例7-7运行结果

代码解释：

① Class.forName 方法用于装载 JDBC 驱动程序，如果失败会抛出 ClassNotFoundException 异常。

② DriverManager.getConnection(String url,String user,String password) 建立数据库连接。该方法的三个参数一次性指定预连接数据库的路径、用户名和密码。返回 Connection 对象。如果连接失败，则抛出 SQLException 异常。

③ ResultSet 接口对象类似于临时表，用来暂时存储数据库查询操作所获得的结果集。利用具有指向当前数据行的指针，其初始时指向第一行记录的前面。利用 next 方法使得指针不断地指向下一行，检索返回结果集中的所有记录。由于部门编号和名称均为字符串类型，使用 rs.getString(1)和 rs.getString(2)可获得对应的字段值。

例7-8：带参查询的示例。

在例7-7代码基础上，扩展一个方法，用于实现按条件查询部门信息。

```
public void searchInfoByCond(String no){
    Connection con=null;        //声明数据库连接的引用变量
    try{
```

```
            Class.forName("com.mysql.jdbc.Driver");//加载驱动程序类
            //建立与数据库的连接
            con=DriverManager.getConnection(
                "jdbc:mysql://localhost/dbstudents?user=root&password=888888");
            String sql = "select * from departments where dept_code=?";
            PreparedStatement pstat= con.prepareStatement(sql);//创建语句类对象
            pstat.setString(1, no);//设置查询参数值
            ResultSet rs=null;
            rs = pstat.executeQuery();//执行查询返回结果到结果集对象
            txtDeptInfo.append("dept_code"+"    "+"deptname" +"\n");
            while(rs.next()){//逐条记录读出,并显示在多行文本框中
                txtDeptInfo.append(rs.getString(1) + " " + rs.getString(2) +"\n");
            }
        }catch(ClassNotFoundException e){
            e.printStackTrace();
        }catch(SQLException e){
            e.printStackTrace();
        }
    }
```

代码解释：

带参数查询语句 select * from departments where dept_code=?，其中“?”表示参数，可以有一个或多个参数，通过“pstat.setString(1, no);”为该参数赋值。

7.2.3 任务实施

（1）文件信息表

当前任务要求利用数据库进行铃声的上传和下载，因此，首先，需要设计一个文件类，其属性包括文件名、文件类型、文件大小、文件内容；其次，创建数据库 alarmdb 及表 tfiles。

```
//文件类
package com.alarm.dao;
public class TFiles {
    private long id;
    private String fileName;//文件名
    private byte[] fileContent;//文件内容
    private String fileSize;//文件大小
    private int fileType;//文件类型，如铃声、图片

    public long getId() {
        return id;
    }
    public void setId(long id) {
        this.id = id;
    }
```

```
    public String getFileName() {
        return fileName;
    }
    public void setFileName(String fileName) {
        this.fileName = fileName;
    }
    public String getFileSize() {
        return fileSize;
    }
    public void setFileSize(String fileSize) {
        this.fileSize = fileSize;
    }
    public int getFileType() {
        return fileType;
    }
    public void setFileType(int fileType) {
        this.fileType = fileType;
    }
    public byte[] getFileContent() {
        return fileContent;
    }
    public void setFileContent(byte[] fileContent) {
        this.fileContent = fileContent;
    }
}
```

代码解释：

由于铃声或音乐文件需要以字节形式保存，定义了 fileContent（文件内容）字段为 byte[] 类型，对应地在 MySQL 数据库表 tfiles 的 filecontent 字段类型需要采用 longblob，如图 7-12 所示。

栏位 | 索引 | 外键 | 触发器 | 选项 | 注释 | SQL 预览

名	类型	长度	小数点	不是 null	
id	int	11	0	☑	1
filename	varchar	255	0	☐	
filecontent	longblob	0	0	☐	
filesize	varchar	255	0	☐	
filetype	int	2	0	☐	

图7-12　表tfiles的结构

（2）数据库中铃声文件数据的保存和读取

```
package com.alarm.dao;

import java.sql.Connection;
import java.sql.DriverManager;
```

```
import java.sql.PreparedStatement;
import java.sql.ResultSet;
import java.sql.SQLException;
import java.sql.Statement;
import java.util.ArrayList;
import java.util.List;

public class DAOTFiles {
    List<TFiles> list;
    Connection con;
    private String driver ;//驱动程序名
    private String url;//指向要访问的数据库
    private String user;//MySQL用户名
    private String password;      //MySQL用户密码

    //初始化数据库连接的参数
    public DAOTFiles(){
        driver = "com.mysql.jdbc.Driver";
        url = "jdbc:mysql://localhost:3306/alarmdb";
        user = "root";
        password = "888888";
    }

    //保存文件数据
    public boolean addFile(TFiles file) throws SQLException{
        boolean flag = false;
        try{
            Class.forName(driver);//装载驱动类
            con = DriverManager.getConnection(url, user, password);//建立连接
            if(!con.isClosed()){
                System.out.println("连接数据库成功");
            }
            String sql = "insert into tfiles values(?,?,?,?,?)";//创建插入记录SQL语句
            PreparedStatement pstat = con.prepareStatement(sql);
            //设置SQL插入语句参数值
            pstat.setString(1, null);
            pstat.setString(2, file.getFileName());
            pstat.setBytes(3, file.getFileContent());
            pstat.setString(4, file.getFileSize());
            pstat.setInt(5, file.getFileType());
            int rs = pstat.executeUpdate();//执行更新语句
            if(rs != 0){//影响行数>0，则表示保存成功
                flag = true;
            }
```

```
        }catch(Exception e){
            e.printStackTrace();
        }finally{
            if(con != null) con.close(); //关闭连接
        }
        return flag;
    }
    //读取文件数据
    public List<TFiles> getFile(int ftype){
        List<TFiles> li = new ArrayList<TFiles>();
        try{
            Class.forName(driver);//装载驱动类
            con = DriverManager.getConnection(url, user, password);//建立连接
            Statement stat = con.createStatement();
            String sql = "select * from TFiles where filetype=?";//创建
查询记录 SQL 语句
            PreparedStatement pstat = con.prepareStatement(sql);
            //设置 SQL 查询语句参数值
            pstat.setInt(1, ftype);
            ResultSet rs = stat.executeQuery(sql);
            while(rs.next()){
                TFiles file = new TFiles();//创建文件类对象
                file.setFileName(rs.getString("filename"));//设置文件名属性
                file.setFileContent(rs.getBlob("filecontent")
                        .getBytes(1, (int) rs.getBlob("filecontent")
                        .length())); //设置文件内容属性
                file.setFileSize(rs.getString("filesize"));
                li.add(file);
            }
        }catch(Exception e){
            e.printStackTrace();
        }
        return li;
    }
}
```

代码解释：

① TFile 类的 fileContent 属性用于保存文件内容，它的类型为 byte[]，通过 setBytes 方法可写入数据库的 longblob 类型字段。

② 从数据库表 longblob 类型字段读出内容时，需要使用 ResultSet 接口的 getBlob 方法，而且要转为 byte[]，才能赋值给 fileContent 字段。

（3）实现铃声上传

完善实战任务七的实施代码中 UploadFiles 类的 sendFile 方法（黑体字部分）：

```
//上传铃声到数据库
private static boolean sendFile(File file) {
    // TODO Auto-generated method stub
    FileInputStream fis = null;
    BufferedInputStream buf_is = null;
    DAOTFiles daot = new DAOTFiles();
    TFiles tfile = new TFiles();
    boolean flag = false;
    try {
        //创建文件对象，读入流，用于读取本地文件
        file = new File(file.getPath());
        fis = new FileInputStream(file);
        buf_is = new BufferedInputStream(fis);

        byte[] i_byte = new byte[fis.available()];
        buf_is.read(i_byte, 0, i_byte.length);//将文件读到字节数组
        tfile.setFileContent(i_byte);          //赋值文件内容字段
        tfile.setFileName(file.getName());//赋值文件名字段
        String fileSize = getFileSize(file.length());//获得文件大小
        tfile.setFileSize(fileSize);
        String[] str = file.getName().split("\\."); //以.分割文件名字符串
        if(str.length >=2){
            int index = str.length-1;
            if("wav".equals(str[index].toLowerCase())){
                tfile.setFileType(0);
            }else if("jpg".equals(str[index].toLowerCase())
                    || "gif".equals(str[index].toLowerCase())
                    || "png".equals(str[index].toLowerCase())){
                tfile.setFileType(1);
            }
        }
        flag = daot.addFile(tfile);//写入数据库
    } catch(Exception e) {
        // TODO Auto-generated catch block
        aLogger.log(Level.SEVERE, "上传铃声出错");
        e.printStackTrace();
    }finally{
        try {
            if(buf_is != null) buf_is.close();
            if(fis != null) fis.close();
        } catch (IOException e) {
            // TODO Auto-generated catch block
            aLogger.log(Level.SEVERE, "输入流关闭出错");
            e.printStackTrace();
```

```
            }
        }
        return flag;
    }
    //格式化文件长度
    private String getFileSize(long bytes){
        DecimalFormat df = new DecimalFormat("#0.0");
        df.setRoundingMode(RoundingMode.HALF_UP); //四舍五入
        double size = ((double)bytes)/ (1<<30); // 1 GB = 1024 MB = 2^30 bytes
        if(size >= 1) return df.format(size) + "GB";
        size = ((double)bytes)/ (1<<20); //1 MB = 1024 KB = 2^20 bytes
        if(size >= 1 ) return df.format(size) + "MB";
        size = ((double)bytes)/ (1<<10);// 1KB = 1024 bytes =2^10 bytes
        if(size >= 1 ) return df.format(size) + "KB";
        return df.format(size) + "B";
    }
```

代码解释：

① 创建TFile类对象，用于保存铃声文件信息，及写入数据库表。

② 实战任务七的实施代码中，已将文件从系统目录读取并保存于字节数组 i_byte 中，将 i_byte 赋值给 TFile 类对象的文件内容字段 fileContent，再利用 DAOTFiles 类 addFile 方法写入数据库表。

③ getFileSize 方法用于将文件长度的字节数转为人们所习惯的 KB、MB、GB 单位，DecimalFormat 类用于设置了文件大小的数据格式。

(4) 实现文件下载

扩展 AlarmUI 类的代码：

```
……//包导入代码，省略

public class AlarmUI extends JFrame {

    ……//变量声明代码，省略

    public AlarmUI(){

        ……//部分初始化代码，省略

        menuItem_down_rings = new JMenuItem("下载铃声");
        menuItem_down_rings.addActionListener(new ActionListener(){//下载菜
单项事件处理
            @Override
            public void actionPerformed(ActionEvent arg0) {
            // TODO Auto-generated method stub
            //数据库表中读取文件（音乐）：写到本地文件夹
```

```
            isDown = UploadFiles.downFiles(0, "无铃声可下载", "sound");
            if(isDown) AlarmUI.this.initFilePath(); //下载铃声后，更新alarmPath
        }
    });

    ……//省略构造方法的后续代码
}

//铃声下载
public static boolean downFiles(int ftype, String msg, String subDirectory){
    DAOTFiles daot = new DAOTFiles();
    List<TFiles> li = null;
    li = daot.getFile(ftype);//从数据库表读取文件对象
    if(li == null || li.size() == 0){
        JOptionPane.showMessageDialog(null, msg, "提示信息",
                                JOptionPane.OK_OPTION);
        return false;
    }
    //创建保存铃声的目录对象
    File directory = new File(AlarmUI.class.getResource("/").getPath() +
                                File.separatorChar + subDirectory);
    if(!directory.exists()){//若目录不存在，则创建
        directory.mkdir();
    }
    for(int i = 0; i < li.size(); i++){//将文件逐个写到指定目录
        TFiles tfile = li.get(i);
        File ring_file = new File(directory.getAbsolutePath() + File.
                            separatorChar + tfile.getFileName());
        FileOutputStream fos = null;
        BufferedOutputStream buf_os = null;
        try {//利用字节流将fileContent字段中的铃声文件内容输出到系统目录
            fos = new FileOutputStream(ring_file);
            buf_os = new BufferedOutputStream(fos);
            buf_os.write(tfile.getFileContent());
            buf_os.flush();
        } catch (FileNotFoundException e1) {
            // TODO Auto-generated catch block
            e1.printStackTrace();
            aLogger.log(Level.SEVERE, "文件不存在");
        } catch (IOException e1) {
            // TODO Auto-generated catch block
            e1.printStackTrace();
            aLogger.log(Level.SEVERE, "文件读取出错");
        }finally{
```

```
                    try{
                        if(buf_os != null) buf_os.close();
                        if(fos != null) fos.close();
                    }catch(Exception e1){
                        e1.printStackTrace();
                        aLogger.log(Level.SEVERE, "输出流关闭出错");
                    }
                }
            }
            JOptionPane.showMessageDialog(null, "已下载" + li.size() + "个文件", "提示信息", JOptionPane.OK_OPTION);
            return (li.size()>0)?true:false ;
        }

        ……//AlarmUI 类的其他方法代码，省略
    }
```

代码解释：

① 下载时，需要事先指定保存的目录，如果指定目录不存在，需要创建之。

② 对于数据库表中的文件内容字段，DAOTFiles 类的 getFile 方法已将其转为 byte[]类型，因此，保存文件的写入操作，可以采用字节输出流来实现。

同步练习：对于音乐播放器项目 MusicPlayerProj 的 MusicPlayerMain 类，当通过下拉框选项，选择了某个音乐文件，能够从数据库中读取该文件，并显示读取成功。

练习提示：请充分利用前面练习已写的代码。

知识梳理

- 程序的本质就是对数据进行处理操作，输入（获取数据）和输出（保存数据）是其中必不可少的环节。输入和输出（I/O）操作，是指程序针对本地文件、目录，或是网络方面的资源进行读写操作。Java 对 I/O 的支持，主要体现在 java.io 包，分为四个大组。

1）基于字节操作的 I/O 接口：InputStream 和 OutputStream。

2）基于字符操作的 I/O 接口：Writer 和 Reader。

3）基于磁盘操作的 I/O 接口：File。

4）基于网络操作的 I/O 接口：Socket。

对于 I/O 操作性能影响较大的因素是数据格式和存储方式，前两组主要数据格式不同，而后两组则是存储方式不同，即本地和网络。

- 流是随通信路径从来源地移动到目的地的字节序列。Java 是以流的形式处理所有 I/O 操作。从流的方向，可分为输入流和输出流。程序可从中读取一个字节序列的对象，被称为输入流，而程序可向其中写入一个字节序列的对象，则被称为输出流。流的源地和目的地可以是文件（通常是文件）、网络或是内存块。从数据单位，分为字符流和字节流。字符流处理单元为两个字节的 Unicode 字符时，可操作字符、字符数组或字符串，而字节流处理单元为 1 个字节时，可操

作字节和字节数组。字节流可以处理任何类型的数据，而字符流只能处理字符类型的数据。从流的功能，则又可分为节点流和过滤流。节点流是使用原始的流类进行的操作，而过滤流是在节点流的基础上进行修饰以获得更多的功能。

- InputStream 和 OutputStream 是抽象类，其子类：①FileInputStream/FileOutputStream 以字节流形式，对文件进行 I/O 操作；②ObjectInputStream/ObjectOutStream 以字节流形式，实现 Java 对象的 I/O 操作；③DataInputStream/DataOutInputStream 可直接以简单数据类型如 int、String 等方式，进行 I/O 操作；④BufferedInputStream/BufferedOutputStream 是字节流缓冲区包装类，与字节流对象结合使用，可提高 I/O 的效率。
- Reader 和 Writer 类是抽象类，其子类：①FileReader/FileWriter 以字符流形式，对文件进行 I/O 操作；②InputStreamReader/OutputStreamWriter 用于将字节流转为字符流；③Buffered Reader/BufferedWriter 是字符流的缓冲区包装类，与字符流读写对象结合，同样具有提高 I/O 效率的作用。
- 文件是本地 I/O 操作的主要目标，File 类用于创建文件/目录对象，它具有获得文件/目录对象相关信息的一系列方法。
- 数据库按照数据结构来组织、存储和管理数据的仓库，是程序获取和保存数据的另一种有效途径，尤其对于大量数据处理和分布式应用开发。JDBC（Java Data Base Connectivity，Java 数据库连接）是一种用于执行 SQL 语句的 Java API，是连接数据库和 Java 应用程序的纽带，它可以为多种关系型数据库提供统一的访问方式，由一组接口和类组成。主要功能包括建立程序与数据库的连接、SQL 语句的创建与执行，SQL 返回结果的检索。
- 一般 JDBC 体系结构，采用两层处理模型进行数据库访问。①JDBC API：提供了 Java 应用程序对于 JDBC 的管理连接；②JDBC Driver API：提供了支持 JDBC 管理器到驱动器连接。
- Java 为访问数据库提供了 API，主要包括 java.sql 包中的 DriverManager 类、Driver 接口、Connection 接口、Statement 接口和 ResultSet 接口。其中 DriverManager 类负责管理数据库驱动程序的列表；Driver 接口用于处理与数据库服务器的通信，主要由数据库厂家提供实现类，即数据库驱动程序；Connection 接口用于与指定数据库建立连接（会话），在连接上下文中执行 SQL 语句，并返回结果；Statement 接口用于执行 SQL 语句，并返回执行结果；ResultSet 接口用于保存查询结果集，并提供对结果集的检索操作。
- 利用 JDBC 访问数据库的基本步骤：①加载驱动器；②连接数据库；③执行 SQL 语句；④获得并检索结果。

Java

8 Chapter

项目 8 应用集合类操作铃声集及数据库参数

【知识要点】

- 集合类
- 泛型
- Collection 接口及其实现类
- Map 接口及其实现类

引子：利用数组进行对象序列的保存和操作，有什么局限性？

我们知道，对于一组相同类型的元素（简单和引用类型），Java 提供了数组来保存，但需要先明确元素的个数，并且创建后不可随意删除和添加。如果一个程序中仅包含有固定数量的对象，这个程序一定是一个简单的程序，然而，实际应用中，程序逻辑较为复杂，往往需要处理不定数量对象的保存，之后可能还要进行增加和删除等操作，这时，集合类就是一个不错的选择了。

8.1 实战任务九：保存指定目录的多个铃声文件

8.1.1　任务解读

由于铃声文件个数可能会随着用户下载了新铃声而变化，因此，闹钟软件每次启动时，都需要重新读取指定目录下的铃声文件，并将文件名显示在铃声选项下拉框中，以便用户选择。显然，使用数组保存已不合适，这里可以使用 Java 提供的集合类。

8.1.2　知识学习

1. 集合类和泛型

（1）集合类

Java 的集合类（容器类）类库，如表 8-1 所示，是用于保存多个对象的，但有两种保存方式。

① Collection。保存单列元素，其子接口 List 会按照顺序存放元素，且可存储重复元素，通过下标可精确地访问对象，常用的实现类是 ArrayList；Set 中的对象不会按特定方式摆放，且不允许重复，相对而言，HashSet 较常用。

② Map。保存双列元素——由“键值对”组成的序列，常用的实现类有 HashMap、Properties。

java.util.Collections 是针对集合类的一个帮助类，提供了操作集合的一系列工具方法，包括实现对各种集合的搜索、排序、线程安全化等操作。

本项目主要介绍常用集合类 ArrayList、HashSet、HashMap 和 Properties 的应用。

表 8-1　集合类的接口及实现类

接口	子接口	实现类	功能说明
collection	List	Vector	适于多线程，但速度慢，已被 ArrayList 替代
		ArrayList	适于单线程，查询速度快
		LinkedList	适于单线程，增删速度快
	Set	HashSet	适于单线程，存取速度快
		TreeSet	适于单线程，可对 Set 集合的元素进行排序
Map		Hashtable	适于多线程，速度快，不允许 null 作为键/值已被 HashMap 取代
		Properties	用于配置文件的定义和操作，使用频率非常高，同时键和值都是字符串
		HashMap	适于单线程，速度慢，允许 null 作为键/值
		LinkedHashMap	存入的顺序和取出的顺序一致
		TreeMap	可以用来对 Map 集合中的键进行排序

JDK 早期版本中，集合类的元素类型为 Object，意味着一个集合类中的元素可以是 Object

的任意子类。来看一个例子。

例 8-1：集合类应用示例。

```
1  public class ListDemo {
2       public static void main(String[] args) {
3           List list = new ArrayList();
4           list.add("jack");
5           list.add(100);
6           for (int i = 0; i < list.size(); i++) {
7               String uname = (String) list.get(i);
8               System.out.println("user name:" + uname);
9           }
10      }
11 }
```

从执行结果（见图 8-1）可知，语句 3 创建 List 接口对象时，未约束元素类型，语句 4、5 分别加入不同类型的元素，而语句 7 对于每个元素进行强制转换，疏忽了有不同类型的元素，编译时通过的，但程序运行时，在对第 2 个元素转换类型时就会报错。

```
user name:jack
Exception in thread "main" java.lang.ClassCastException: java.lang.Integer cannot be cast to java.lang.String
	at com.collection.arraylist.ArrayListDemo.main(ArrayListDemo.java:45)
```

图8-1 例8-1执行结果

为了避免上述情况的发生，Java SE 5 版本开始，增加了泛型特性，目的是在编译的时候检查类型安全，并且所有的强制转换都是自动和隐式的，以提高代码的重用率。一些重要的类都变成了泛型化，集合类就是其中的一个，因此，集合类创建对象时，可以不声明元素个数，但需要利用泛型来明确保存的对象类型，那么，泛型究竟如何使用呢?

（2）泛型

① 泛型概念

所谓泛型，即"参数化类型"。之前方法定义中常常会有形参，而调用方法时会传递实参。那么参数化类型怎么理解呢？顾名思义，就是将类型也定义为参数形式（也称为类型形参），类似于方法中的变量参数，然后在使用时传入具体的类型（也称为类型实参）。

修改例 8-1 为泛型方式，代码如下。

例 8-2：采用泛型的集合类示例。

```
public class ListDemo {
     public static void main(String[] args) {
         List<String> list = new ArrayList<String>();//1
         list.add("jack");//2
         list.add(100);//3   报错
         for (int i = 0; i < list.size(); i++) {
             String uname = (String) list.get(i); // 4
             System.out.println("user name:" + uname);//5
         }
```

```
        }
    }
```

例 8-2 中所使用的集合类，都是泛型化的，如 List 接口的泛型写法为 List<E>，其中 E 就是类型形参，语句 1 使用 List 时给出该类型实参为 String，如此一来，语句 3 编译无法通过，从而使得程序更为安全。

② 自定义泛型

从例 8-2 中可以了解到，类和接口都可使用泛型去定义其类型，除此以外，泛型也可应用于方法的定义。如果编程需要时，我们能否自定义泛型接口、类或是方法呢？答案是肯定的。

例 8-3：自定义泛型类的示例。

```
package com.datatype.generic;

public class GenericDemo {
     public static void main(String[] args) {
          Graph<String> ga = new Graph<String>();
          ga.setShape("circle");
          System.out.println("shape:" + ga.getShape());
     }
}
//自定义泛型类
class Graph<T>{
     private T shape;
     public T getShape(){
          return shape;
     }

     public void setShape(T shape){
          this.shape = shape;
     }
}
```

通常，泛型形参会使用 T、E、K、V 等形式表示，例 8-3 中使用的是 T。实例化时，通过外部传入类型实参，那么实例本身的类型会不会也因此改变呢？看一下下面的例子，就会明白。

例 8-4：自定义泛型类的实例化示例。

```
package com.datatype.generic;

public class GenericeTypeTest {
     public static void main(String[] args) {
          Graph<String> ga_str = new Graph<String>();
          Graph<Integer> ga_int = new Graph<Integer>();
          System.out.println("ga_str is : " + ga_str.getClass().getName());
          System.out.println("ga_int is : " + ga_int.getClass().getName());
     }
}
```

从运行结果（如图 8-2 所示）可知，实例化时所给参数不同，但两个实例对象的类型是相同的，JVM 内存中 Graph 类的 Class 对象只有一个，因为类型形参是描述类型的，可以理解为因传入不同的类型实参，逻辑上产生了多个不同类型的 Graph 类。

```
the type of ga_str : com.datatype.generic.Graph
the type of ga_int : com.datatype.generic.Graph
```

图8-2　例8-4运行结果

③ 类型通配符

先看一个例子。

例 8-5：类型通配符问题示例。

```
1   package com.datatype.generic;

2   public class WildcardProblem {
3       //显示方法
4       public void disp(Graph<Integer> gint){
5            System.out.println(gint.getShape());
6       }

7       public static void main(String[] args) {
8            // TODO Auto-generated method stub
9            Graph<String> ga_str = new Graph<String>();
10           Graph<Integer> ga_int = new Graph<Integer>();
11           WildcardProblem wp = new WildcardProblem();
12           wp.disp(ga_int);
13           wp.disp(ga_str);
14      }
15  }
```

例 8-5 希望能使用 WildcardProblem 类中的方法，处理泛型类的两个实例的信息显示问题，但 disp 方法参数类型为 Graph<Integer>，使得语句 13 报错，这表明，ga_str 和 ga_int 虽然是具有相同的基本类型（Graph），但逻辑上没有任何关系。

泛型中类型通配符可以帮助我们解决上面的问题，它能够作为 Graph<String>和 Graph<Integer>的父类的一个引用类。

我们将例 8-5 中的 disp 方法重写为：

```
public void disp(Graph<?> gint){//通配符表示类型实参
    System.out.println(gint.getShape());
}
```

类型通配符一般是使用“?”代替具体的类型实参，而非类型形参，这一点要特别注意。如果对于类型实参做进一步限制，可以通过类型通配符上限和类型通配符下限来实现。具体的语法形式如下。

泛型类<?　extends 指定类>：类型通配符上限，限定范围为指定类及其子类。

泛型类<?　super 指定类>：类型通配符下限，限定范围为指定类及其父类。

例 8-6：类型通配符上限应用示例。

```
1  package com.datatype.generic;

2  public class WildcardDemo {
3      public void dispNum(Graph<? extends Number> gnum){
4          System.out.println(gnum.getShape());
5      }

6      public static void main(String[] args) {
7          // TODO Auto-generated method stub
8          WildcardDemo wp = new WildcardDemo();
9          Graph<Integer> ga_int = new Graph<Integer>();
10         Graph<Float> ga_float = new Graph<Float>();
11         ga_int.setShape(123);
12         ga_float.setShape(12.2f);
13         wp.dispNum(ga_int);
14         wp.dispNum(ga_float);
15     }
16 }
```

例 8-6 中 dispNum 方法使用了类型通配符上限，限制了类型实参只能是 Number 及其子类，语句 9 和 10 创建 Number 子类为类型形参的实例对象，语句 13 和 14 利用方法 dispNum 完成了对 ga_int 和 ga_float 的操作。

2. ArrayList

ArrayList 类类似数组，但要比数组灵活得多。数组在创建时，所能容纳的元素个数就已确定。ArrayList 类允许创建包含多个对象的动态数组，并提供追加、删除、插入元素等方法。

ArrayList 的常用构造方法：

（1）public ArrayList ( )

（2）public ArrayList (Collection<? extends E> c)　//构造指定 collection 的元素的列表

（3）public ArrayList (int initcap)　//构造具有初始容量 initcap 的空列表

在表 8-2 中列出了 ArrayList 类的主要方法。

表 8-2　ArrayList 类的方法

方法名	描　述
void add(Object　o)	将新对象 o 作为最后元素加入
void add(int index,Object o)	将新对象 o 插入到 index 所指定的位置
Object get(int index)	读取 index 处的元素
void remove(int index)	删除 index 处的元素
void set(int index,Object o)	用对象 o 替换 index 处的元素
int size()	返回集合中的对象个数

通过下面的例子，来学习 ArrayList 类的应用。

例 8-7：ArrayList 应用示例。

```
package com.collection.arraylist;

import java.util.ArrayList;
import java.util.List;

public class ArrayListDemo {
    List<String> list_str;

    public ArrayListDemo ()   {
        list_str = new ArrayList<String>();
    }

    public void addString(String addStr){
        list_str.add(addStr);  //加入一个 String 类对象
    }

    public void insertString(String inStr,int index){
        list_str.add(index ,inStr);  //在 index 处插入一个 String 类对象
    }

    public void displayList(){
        String str;
        int len = list_str.size();           //得到 ArrayList 中的对象个数
        System.out.println("Number of ArrayList elements: "+len);
        System.out.println("They are :");
        //依次读出 ArrayList 中的每个对象
        for(int i=0;i<len;i++){
            str = list_str.get(i);
            System.out.println(str);
        }
    }

    public static void main(String args[]){
        ArrayListDemo listdemo=new ArrayListDemo();
        String str1="This is an String added.";
        String str2="Hi,this is an String inserted .";
        listdemo.addString(str1);
        listdemo.insertString(str2,1);  //在 ArrayList 的第一个对象后插入 str2
        listdemo.displayList();

    }
}
```

运行结果，如图 8-3 所示。

需要说明的是，ArrayList 的序号 index 是从 0 开始计数的。

```
Number of ArrayList elements: 2
They are :
This is an String added.
Hi,this is an String inserted .
```

图8-3　例8-7运行结果

3. HashSet

HashSet 是一个没有重复元素的集合，允许保存 null 元素，但不保证元素的顺序。HashSet 是通过 hashCode 方法和 equals 方法来保证元素唯一性的。

表 8-3　HashSet 类的方法

方法名	描述
void add(Object　o)	将新对象 o 作为最后元素加入
boolean contains(Object o)	判断集合中是否包含对象 o
Object clone()	返回当前实例的浅拷贝
boolean isEmpty()	判断集合是否为空
Iterator<E> iterator()	遍历集合元素
boolean remove(Object o)	删除元素对象 o
void clear()	清空集合中的元素
int size()	返回集合中的对象个数

例 8-8：HashSet 应用示例。

```
package com.collection.hashset;

import java.util.HashSet;
import java.util.Iterator;
class Book{
     String name;
     double price;
     public Book(String name,double price) {
          // TODO Auto-generated constructor stub
          this.name = name;
          this.price = price;
     }
}

public class BookApp {

     public static void main(String[] args) {
          // TODO Auto-generated method stub
          Book book1 = new Book("Java 程序设计",31);
          Book book2 = new Book("Python 编程",45);
          Book book3 = new Book("C 程序设计",30);
          Book book4 = new Book("C 程序设计",30);
```

```
            HashSet<Book> books = new HashSet<Book>();  //创建 HashSet 对象
            //加入元素
            books.add(book1);
            books.add(book2);
            books.add(book3);
            books.add(book4); // 1 重复元素
            books.add(book4); // 2 重复元素

            books.remove(book4); //删除元素

            //遍历元素
            Iterator<Book> iter = books.iterator();
            while(iter.hasNext()){
                Book book = iter.next();
                if(book.name.equals("C 程序设计")){  //修改元素内容
                    book.name = "C 教程";
                }
                System.out.println("集合的元素: "+ book.name + " " + book.price);
            }
        }
    }
```

运行结果，如图 8-4 所示。

```
集合的元素: Python编程 45.0
集合的元素: Java程序设计 31.0
集合的元素: C教程 30.0
```

图8-4 例8-8运行结果

代码解释：语句 1 和语句 2 的作用，是加入两个相同的对象，由于 HashSet 的特性是元素唯一性，因此，集合中只有三个元素。

8.1.3 任务实施

对于闹钟工具软件，要求每次程序启动时，重新读取铃声文件信息，因此，需要定义一个获得指定目录文件信息的方法，并在构造方法中调用。相关实现代码如下：

```
1   package com.alarm.ui;

2   import java.io.File;
3   import java.text.SimpleDateFormat;
4   import java.util.ArrayList;
5   import java.util.Calendar;
6   import java.util.Date;
7   import java.util.List;
8   import java.util.Vector;
9   import java.util.logging.Level;
10  import java.util.logging.Logger;

    ……//部分包导入代码，省略
```

```
11  public class AlarmUI extends JFrame {

        ……//部分声明代码，省略

12      //铃声文件路径
13      private List<String> alarmPaths;
14      //保存铃声选项集合
15      private Vector<String> rings;

16      private int ringIndex;//保存选择的铃声序号
17      private String rings_str;//保存选择的铃声

18      public AlarmUI(){
19          ringIndex = -1;
20          //初始化铃声文件路径
21          initFilePath();

            ……//构造方法部分代码，省略

22      }

23      //铃声文件路径初始化
24      public void initFilePath(){
25          alarmPaths = new ArrayList<String>(); //创建集合类 ArrayList 对象
26          //创建目录对象
27          File file_dir = new File(AlarmUI.class.getResource("/sound").getPath());
28          if(!file_dir.exists()) return; // 如果目录不存在，返回

29          File[] file_list = file_dir.listFiles(); //获得目录下文件数组
30          for(int i =0 ; i < file_list.length; i++){
31              String fname = file_list[i].getName(); //获得每个文件的文件名
32              String[] str = fname.split("\\."); //分割文件名字符串
33              //将 wav 类型加入 ArrayList 对象中
34              if(str != null && str.length == 2 && "wav".equals(str[1].toLowerCase())){
35                  alarmPaths.add(file_list[i].getPath());
36              }
37          }
38      }

……//其他方法代码，省略

}
```

代码解释：

1）语句 28 的作用是，读取指定目录 sound 之前，先判断是否存在，若不存在，则程序返回。

2）语句 34 的作用是，由于 Java 默认支持的音乐文件格式为 wav，向集合类 ArrayList 中增加元素时，需要过滤其他类型文件。

同步练习：音乐播放器项目 MusicPlayerProj 的 MusicPlayerMain 类，利用 ArrayList 实现音乐文件列表的保存和操作。

练习提示：请充分利用前面练习已写的代码。

8.2 实战任务十：实现数据库连接参数与功能代码的分离

8.2.1 任务解读

回顾项目 7 实战任务八的实现代码，DAOTFiles 类中，声明了连接数据库的参数，包括驱动程序名（driver）、数据库 URL（url）、用户名（user）、登录密码（password），通过构造方法对这些参数进行了赋值。如果部署时用户环境发生变化，需要修改，就必须重新编译程序。这些参数的赋值与闹钟工具软件的功能没有直接联系，可以将其与功能代码分离，采用键/值对表示，保存在配置文件中，应是一个很好的方式。Map 接口的实现类 HashMap、Properties 非常适于保存由“键/值对”组成的序列。

8.2.2 知识学习

1. HashMap

Map 接口用于存储 key/value 类型数据，Entry 是其嵌套子接口，HashMap 实现了 Map 接口，并通过内部类实现了 Entry 接口，通过维护一个 Entry 数组，利用 put 和 get 方法，实现对一组 key/value 对象的保存和操作。当 put 一个新元素时，根据 key 的 hashCode 值计算出 hash 值，再对数组长度求模，即为对应的数组下标 index，数组的每个元素都是一个链表（包含一个头指针 next），用来存储具有相同下标的 Entry，key、value、hash、next 都是 Entry 的属性，如图 8-5 所示。

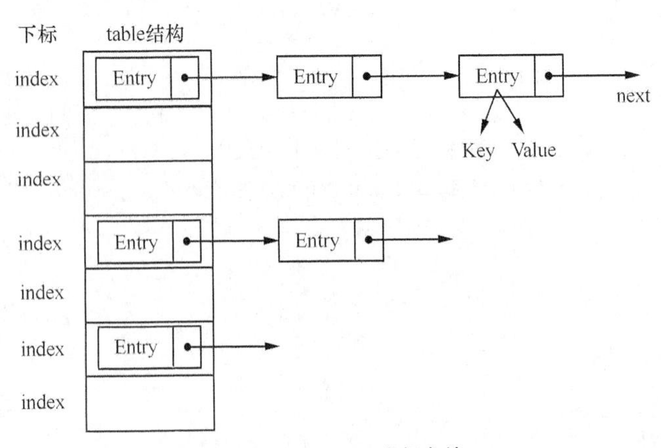

图8-5 HashMap内部存储

下面通过一个例子，来理解 HashMap 的用法。

例 8-9：HashMap 应用示例。

```
1   package com.map.hasmap;

2   import java.util.HashMap;
3   import java.util.Iterator;
4   import java.util.Map;
5   import java.util.Map.Entry;

6   public class HashMapDemo {
7       Map<String,Integer> hashmap;
8       public HashMapDemo(){
9           hashmap = new HashMap<String,Integer>();
10      }
11      //增加对象
12      public void addE(){
13          //按“键/值”对，新增对象
14          hashmap.put("john", 80);
15          hashmap.put("andy", 85);
16          hashmap.put("smith", 90);
17          hashmap.put("jack", 55);
18      }
19      //获取对象
20      public void getE(String key){
21          Integer score = hashmap.get(key);//获取指定关键字对应的值
22          System.out.println("score is :" + score);
23      }
24      //删除对象
25      public void delE(String key){
26          hashmap.remove(key); //删除指定关键字对应的对象
27          Integer score = hashmap.get(key);
28          System.out.println("score is :" + score); //输出 null
29      }
30      //遍历对象
31      public void traversal(){
32          //得到迭代类 Iterator 对象
33          Iterator<Entry<String, Integer>> iter = hashmap.entrySet().iterator();
34          while(iter.hasNext()){ // 判断是否还有元素
35              Entry<String, Integer> entry = iter.next(); // 得到下一个对象
36              String name = (String)entry.getKey();// 获得 key
37              Integer score = (Integer)entry.getValue();// 获得 value
38              System.out.println("name: " + name + " score: " + score);
39          }
40      }
```

```
41        public static void main(String[] args) {
42                // TODO Auto-generated method stub
43                HashMapDemo hashmap = new HashMapDemo();
44                hashmap.addE();
45                hashmap.delE("jack");
46                hashmap.traversal();
47        }
48  }
```

代码解释：

1）实现了 HashMap 中的主要操作：增加（put）、获取（get）、删除（remove）和遍历。

2）语句 33 采用 entrySet 方法返回 set 的迭代器类对象 iter，用于直接对于 HashMap 的内部存储结构 table 进行操作；语句 34 判断是否还有元素可遍历；语句 35 获得下一个 Entry 对象元素；语句 36、37 随之就可以读取 key/value。

2. Properties

软件项目中，有一些变量，如数据库服务器 IP 地址，与软件功能无关，但与部署的环境有关，这样的变量通常采用配置文件方式，将其作为属性来进行设置，一方面，可以有利于整个项目共享，另一个方面方便部署或有需要时进行调整。Java 中的 Properties 类，为读写配置文件中的属性提供了方便。

下面通过一个实例，来讲解如何应用 Properties 类，首先，创建一个项目 Lesson8Demo，在 src 目录下创建一个子目录（Eclipse 中的 Folder）config，在该子目录下创建一个文件（Eclipse 中的 File），文件名为 user.properties，如图 8-6 所示。

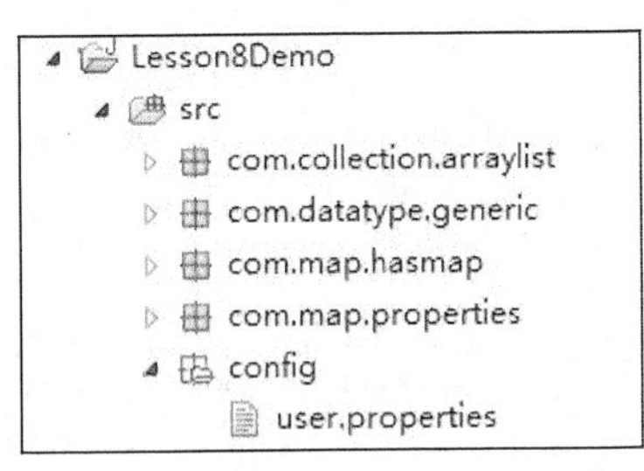

图8-6　项目Lesson8Demo的目录结构

例 8-10：Properties 应用示例。

1）在 user.properties 文件中，写入下面语句：

```
name=zhangsan
password=123456
```

2）创建 PropertiesUtil 类，用于读写配置文件 user.properties，代码如下：

```
package com.map.properties;

import java.io.File;
import java.io.FileOutputStream;
import java.io.IOException;
import java.io.InputStream;
import java.io.OutputStream;
import java.io.UnsupportedEncodingException;
import java.net.URISyntaxException;
import java.util.Iterator;
import java.util.Properties;
```

```
public class PropertiesUtil {
      Properties prop;

      public PropertiesUtil(){
           prop = new Properties();//创建 Properties 类对象
      }
      //获得 PropertiesUtil 类的实例对象
      public static PropertiesUtil getInstance(){
           return new PropertiesUtil();
      }
      //读配置文件
      public void readProperties(){
           try{
                 //创建输入流对象
                 InputStream in =
                      PropertiesUtil.class.getResourceAsStream("/config/user.
properties");
                 prop.load(in); //加载输入流对象
                 Iterator<String> iter = prop.stringPropertyNames().iterator();
//返回迭代器
                 while(iter.hasNext()){//是否还有元素
                      String key = iter.next(); //获得下一个元素
                      String val = prop.getProperty(key); //读取属性值
                      System.out.println(key+":"+val);
                 }
                 in.close(); //关闭输入流
           }catch(IOException e){
                 e.printStackTrace();
           }
      }
      //写配置文件
      public void writeProperties(String key, String val){
           try{
                 //创建文件
                 File file = new File
                      ((PropertiesUtil.class.getResource("/config/
user. properties")).toURI());
                 //创建输出流对象
                 OutputStream out = new FileOutputStream(file,true);
                 prop.setProperty(key, val); //设置属性值
                 prop.store(out, "Copyright (c) Boxcode Studio"); //保存到配置文件中
                 out.close(); //关闭输出流
           }catch(IOException e){
                 e.printStackTrace();
           } catch (URISyntaxException e) {
```

```
                // TODO Auto-generated catch block
                e.printStackTrace();
            }
        }

        public static void main(String[] args) throws UnsupportedEncodingException {
            // TODO Auto-generated method stub
            PropertiesUtil.getInstance().readProperties();
            PropertiesUtil.getInstance().writeProperties("年龄", "20");
        }
    }
```

代码解释：

① getInstance 静态方法，用于获得 PropertiesUtil 类的实例，使用时不必再创建该类的实例。

② readProperties 方法，先创建输入流，并利用 Properties 实例 prop 加载输入流对象，调用 prop 的 stringPropertyNames 方法，获得迭代器对象，进行属性/值遍历。

③ writeProperties 方法，为了将属性/值写入配置文件，先要创建输出流对象，利用 prop 的 setProperty 方法设置属性值，并通过 store 方法保存到配置文件中。

④ 配置文件中默认编码格式是 ISO-8859-1，直接编辑该文件，写入中文会出现乱码问题，但通过 Properties 的 setProperty 方法，则会自动转为 unicode 格式。

⑤ 当通过 Properties 的 setProperty 方法写入新属性时，修改的效果会体现在 bin 目录下的属性文件，因为 bin 下面存储的是可执行代码，src 目录下的属性文件是不会变的。

⑥ File 类的实例，采用了另一个构造函数，参数为 URI，而 getResource 方法返回的是 URL 类型值，需要通过 toURI 方法转换得到 URI 类对象，因此，实例化语句写成：

File file = new File ((PropertiesUtil.class.getResource("/config/user.properties")).toURI());

如果直接在配置文件中写中文，需要先将配置文件的编码格式设置为 UTF-8，再做一次转换，如配置文件属性为 str，转换语句为：

```
str = new String(str.getBytes("ISO-8859-1"),"UTF-8");
```

8.2.3 任务实施

（1）创建配置文件

在闹钟工具软件项目 src 目录下，创建一个目录 config，并创建配置文件 jdbc.properties，如图 8-7 所示。

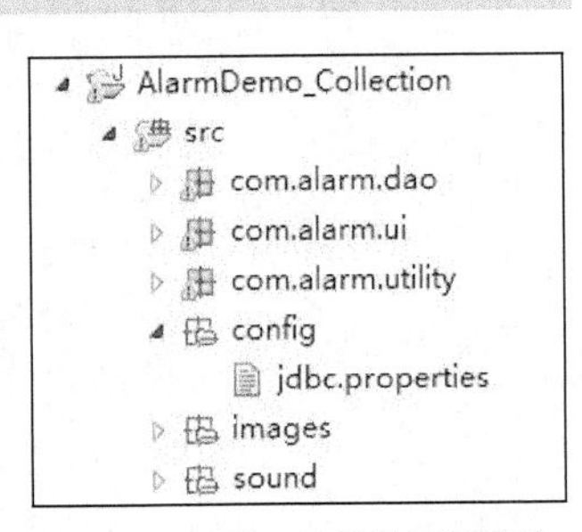

图8-7 闹钟工具软件目录结构

在 Eclipse 中，编辑该配置文件，写入以下代码：

```
jdbc.driver=com.mysql.jdbc.Driver
jdbc.url=jdbc:mysql://localhost:3306/alarmdb
jdbc.username=root
jdbc.password=123456
```

上述代码中，每一行的“=”的左右就是一个键值对，与 Java 源代码不同，这里的行结束处无分号。

（2）定义读写配置文件的工具类

读写配置文件的基本思路与例 8-9 相同，由于参数读取后还需要返回给数据库访问类 DAOTFiles，且读取的参数形式为键值对，可采用 HashMap 类保存，并作为返回值。

```
package com.alarm.utility;

import java.io.File;
import java.io.FileOutputStream;
import java.io.IOException;
import java.io.InputStream;
import java.io.OutputStream;
import java.net.URISyntaxException;
import java.util.HashMap;
import java.util.Iterator;
import java.util.Map;
import java.util.Properties;

public class PropertiesUtility {
    Properties prop;
    Map<String, String> kvMap;

    public PropertiesUtility(){
        prop = new Properties();//创建 Properties 类对象
        kvMap = new HashMap<String, String>(); //创建 Map 接口对象
    }
    //获得 PropertiesUtility 类的实例对象
    public static PropertiesUtility getInstance(){
        return new PropertiesUtility();
    }
    //读配置文件
    public Map<String, String>  readProperties(){
        try{
            //创建输入流对象
            InputStream in = PropertiesUtility
                    .class.getResourceAsStream("/config/jdbc.properties");
            prop.load(in);//加载输入流对象
            Iterator<String> iter = prop.stringPropertyNames().iterator();
//返回迭代器
            while(iter.hasNext()){//是否还有元素
                String key = iter.next();//获得下一个元素
                String val = prop.getProperty(key);//读取属性值
                kvMap.put(key, val); //将键值对存入 Map
```

```
                }
                in.close(); //关闭输入流
            }catch(IOException e){
                e.printStackTrace();
            }
            return kvMap;//返回 Map 接口对象
        }
        //写配置文件
        public void writeProperties(String key, String val){
            try{
                //创建文件
                File file = new File
                    ((PropertiesUtility.class.getResource("/config/user.
properties")).toURI());
                //创建输出流对象
                OutputStream out = new FileOutputStream(file,true);
                prop.setProperty(key, val);//设置属性值
                prop.store(out, "Copyright (c) Boxcode Studio");//保存到配置文件中
                out.close(); //关闭输出流
            }catch(IOException e){
                e.printStackTrace();
            } catch (URISyntaxException e) {
                // TODO Auto-generated catch block
                e.printStackTrace();
            }
        }
    }
```

代码解释：

① readProperties 方法返回类型为泛型 Map 接口对象，Map 的类型形参为<String, String>。

② 构造方法中，创建了 Map 接口对象 kvMap，使得 while 循环中，每次读取键/值对后，都存入 kvMap 中，以备数据库访问类 DAOTFiles 使用。

（3）数据访问类 DAOTFiles

对应地，修改项目 7 实战任务八实现代码中的 DAOTFiles 类。

```
/**
*数据库访问类
**/
package com.alarm.dao;

import java.sql.Connection;
import java.sql.DriverManager;
import java.sql.PreparedStatement;
import java.sql.ResultSet;
```

```
import java.sql.SQLException;
import java.sql.Statement;
import java.util.ArrayList;
import java.util.List;
import java.util.Map;
import com.alarm.utility.PropertiesUtility;

public class DAOTFiles {
    List<TFiles> list;
    Connection con;
    private    String driver ;//驱动程序名
    private    String url;//URL 指向要访问的数据库名
    private String user;//MySQL 用户名
    private String password;//MySQL 登录密码
    private Map<String, String> dbMap;

    //构造方法：初始化数据库连接的参数
    public DAOTFiles(){
        //调用配置文件读取方法，返回 Map
        dbMap = PropertiesUtility.getInstance().readProperties();
        if(dbMap != null){
            driver = dbMap.get("jdbc.driver"); //读取 driver
            url = dbMap.get("jdbc.url"); //读取 url
            user = dbMap.get("jdbc.username"); //读取 username
            password = dbMap.get("jdbc.password"); //读取 password
        }
    }

    //保存文件数据
    public boolean addFile(TFiles file) throws SQLException{
        boolean flag = false;
        try{
            Class.forName(driver);//装载驱动类
            con = DriverManager.getConnection(url, user, password);//建立连接
            if(!con.isClosed()){
                System.out.println("连接数据库成功");
            }
            String sql = "insert into tfiles values(?,?,?,?,?)";//创建插入记录SQL语句
            PreparedStatement pstat = con.prepareStatement(sql);
            //设置 SQL 插入语句参数值
            pstat.setString(1, null);
            pstat.setString(2, file.getFileName());
            pstat.setBytes(3, file.getFileContent());
            pstat.setString(4, file.getFileSize());
```

```
                pstat.setInt(5, file.getFileType());
                int rs = pstat.executeUpdate();//执行更新语句
                if(rs != 0){//影响行数>0，则表示保存成功
                    flag = true;
                }
            }catch(Exception e){
                e.printStackTrace();
            }finally{
                if(con != null) con.close(); //关闭连接
            }
            return flag;
        }
        //读取文件数据
        public List<TFiles> getFile(int ftype){
            List<TFiles> li = new ArrayList<TFiles>();
            try{
                Class.forName(driver);//装载驱动类
                con = DriverManager.getConnection(url, user, password);//建立连接
                Statement stat = con.createStatement();
                String sql = "select * from TFiles where filetype=?";//创建
查询记录 SQL 语句
                PreparedStatement pstat = con.prepareStatement(sql);
                //设置 SQL 查询语句参数值
                pstat.setInt(1, ftype);
                ResultSet rs = stat.executeQuery(sql);
                while(rs.next()){
                    TFiles file = new TFiles();//创建文件类对象
                    file.setFileName(rs.getString("filename"));//设置文件名属性
                    file.setFileContent(rs.getBlob("filecontent")
                                .getBytes(1, (int) rs.getBlob("filecontent")
                                .length()));
                    file.setFileSize(rs.getString("filesize"));
                    li.add(file);
                }
            }catch(Exception e){
                e.printStackTrace();
            }
            return li;
        }
}
```

代码解释：

① 构造方法未直接给数据库连接参数进行赋值，而是通过调用 PropertiesUtility 类的 readProperties 方法，获得参数的键/值对序列，并利用 HashMap 类的 get 方法完成赋值。

② 读取文件方法 getFile 的返回类型为泛型 ArrayList 类，其类型形参为自定义类 TFile，该

方法中 li 是 ArrayList<TFile>类的引用变量，用于保存 TFile 对象序列。

同步练习：音乐播放器项目 MusicPlayerProj 中，利用配置文件来读取数据库连接参数，并修改相关部分代码。

练习提示：请充分利用前面练习已写的代码。

知识梳理

- Java 对于对象序列的存储，提供了两类数据结构，一是固定容量的数组，二是可变长的集合类，前者适于程序中，操作简单、对象序列长度固定的场景，后者则多在操作频繁多样，且对象序列个数不确定或有变的情况下。集合类包括 Colletion 和 Map，分别负责单列对象和双列对象的存储处理。
- Collection 接口有两个子接口，List 接口会按照顺序存储元素，且可存储重复元素，它的实现类为 ArrayList、Vector、LinkedList。Set 接口则是不按特定顺序存储元素，且不允许重复，它的实现类为 HashSet 和 TreeSet。使用较多是 ArrayList 和 HashSet。
- Map 接口的实现类有 Hashtable、Properties、HashMap、LinkedHashMap 和 TreeMap，其中常用的类是 HashMap 和 Properties。
- 泛型，即“参数化类型”。类似于方法定义的形参与方法调用传递的实参，是将类型也定义为参数形式（也称为类型形参），然后在使用时传入具体的类型（也称为类型实参）。使用泛型特性，可提高代码安全性和重用率。集合类是泛型化的，创建对象时，需要利用泛型来明确保存的对象类型。
- java.util.Collections 是针对集合类的一个帮助类，提供了操作集合的一系列工具方法，包括实现对各种集合的搜索、排序、线程安全化等操作。

Java

9 Chapter

项目 9 利用多线程技术实现定时响铃

【知识要点】

- 线程的生命周期
- 线程的创建
- 线程并发控制
- 线程通信机制

引子：为什么需要引入线程？

日常生活中，我们人在同一时间可以做许多事，如在进餐的同时，还可以倾听朋友叙述的故事。在 Java 程序中为了模拟这种功能，引入了线程机制。简单点说，当一个程序能够同时完成多件事情时，就是所谓的多线程程序。多线程程序应用相当广泛，使用多线程程序可以创建窗口程序、网络程序等，比如用户在浏览网页时，网页信息是从服务器端传送过来的，服务器为了应付多个用户同时浏览网页，就必须采用多线程技术。

9.1　实战任务十一：实现闹钟启动的计时功能

9.1.1　任务解读

设定闹钟涉及两个时间点，一是闹钟时间，二是设置闹钟时的系统时间，当这两个时间点重叠时，铃声音乐将被播放，即闹钟响了。因此，闹钟设定后，需要不断地计算两个时间点间的差值，但我们又希望还能同时使用闹钟的其他功能，如再设置新的闹钟，或是上传铃声文件等，意味着这些事务处理应是各自独立执行，互不影响，要达到这样的效果，就必须使用多线程来实现。

9.1.2　知识学习

1. 了解线程

所谓程序是指具有完整功能的一段静态代码。在多任务操作系统中，每个程序的一次动态执行，称为一个进程，它对应着代码加载、执行和直至执行完毕的一个完整过程，是一个动态的实体，它有自己的生命周期。也可以理解为当前正运行的每个程序都是进程，它的生命周期包括进程的产生、发展和消亡三个阶段，对应程序动态执行过程的三个环节。处理器会为每次加载的进程分配一个独立的内存空间，若同一段代码被加载多次，则会被分配到不同的内存空间加以执行。例如，编写两个 txt 文档，需要打开两次记事本工具程序，而这两个文件的编辑处理互不影响。

线程是 CPU 的最小执行单位，是进程内部的执行线索，但它与进程同样也有产生、发展和消亡三个阶段。一个进程在执行过程中，可以产生一个或多个线程，但这些线程共享同一个进程的内存空间，线程间的切换也是在同一内存空间进行的。例如，程序 1 是一个进程，包括走迷宫游戏和计时两个线程，共享同一内存空间，游戏和计时同时进行，但当走出迷宫时，计时停止，而程序 1 和程序 2 则运行于相互独立的内存空间中，如图 9-1 所示。

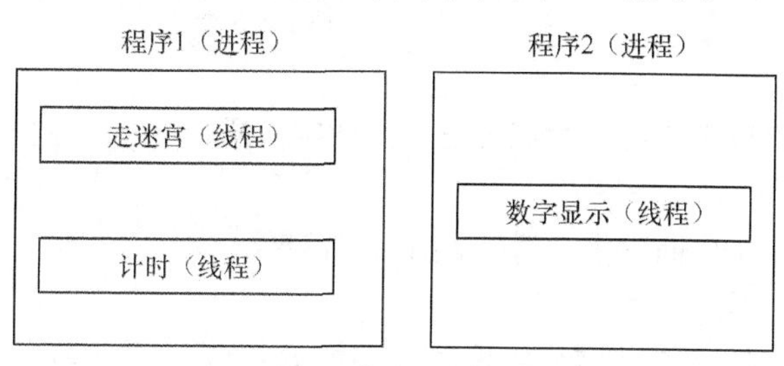

图9-1　进程和线程示例

如果一个进程中包含一个线程，则称为单线程程序，当程序启动时，就会自动发起一个线程，称为主线程，public 类中 main 方法就是运行在主线程上，当程序中包含多个线索，如程序 1 中走迷宫和计时，需要交替进行，会相互影响，则需要多个线程，即为多线程程序。本项目之前的例子程序都是单线程的，当程序运行时，Java 解释器会为 main 方法默认创建一个线程，所以，任何一个应用程序都至少有一个线程，即主线程。下面看一个简单的多线程示例。

例 9-1：显示数字 0 ~ 5，每次显示之间间隔 1 秒。

```
package com.thread.multiple;

public class SimpleMultThread extends Thread{//线程类
    public void run(){//重写 run 方法
        for(int i=0; i<6; i++){
            System.out.println(i);
            try {
                Thread.sleep(1000);
            } catch (InterruptedException e) {
                // TODO Auto-generated catch block
                e.printStackTrace();
            }
        }
    }

    public static void main(String[] args) {
        // TODO Auto-generated method stub
        SimpleMultThread smt = new SimpleMultThread();
        smt.start();
    }
}
```

运行结果，如图 9-2 所示。

```
<terminated> SimpleMultThread [Java Application] (
0
1
2
3
4
5
```

图9-2　例9-1执行结果

上述程序执行的过程如下。

1）执行 main 方法，创建一个 aloneThread 类对象。

2）调用 aloneThread 类中 aloneThread 构造方法。

3）创建线程 myThread 对象，调用 start 方法，启动该线程。

4）执行线程体 run 方法。

5）执行 FOR 循环。

6）在屏幕上打印出数字 0 ~ 5，每打印出一个数字，调用 sleep 方法，让线程进入休眠状态（暂停）1000 毫秒。

7）在循环过程中，若中断程序，则显示出错误信息。

8）循环执行完成，程序结束。

从上面的例子，可以很清楚地看到线程产生、执行以及消亡的过程。在线程的整个生命周期里，有五个状态：新建、就绪、运行、阻塞和死亡，如图 9-3 所示。

新建状态：当线程类的实例被创建时，获得内存资源分配，进入新建状态。如例 9-1 中代码行：

```
SimpleMultThread smt = new SimpleMultThread();
```

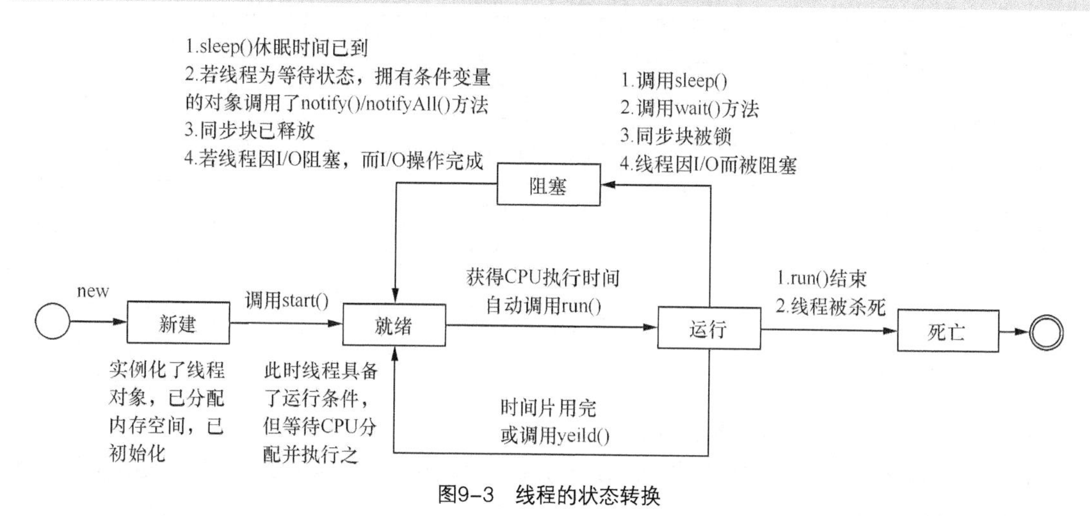

图9-3　线程的状态转换

就绪状态：当处于新建状态的线程被启动后，则进入了就绪状态，此时该线程已具备了运行的条件，进入线程队列等待 CPU 的执行。如例 9-1 中的代码行：

```
smt.start();
```

这条语句调用 start 方法，使得 smt 线程进入就绪状态。

运行状态：当就绪状态的线程被 CPU 调度并获得所需资源时，也就进入了运行状态。每个线程类都有一个 run 方法，一旦该线程对象被系统调度执行，则自动调用该线程对象中的 run 方法，并依次执行其中的每条语句。如例 9-1 的执行结果。

阻塞状态：假如线程处于睡眠、等候或正被另一个线程阻断时，则进入阻塞状态。调用 sleep 方法，可以将线程转至睡眠模式，当睡眠时间过后，又进入就绪状态；而调用 wait 方法可以暂停线程，当线程收到 notify 方法的消息，才能再次进入就绪状态；当共享资源被占用时，即被加了互斥锁，需要等待该共享资源被释放；如果线程受到输入/输出操作的阻塞，只有等待输入/输出操作结束。例 9-1 中是利用 sleep 方法，使得循环每次执行后，暂停 1000 毫秒，再回到就绪状态，其他三种方式将在后续项目介绍。

死亡状态：当 run 方法执行完或采取某种方式主动终止，则线程死亡，前者称为自然死亡，后者则是线程被杀死。

说明

当线程被阻塞的原因消除时，它会自动进入就绪状态；不允许调用或启动已死亡的线程。

2. 创建线程

线程的创建有三种方法：一是创建 Thread 类的子类，二是利用 Runnable 接口，三是利用 Callable 接口。这里重点介绍前两种常用的方法。

（1）创建 Thread 类的子类

java.lang.Thread 类用于在多线程应用程序中创建和执行线程。它的常用方法如表 9-1 所示。

表 9-1 Thread 类中的常用方法

方　法	描　述
static Thread currentThread()	返回当前活动线程
String getName()	返回线程的名字
boolean isAlive()	判断线程是否仍在运行
boolean isInterrupted	判断线程是否被中断
void start()	启动线程，Java 虚拟机在 start 方法中调用 run 方法，以运行线程
void run()	线程的入口点
void destroy()	撤销线程，但不进行资源释放
static void sleep(long millis)	在 millis 长的时间内线程被挂起

例 9–1 就是利用 Thread 来创建线程的，其中：

语句“public class SimpleMultThread extends Thread”，表示定义一个 Thread 类的子类 SimpleMultThread；

语句“SimpleMultThread smt = new SimpleMultThread();”，表示实例化线程类 SimpleMult–Thread；

语句“smt.start();”，表示启动线程对象 smt；

语句“public void run(){}”，重写了线程的 run 方法，方法内即为线程的处理代码，该方法中调用了 sleep(1000)方法，表示每隔 1000 毫秒，执行一次循环。

（2）利用 Runnable 接口

如果开发人员希望自己所定义的某个类，既可扩展自某个其他类，又能运行于自己的线程之中。此时，就需要通过实现 Runnable 接口来创建线程，原因是 Java 不支持多继承性。Runnable 接口中仅有一个方法，即 run 方法，从前面所学的接口知识可知，接口中所有方法必须在其实现类里全部被实现。也就是说，一个类如果要实现 Runnable 接口，需要在 run 方法编写代码，以实现线程的具体功能。事实上，Thread 类也实现了 Runnable 接口。

例 9–2：利用 Runnable 接口来重写例 9–1。

```
package com.thread.multiple;

public class SimpleMultRunnable implements Runnable{//实现 Runnable 接口的类
    public void run(){
        for(int i=0; i<6; i++){
            System.out.println(i);
            try {
                Thread.sleep(1000);
            } catch (InterruptedException e) {
                // TODO Auto-generated catch block
                e.printStackTrace();
            }
        }
    }
```

```
    public static void main(String[] args) {
        // TODO Auto-generated method stub
        SimpleMultRunnable str = new SimpleMultRunnable();
        //创建线程对象，以 Runnable 接口类对象为构造方法参数
        Thread th = new Thread(str);
        th.start();
    }
}
```

例 9-1 和例 9-2 分别采用了不同的创建线程方法，代码不同处如黑体字部分。不过，两个例子在 run 方法中都进行了异常处理，所处理的异常均为 InterruptedException 类。这是由于 run 方法一旦返回，则线程将会终止。run 方法会不断检测线程自身，判断线程是否应该被终止；当线程处于休眠状态时，则调用 interrupt 方法来判定线程是否中断，当线程被中断会抛出 InterruptedException 类异常。

3. 线程并发控制

多线程指的是一个程序运行时（进程）产生了不止一个线程，且这些线程要共用当前进程的资源，如内存空间、变量、I/O 设备等，如何有序高效地利用资源，是多线程应用的关键问题。

我们先来了解几个术语。

1）并行：多个 CPU 实例或者多台机器同时执行一段处理逻辑，这是真正的同时。

2）并发：通过 CPU 调度算法，让用户感觉是同时执行，但实际并非真的同时。

3）线程安全：指在并发情况下，某段代码经过多线程调用，线程的调用顺序不会影响这段代码的执行结果。

4）互斥：当多个线程需要访问同一资源时，要求在一个时间段内只能允许一个线程来操作共享资源（临界区）。这里线程之间不需要知道对方的存在，执行顺序是乱序。

5）同步：线程间需要通过交替执行，访问公共资源，来共同完成一个任务。线程间是合作关系，彼此知道对方的存在，执行顺序是有序的，当然，同步中包含互斥，但这里的互斥是会按照某种逻辑顺序来访问临界区。

同步与互斥是多线程间的交互方式，它是保证多线程并发正确性的重要手段，通过人为的控制和调度，保证共享资源的多线程访问具有线程安全性，从而保证结果的准确性，所以，线程安全的优先级高于性能。

知识延伸：线程安全与不安全。线程安全是指要控制多个线程对某个资源的有序访问或修改。线程同步时可满足安全性，即当一个程序对一个线程安全的方法或语句进行访问时，其他线程将不能再对它操作，必须等到此次访问结束后才能对这个线程安全的方法进行访问。当一个类或者程序所提供的接口对于线程来说是原子操作或者多个线程之间的切换不会导致该接口的执行结果存在二义性,不需要考虑线程同步处理，如果需要写全局变量或静态变量，则必须通过加 synchronized 关键字，保证线程的安全性。如表 8-1 中 Vector、Hashtable 类的功能说明所提到的适于多线程，即具有线程安全性。

（1）互斥性、可见性和顺序性

由于进程拥有系统资源（CPU、内存），而线程本身不拥有资源，只是共享所属进程的资源，

为了保证多个线程有序访问进程资源，Java 引入了 synchronized 关键字，实现了互斥性、可见性和顺序性。来看一下例子。

例 9-3：未使用互斥锁的存取款示例。

```
package com.thread.synchronous;

public class AccessAccounts{//存取款类
    private int account =0;//账户余额

    //存款
    public void deposit(int money){
        account += money;
        System.out.println("时间: " + System.currentTimeMillis() + " 存进: "+money);
    }

    //取款
    public void draw(int money){
        if(account - money < 0){
            System.out.println("余额不足");
            return;
        }
        account -= money;
        System.out.println("时间: " + System.currentTimeMillis() +" 取出: "+money);
    }

    //查询
    public void getMoney(){
        System.out.println("账户余额: " + account);
    }

    public static void main(String[] args) throws InterruptedException {
        // TODO Auto-generated method stub
        final AccessAccounts am = new AccessAccounts();
        //存款线程
        Thread addTh = new Thread(new Runnable(){
            @Override
            public void run() {
                // TODO Auto-generated method stub
                int i = 0;
                while(i++<5){
                    try {
                        Thread.sleep(1000);
                    } catch (InterruptedException e) {
                        // TODO Auto-generated catch block
```

```
                    e.printStackTrace();
                }
                am.deposit(1000);//存入 1000 元
                am.getMoney();
                System.out.println(" \n" );
            }
        }
    });
    //取款线程
    Thread subTh = new Thread(new Runnable(){
        @Override
        public void run() {
            // TODO Auto-generated method stub
            int i = 0;
            while(i++<5){
                am.draw(1000);//取出 1000 元
                am.getMoney();
                System.out.println(" \n" );
                try {
                    Thread.sleep(1000);
                } catch (InterruptedException e) {
                    // TODO Auto-generated catch block
                    e.printStackTrace();
                }
            }
        }
    });
    addTh.start();
    subTh.start();
  }
}
```

运行结果，如图 9-4 所示。

```
余额不足
账户余额：0


余额不足
账户余额：1000


时间：1502845600025 存进：1000
账户余额：1000


时间：1502845600134 取出：1000
账户余额：0


时间：1502845600134 存进：1000
账户余额：1000
```

图9-4　例9-3执行结果

例 9-3 中，包括两个线程：存款线程和取款线程，而账户余款 account 是两个线程的共享资源，从执行结果可以看出，账户余额显示的值有时会是错误的（如图 9-4 中第 2 次），读者可以测试一下，多次运行程序，将有可能出现不同的执行结果。

例 9-4：在方法上加了互斥锁的存取款示例。

```
package com.thread.synchronous;

public class SyncAccessAccounts {
    private int account =0;//账户余额
```

```
    //存款
    public synchronized void deposit(int money){
        account += money;
        System.out.println("时间: "+System.currentTimeMillis()+" 存进: "+money);
    }

    //取款
    public synchronized void draw(int money){
        if(account - money < 0){
            System.out.println("余额不足");
            return;
        }
        account -= money;
        System.out.println("时间: "+System.currentTimeMillis()+" 取出: "+money);
    }
    //查询
    public void getMoney(){
        System.out.println("账户余额: " + account);
    }

    public static void main(String[] args) throws InterruptedException {
        // TODO Auto-generated method stub
        final SyncAccessAccounts am = new SyncAccessAccounts();
        //存款线程
        Thread addTh = new Thread(new Runnable(){
            ……//run 方法主体代码相同，省略
        });
        //取款线程
        Thread subTh = new Thread(new Runnable(){
            ……//run 方法主体代码相同，省略
        });
        addTh.start();
        subTh.start();
    }
}
```

```
余额不足
账户余额: 0

时间: 1502101843176 存进: 1000
账户余额: 1000

时间: 1502101843176 取出: 1000
账户余额: 0

时间: 1502101844180 存进: 1000
账户余额: 1000

时间: 1502101844180 取出: 1000
账户余额: 0
```

图9-5　例9-4执行结果

运行结果，如图 9-5 所示。

例 9-4 利用关键字 synchronized 为 deposit 和 draw 方法加了互斥锁，使得线程 addTh 在存款处理中修改 account 时，线程 subTh 的取款处理操作会被阻塞，直到存款处理完成，这样，存取款线程就能够有序进行了。

由于多线程具有编程和调试复杂性，Java 多线程机制封装了底层硬件和操作系统之间很多的细节，但为了理解和掌握如何实现多线程对资源的共享，需要了解一下现代处理器读写数据的一些细节。处理器使用写缓冲区来临时保存向内存写入的数据，避免由于处理器停顿下来等待向内存写入数据而产生的延迟，保证指令流水线持续运行，同时，通过以批处理的方式刷新写缓冲区，可以减少对内存总线的占用。执行程序时为了提高性能，编译器和处理器常会对指令做重排序，①编译器和指令级优化：编译器和处理器在不改变单线程语句或是指令语义前提下，重新安排语句或是指令的执行顺序；②内在系统：由于处理器使用缓存和读/写缓冲区，这使得加载和存储操作看上去可能是在乱序执行。

对于多线程处理产生的影响就是，处理器读取内存中的数据后，可能会存储在自身缓存中，计算得到的新的结果值也可能直接写到自身缓存中，等待合适的时机再刷新到内存中去，在数据刷新到内存中之前，别的处理器是看不到这个更新的值的，从而引起缓存与主存中数据不一致，即产生值的可见性问题；二是由于允许随意排序某些指令的顺序，使得缓存读取和写回主存的多个变量的顺序可能不同，从而产生无效的执行结果。

Java 中所有的共享变量（如静态变量等）都存储在堆内存中，线程之间可共享，局部变量、方法定义参数和异常处理参数等则不会在线程之间共享，因此也不存在内存可见性问题。Java 内存模型（JMM）定义了线程和主内存之间的抽象关系：线程之间的共享变量存储在主内存中，每个线程都有一个私有的本地内存（local memory 是 JMM 的一个抽象概念，并不真实存在），本地内存中存储了该线程读/写共享变量的副本。JMM 通过禁止特定类型的编译器重排序和处理器重排序，控制主内存与每个线程的本地内存之间的交互，为程序提供内存可见性保证。

由于多线程同时修改某个共享变量时，是先保存于缓存，使得其他线程无法及时得到最新值，所以需要使用 synchronized。例 9-4 利用 synchronized 修饰 deposit 方法，使得线程进入该同步块时，缓存失效，强制从内存中读取 account 的最新值，在退出同步块时，将缓存值强制刷到内存中，从而保证了同一个监视器（也称锁）保护下的多个线程都可以看到最新值，而不会读取脏数据，即实现了可见性。

Java 中的每个对象都包含了一把锁，它自动成为对象的一部分（不必为此写任何特殊的代码）。调用该对象的任何 synchronized 方法时，对象就会被锁定，该对象的其他 synchronized 方法此时也都不可被调用，除非第一个方法完成了自己的工作，并解除锁定。例 9-4 中，SyncAccessAccounts 类的对象实例 am，该对象的 deposit 方法被锁住期间，其他线程不可调用它，也可不调用 draw 方法，这是因为一个对象的所有 synchronized 方法都共享同一把锁，以防止多个线程同时对主内存进行写操作，从而实现了互斥性。

使用 synchronized 修饰代码，将会使得编译器和处理器对指令的重排序被禁止，从而保证了有序性。

（2）利用 synchronized 实现线程同步

为了在多线程执行过程中，使得一个线程对共享资源所做的变化，对其他线程而言是可见的，同时也为了互斥访问，同步操作是必须的。使用 synchronized 修饰方法，该方法称为同步方法。synchronized 的具体用法如下。

① synchronized 修饰成员方法时，则一个线程要执行该方法，必须取得该方法所在的对象的锁，即某个 synchronized 成员方法被调用时，其他 synchronized 成员方法不可被调用。

② synchronized 修饰类方法时，则一个线程要执行该方法，必须获得该方法所在的类的类锁，即某个 synchronized 类方法被调用时，其他 synchronized 类方法同时也被锁住。

③ synchronized 修饰一个代码块，则可使得当不同块所需的锁不冲突时，则不必对整个对

象加锁。采用对代码块加锁，可以减小锁的粒度。

例 9-4 就是同步了成员方法，类方法同步与之类似，不再赘述。

代码块同步的形式为：

```
synchronized(obj){ //obj 表示对象，为共享资源
    …… //code
}
```

通过下面的例子，很容易明白如何使用。

例 9-5：在代码块上加互斥锁的使用示例。

```
package com.thread.synchronous;

public class SyncMultThread_1 extends Thread{

    private SyncShareData oShare;
    public SyncMultThread_1(String thName,SyncShareData oShare){
        super(thName);
        this.oShare = oShare;
    }

    public void run(){
        for(int i=0; i<50; i++){
            if(this.getName().equals("thread1")){
                synchronized(this.oShare){ //为共享的对象 this.oShare 加锁
                    this.oShare.thData = "这是第一个线程";
                    try{
                        Thread.sleep((int)Math.random()* 100);
                    }catch(InterruptedException e){
                        e.printStackTrace();
                    }
                    // 输出结果
                    System.out.println(this.getName() + ":" + this.oShare.thData);
                }
            }else if(this.getName().equals("thread2")){
                synchronized(this.oShare){ //为共享的对象 this.oShare 加锁
                    this.oShare.thData = "这是第二个线程";
                    try{
                        Thread.sleep((int)Math.random()* 100);
                    }catch(InterruptedException e){
                        e.printStackTrace();
                    }
                    System.out.println(this.getName() + ":" + this.oShare.thData);
                }
            }
        }
    }

    public static void main(String[] args) {
```

```
        // TODO Auto-generated method stub
        SyncShareData sd = new SyncShareData();
        SyncMultThread_1 sp_1 = new SyncMultThread_1("thread1", sd);
        SyncMultThread_1 sp_2 = new SyncMultThread_1("thread2", sd);
        sp_1.start();
        sp_2.start();
    }
}

//包含静态变量的类
class SyncShareData{
    public static String thData = "";
}
```

例 9-5 的运行结果，如图 9-6 所示。

```
thread1:这是第一个线程
thread2:这是第二个线程
thread1:这是第一个线程
thread2:这是第二个线程
thread1:这是第一个线程
thread2:这是第二个线程
thread1:这是第一个线程
thread2:这是第二个线程
thread1:这是第一个线程
thread1:这是第一个线程
thread1:这是第一个线程
```

图9-6　例9-5运行结果

代码解释：语句 synchronized(this.oShare){ }，表示为 this.oShare 加了互斥锁，括号内代码段即为同步块，线程 sp_1 执行同步块时，对象 this.oShare 会被锁定，此时，线程 sp_2 不可访问。

思考题：如果例 9-5 中没有使用 synchronized 实现同步，程序执行结果会怎样？

除了关键字 synchronized，从 Java SE 5 开始新增了 java.util.concurrent 包来支持同步，其中 ReentrantLock 类是可重入、互斥的，实现了 Lock 接口的锁，它与使用 synchronized 方法加锁具有相同的基本行为和语义，并且扩展了其能力，有兴趣的读者可以参考相关资料进一步了解。

（3）异步多线程的同步执行

当一个进程包含两个线程，若使用了同步机制，将使得两个线程并发执行时，同一时刻当一个线程使用共享资源，则另一个必须等待；如果没有同步机制，即线程异步，将会出现另一个线程也可以请求到正在被使用的共享资源，造成死锁现象，导致进程崩溃。由此可知，同步安全，但是以牺牲性能为代价的，异步不安全，但性能会有所提升。

在很多情况下，主线程生成并启动了子线程，如果子线程中需要进行耗时的运算，而主线程需要等待子线程的处理结果，才能进行下一步处理，此时，主线程和子线程是异步的，但又需要以同步方式执行，如何实现呢?

Java 提供了两种解决方案：使用 join 方法或 isAlive 方法。

① join 方法

join 方法的功能就是使异步执行的线程变成同步执行。它能够调节各个线程之间的执行顺序，从而实现同步。

例 9-6：异步线程示例。

```
package com.thread.asynchronous;;
public class AsyncMultThread_1 {
    public int a = 0;   //属性
    public static void main(String[] args){
        final AsyncMultThread_1 amt = new AsyncMultThread_1();//实例化
        Thread th = new Thread(new Runnable(){//创建线程
```

```
            @Override
            public void run(){
                for(int i=0;i<5;i++){  //a 连续累加 5 次
                    amt.a++;
                }
            }
        });
        th.start();  //启动线程
        System.out.println(amt.a);
    }
}
```

例 9-6 输出的结果永远都是 0，该例中包含两个线程，一是 main 主线程，另一个是 th。th 线程的 run 方法中 a++操作执行的同时，main 线程也在执行，a++还未处理完，而主线程的语句“System.out.println(amt.a);”已执行完成，因而，无法显示出 a++的最后结果。如果在语句“th.start();”后，加上语句“th.join();”，以表示 th 线程执行完后，再执行后面的语句，就可以得到 a++的最后结果。例中黑体字部分修改后，代码如下：

```
th.start();  //启动线程
try {//调用 join 方法，捕捉异步
    th.join();
} catch (InterruptedException e) {
    // TODO Auto-generated catch block
    e.printStackTrace();
}
System.out.println(amt.a);
```

② isAlive 方法

isAlive 方法的功能是，判定一个线程是否结束，利用该方法进行轮询，也可以达到异步多线程同步的目的。

例 9-7：利用 isAlive 方法，打印出两个直角三角形。

```
package com.thread.asynchronous;

public class AsyncMultThread_2 {
    public void asynMethod(){
        PrintThread pt1 = new PrintThread();
        PrintThread pt2 = new PrintThread();
        // 执行第一个线程
        pt1.start();
        while(pt1.isAlive()){  //while 循环轮询
            try{
                Thread.sleep(100);
            }catch(InterruptedException e){
                e.printStackTrace();
            }
        }
```

```
            pt2.start();
        }

        public static void main(String[] args) {
            // TODO Auto-generated method stub
            AsyncMultThread_2 amt = new AsyncMultThread_2();
            amt.asynMethod();
        }
    }

    class PrintThread extends Thread{
        public void run(){
            //打印出直角三角形
            for(int row = 1, count = 1; row < 20 ; row++, count++){
                for(int j = 0; j < count; j++){
                    System.out.print("*");
                }
                System.out.println();
            }
        }
    }
```

例 9-7 的运行结果，如图 9-7 所示。

代码解释：

① main 主线程中启动了两个子线程 pt1 和 pt2，如果未做同步处理，则 pt1 线程启动后，pt2 紧接着也被启动了，由于两个线程的执行是无序的，会出现第一直角三角形未完成，第二个已开始打印，无法输出两个完整的三角形。

② 通过 while 循环，每隔 100 毫秒，利用 isAlive 方法判断 pt1 线程是否结束，一旦 pt1 结束，则会执行语句“pt2.start();”，pt2 线程被启动，使得 pt1 和 pt2 能够先后有序地执行。

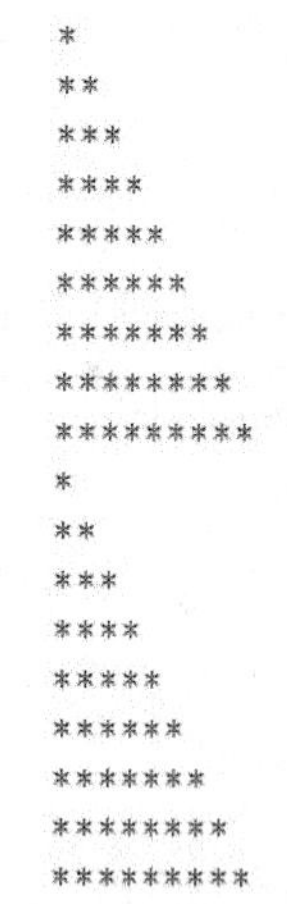

图9-7　例9-7运行结果

（4）死锁现象

通过加互斥锁，能够实现共享资源的有序访问，但锁如果使用不当，可能会造成死锁，即两个或多个线程分别拥有不同的资源，而同时又需要对方释放资源才能继续运行。

我们通过一个例子来了解死锁发生的原因。甲乙两人面对面过独木桥，各走了一段，且互不相让，就可以看作是死锁现象发生了，这里独木桥是共享资源，甲乙两人均已占用了部分独木桥资源，双方都需要走过对方所占用部分，但双方又都不愿退让。

死锁的产生需要同时满足以下四个条件。

① 互斥条件：一个资源每次只能被一个线程使用。独木桥每次只能通过一个人。

② 请求与保持条件：一个线程因请求资源而阻塞时，并对已获得的资源保持不放。乙不退出桥面，甲也不退出桥面。

③ 不剥夺条件；线程已获得的资源，在未使用完之前，不能强行剥夺。甲不能强制乙退出桥面，乙也不能强制甲退出桥面。

④ 循环等待条件：若干线程之间形成一种头尾相接的循环等待资源关系。如果乙不退出桥面，甲不能通过，甲不退出桥面，乙不能通过。

也就是说，只要打破上述四个条件中任何一个，就能够避免死锁现象的发生了。具体的解决方法如下。

① 需要加多个锁时，按照顺序来加。

② 设置锁的超时时限。

③ 创建线程和锁的关系图，通过对其进行检测，防止死锁。

（5）线程优先级

在日常生活中，例如火车售票窗口等经常可以看到“×××优先”，那么，多线程中的每个线程是否也可以设置优先级呢?

Java 支持为每个线程设置优先级。优先级高的线程在排队执行时，会有更多机会获得 CPU 资源去运行。在实际工作中，可以根据业务逻辑，将需要得到及时处理的线程设置成较高的优先级，而把实时性要求不高的线程设置为比较低的优先级。

在 Thread 类中，总计规定了三个优先级，分别为：

① MAX_PRIORITY——最高优先级

② NORM_PRIORITY——普通优先级，也是默认优先级

③ MIN_PRIORITY——最低优先级

在前面创建的线程对象中，由于没有设置线程的优先级，则线程默认的优先级是 NORM_PRIORITY。Thread 类的 setPriority 方法可用于设置线程的优先级，该方法的声明为：

```
public final void setPriority(int newPriority)
```

假设 t 是一个初始化过的线程对象，需要设置 t 的优先级为最高，则实现的代码为：

```
t.setPriority(Thread. MAX_PRIORITY);
```

这样，该线程将获得更多的执行机会，也就是优先执行。如果由于安全等原因，不允许设置线程的优先级，则会抛出 SecurityException 异常。

下面使用一个简单的输出数字的线程演示线程优先级的使用。

例 9-8：优先级设置应用示例。

```
package com.thread.priority;
//应用类
public class TestPriority {
    public static void main(String[] args) {
        PrintNumberThread p1 = new PrintNumberThread("高优先级");
        PrintNumberThread p2 = new PrintNumberThread("普通优先级");
        PrintNumberThread p3 = new PrintNumberThread("低优先级");
        p1.setPriority(Thread.MAX_PRIORITY);
        p2.setPriority(Thread.NORM_PRIORITY);
        p3.setPriority(Thread.MIN_PRIORITY);
        p1.start();
        p2.start();
        p3.start();
    }
```

```
}
//线程类
public class PrintNumberThread extends Thread {
    String name;
    public PrintNumberThread(String name){
        this.name = name;
    }
    public void run(){
        try{
            for(int i = 0;i < 5; i++){
                System.out.println(name + ":" + i);
            }
        }catch(Exception e){}
    }
}
```

程序的一种执行结果为：

```
高优先级:0
高优先级:1
普通优先级:0
高优先级:2
普通优先级:1
高优先级:3
高优先级:4
普通优先级:2
普通优先级:3
普通优先级:4
低优先级:0
低优先级:1
低优先级:2
低优先级:3
低优先级:4
```

例 9-8 中 PrintNumberThread 线程实现的功能是输出数字，每次数字输出之间没有设置时间延迟，在测试类 TestPriority 中，创建三个 PrintNumberThread 类型的线程对象，然后分别设置线程优先级是最高、普通和最低，接着启动线程执行程序。从执行结果可以看出高优先级的线程获得了更多的执行资源，首先执行完成，而低优先级的线程由于优先级较低，所以最后一个执行结束。

虽然设置了线程优先级，仍会无法确保该线程一定先执行，它有很大的随机性。因为线程的执行，是抢占资源后才能执行的操作，最多是给予线程优先级较高的多一点抢占资源的机会而已，能不能抢到却是不一定的。

4. 线程通信机制

利用线程完成多任务时，可通过互斥锁来同步两个线程（任务的行为），使得一个线程占用共享资源时，不会受到另一个线程的干扰，这里两个任务是互不相干的，仅仅是所需要的资源是共同的。在实际应用中，需要多个任务彼此间可以协作，一起解决某个问题。例如，木匠制作一张桌子，主要工序有：购买木材、制作桌子各部件、上油漆和组装。这些工序需要依次进行，但有些工序内部可以同时进行，如桌子各部件的制作、各部件的油漆工作，也就是说，这些任务中，有些可以并行，但有些必须一个任务先结束才能启动下一个任务的执行，如各部件的油漆工作需要等待买好油漆才能开始。

为了实现线程间协作，即线程通信，需要解决两个问题，一是线程间共享资源的互斥，二是线程执行状态的传递。前面已提到过，互斥能够使得同一时间只有一个线程使用共享资源，避免线程间对资源的无序竞争，在此基础上，Java 又提供了一个途径，可以让当前线程挂起，直到某些外部条件发生变化（如油漆已买到），表示可以让当前线程继续（可以油漆各部件）。该途径是通过 Object 的 wait、notify 和 notifyAll 方法来实现的，这些均为 final 方法。

Java 中每个对象都包含一个监视器，它自动成为对象的一部分，任何时候只可有一个线程拥有该对象的监视器。当对象中的任何一个 synchronized 方法被调用，该对象将被锁定，此时其他 synchronized 方法就不能被调用，除非第一个 synchronized 方法处理完事务，并解锁。

（1）wait 方法

wait 方法的作用是，告诉当前线程放弃对当前对象监视器的控制权并睡眠，直到另一个线程调用 notify 方法，该方法多用于多线程同步处理。

语法：public final void wait() throws InterruptedException

知识延伸： 三种延迟线程请求时间方法 wait()、sleep()和 yield()的区别。

① 当 sleep 方法被调用时，锁并没有被释放。

② 当 wait 方法被调用时，当前线程被挂起，锁也被释放了，需用 notify 方法来恢复线程的运行。

③ yield 方法是让当前运行线程回到就绪状态，以允许具有相同优先级的其他线程获得运行机会。但实际中无法保证 yield 达到让步目的，因为让步的线程还有可能被线程调度程序再次选中。

（2）notify 方法

notify 方法的作用是，唤醒正在等候当前对象监听器的单个线程。若有多个线程在等待，则任选其中一个。当然只有拥有对象监视器的线程才能使用这个方法。

语法：public final void notify()

可使用 notifyAll 方法唤醒所有的线程。

5. 线程通信的实现

先看一个例子：苹果丰收了，果农会将苹果摘下来，分等级出售。摘苹果的时候，果农甲将树上的苹果摘下放入筐中，树下的果农乙会从这个筐中取苹果，依质量好坏分类放入其他筐中。甲不停地摘下苹果放入筐中，乙不停地从筐中取出苹果。如果筐中苹果已取完，则乙必须等待直到甲又摘了苹果放入筐中；如果筐已满，而乙还未拿走一个的话，甲也必须等待直到乙开始取苹果。

这个例子所描述的情景类似于两个线程间的协作（通信），产生数据（苹果）的线程被称为生产者，而使用数据的线程为消费者，例子中的甲类似于生产者，而乙是消费者。一旦筐中的苹果取完后，乙会告诉甲并等待；反之，筐装满后，甲也会通知乙。

下面利用关键字 synchronized 以及 wait 和 notify 方法，实现线程通信。

例 9-9：以摘苹果模拟线程通信的实现。

```
package com.thread.productCustomer;

import java.util.ArrayList;
import java.util.List;

/**
 * 生产者和消费者示例。篮子为互斥区
 *
 * @author Administrator
 *
 */

// 苹果类
class Apple {
    private double weight;
    private double price;

    public double getWeight() {
        return weight;
    }

    public void setWeight(double weight) {
        this.weight = weight;
    }

    public double getPrice() {
        return price;
    }

    public void setPrice(double price) {
        this.price = price;
    }
}

class PutThread extends Thread {
    private Basket basket;
    private Apple apple = new Apple();

    public PutThread(Basket basket) {
        this.basket = basket;
    }

    public void run() {
```

```
        for (int i = 0; i < 100; i++)
            basket.putApple(apple);
    }
}

class GetThread extends Thread {
    private Basket basket;

    public GetThread(Basket basket) {
        this.basket = basket;
    }

    public void run() {
        for (int i = 0; i < 100; i++)
            basket.getApple();
    }
}

public class Basket {

    /** 共享资源：篮子 */
    private List<Apple> apples = new ArrayList<Apple>();

    /** 取苹果 */
    public synchronized Apple getApple() {
        Apple apple = null;
        while (apples.size() == 0) {
            try {
                wait(); // 当前线程进入阻塞队列
            } catch (InterruptedException e) {
                e.printStackTrace();
            }
        }
        apple = apples.get(apples.size() - 1); // 获得篮子中的苹果
        apples.remove(apples.size() - 1);// 获取篮子中的苹果
        // 唤醒阻塞队列的某线程到就绪队列
        notify();
        System.out.println("取出苹果");
        return apple;

    }

    /** 放入苹果 */
    public synchronized void putApple(Apple apple) {
        while (apples.size() >=5) {
```

```
            try {
                wait();
            } catch (InterruptedException e) {
                e.printStackTrace();
            }
        }
        apples.add(apple);
        // 唤醒阻塞队列的某线程到就绪队列
        notify();
        System.out.println("放入苹果");
    }

    public static void main(String[] args) {
        Basket basket = new Basket();
        new PutThread(basket).start();
        new GetThread(basket).start();
    }
}
```

例 9-9 运行的结果，如图 9-8 所示。

```
放入苹果
放入苹果
放入苹果
取出苹果
取出苹果
放入苹果
放入苹果
取出苹果
取出苹果
取出苹果
```

图9-8　例9-9运行结果

上述程序执行过程如下。

1）创建 Apple 类，作为消费者使用的数据，同样也是生产者所产生的数据。

2）创建 Basket 类，该类中定义 ArrayList 类对象 apples，用于存放数据（苹果），定义两个 synchronized 方法，putApples 用于放入苹果，getApples 用于取走苹果。

3）putApples 方法中将每次产生的数据，作为元素放入 apples 对象中。

4）getApples 方法则从 apples 对象中取出最新产生的数据，作为输出在屏幕上显示出来。

5）创建线程类 PutThread 和 GetThread，分别调用了 putApples 和 getApples 方法。

6）在 main 方法中创建这两个线程类的对象，激活线程。

这个例子所处理的是两个线程间的协作，假如多个线程进行协作，一旦一个线程完成数据产生，需要通知所有等待着的线程，可以用 notifyAll 方法来替代 notify 方法实现。

9.1.3　任务实施

利用多线程机制，实现闹钟工具软件中，判断是否到达定时时间的功能。实现代码：

```
package com.alarm.ui;

……//包导入代码，省略

public class AlarmUI extends JFrame {
```

```
    ……//引用变量声明代码，省略

    public AlarmUI(){

        ……//构造方法部分代码，省略

        btnStart_1 = new JButton("开启定时闹钟");
        btnStart_1.setForeground(new Color(15,77,118));
        btnStart_1.setFont(font_2);
        btnStart_1.setBounds(120, 170, 120, 30);
        btnStart_1.addActionListener(new ActionListener(){ //闹钟1的启动按钮监听
            @Override
            public void actionPerformed(ActionEvent e) {
                //获取闹钟时分秒,
                if(!"关闭".equals(String.valueOf(hour)) &&
                    !"关闭".equals(String.valueOf(minute)) &&
                    !"关闭".equals(String.valueOf(second)) && ringIndex >= 0){
                        btnListen_1.setText("停止");
                    //启动线程，每隔1秒判断一次，如与设置时间等，则播放铃声
                    new Thread(new TimeListen(1,
                        alarmPaths.get(ringIndex),hour,minute,second)).start();
                }else{
                    JOptionPane.showMessageDialog(null, "时间未设置或未选
铃声", "温馨提示：", JOptionPane.INFORMATION_MESSAGE);
                    return;
                }

                //获取选择的信息——闹钟设置
                boolean isRepeat = false;
                if(rbNorepeat_1.isSelected()) isRepeat = false;
                if(rbRepeat_1.isSelected()) isRepeat = true;
                String tipContent = txtTip_1.getText();
                System.out.println(hour + "  " + minute + "  " + second + "
" + ringIndex + "  " + isRepeat + "  " + tipContent);

                //时,分,秒,铃声,是否重置
                ……//代码未修改，省略

        });

        ……//构造方法内其他代码，未修改，省略

    }//构造方法结束
```

```
//计算剩余时间
public String getRemaintime(int clockIndex, int target_h, int target_m, int target_s){
    String msg = null;

    Calendar cal = Calendar.getInstance();
    int current_h = cal.get(Calendar.HOUR_OF_DAY); //小时
    int current_m = cal.get(Calendar.MINUTE); //分
    int current_s = cal.get(Calendar.SECOND); //秒

    //将目标和当前系统时间转为秒
    int tar = target_h * 3600 + target_m*60 + target_s;
    int cur = current_h *3600 + current_m*60 + current_s;

    //当前时间与设置时间相差 30 秒时，设置 IntervalSecond 属性值
    if(tar-cur == 30){
        this.setIntervalSecond(30);
    }

    //当前时间与设置时间吻合时，消息内容更新
    if(tar-cur == 0){
        msg = "time's up.";
        System.out.println(msg);
    }
    return msg;
}

//内部类：时间监听线程
class TimeListen implements Runnable{
    String filepath;
    int clockIndex;
    int target_h;
    int target_m;
    int target_s;

    public TimeListen(int clockIndex, String filepath,
                int target_h, int target_m, int target_s){
        this.filepath = filepath;
        this.clockIndex = clockIndex;
        this.target_h = target_h;
        this.target_m = target_m;
        this.target_s = target_s;
    }
```

```
        @Override
        public void run() {
            // TODO Auto-generated method stub
            while(true){
                try{
                    Thread.sleep(1000); //休眠1000ms，即1秒
                }catch(Exception e){
                    e.printStackTrace();
                }
                //调用方法getRemaintime获得剩余时间
                String msg =
                  getRemaintime(clockIndex,this.target_h,this.target_m,this.
target_s);
                if(msg != null){
                    ……//闹钟播放音乐的处理代码，后续项目实现
                }
            }
        }
    }
}
```

代码解释：

1）当单击“开启定时闹钟”按钮时，首先判断定时的时、分和秒选项，是否都已经选择，如果是，则启动时间监听线程，每隔1秒钟计算一次设定时间与当前系统时间是否相等。

2）采用内部类实现时间监听线程，在run方法中，利用sleep方法，使得线程每休眠1000毫秒，之后将调用getRemaintime方法计算剩余时间。

3）getRemaintime方法，用于计算剩余时间，方法参数为闹钟设定时间的时、分和秒，将设定时间和当前系统时间统一转为秒值，判断是否到达设定时间，如果与设定时间相差30秒，且此时窗体最小化到托盘，将会通过系统托盘提醒用户。

同步练习：实现闹钟工具软件中当前时间的动态显示。

同步练习：音乐播放器项目MusicPlayerProj中，实现音乐播放进度条的动态显示。

练习提示：请充分利用前面练习已写的代码。

9.2 实战任务十二：实现铃声播放功能

9.2.1 任务解读

当闹钟工具软件启动后，窗体上需要实时地显示当前系统时间；一旦到达设置的闹钟时间，还需要播放所选定的铃声音乐，这也需要使用多线程来实现。要注意的是，铃声播放线程，与实战任务十一中的闹钟定时判断是否到达设定时间线程，有逻辑关系，即定时判断线程执行完成，闹钟播放才会被启动，而实时显示当前系统时间线程与前两者没有关联。

9.2.2 知识学习

1. 音乐播放

音乐播放是读取音乐文件，并通过声音输出设备输出的过程，也是一个输入/输出流的过程，之所以放在这里，原因是在实际应用中，音乐播放往往会与程序中的其他功能是并行的，需要利用线程来实现。

Java 提供了音乐播放 API，支持 wav 格式文件，javax.sound.sampled 包提供了 AudioInput-Stream、AudioFormat、AudioSystem、DataLine 和 SourceDataLine，用于实现音乐文件的读取、格式定义，以及输出到混频器等操作。

例 9-10：不使用线程的音乐播放示例。

```
package com.thread.music;

import java.io.File;
import java.io.IOException;
import javax.sound.sampled.AudioFormat;
import javax.sound.sampled.AudioInputStream;
import javax.sound.sampled.AudioSystem;
import javax.sound.sampled.DataLine;
import javax.sound.sampled.SourceDataLine;
import javax.sound.sampled.UnsupportedAudioFileException;

public class MusicPlay {
    private String fileName;
    public MusicPlay(String fileName){
        this.fileName = fileName;
    }
    //音乐播放方法
    public void mPlay(){
        File musicFile = new File(fileName);
        AudioInputStream audioInputstream = null;//创建音频输入流对象
        try{
            audioInputstream = AudioSystem.getAudioInputStream(musicFile);
        }catch(UnsupportedAudioFileException ue){
            ue.printStackTrace();
            return;
        }catch(IOException ioe){
            ioe.printStackTrace();
            return;
        }

        AudioFormat format = null;//创建音频格式对象
        DataLine.Info info = null;//嵌套类 DataLine.Info 根据指定格式构造信息对象
```

```
        //源数据行对象，使得音频数据可写入该数据行，充当混频器的源
        SourceDataLine dataline = null;
        try{
            format = audioInputstream.getFormat();
            info = new DataLine.Info(SourceDataLine.class, format);
            dataline = (SourceDataLine)AudioSystem.getLine(info);
            dataline.open(format);//按指定格式打开的源数据行
            dataline.start();   //允许数据行进行 IO 操作
        }catch(Exception e){
            e.printStackTrace();
            return;
        }

        //从输入流中读取数据发送到混音器
        int readBytes = 0;
        byte[] bufBytes = new byte[1024];
        try{
            while((readBytes = audioInputstream.read(bufBytes)) != -1){
                //利用源数据行将音频数据写入混频器
                dataline.write(bufBytes, 0, readBytes);
            }
        }catch(IOException e){
            e.printStackTrace();
            return;
        }finally{
            //清空数据缓冲，并关闭源数据行
            dataline.drain();
            dataline.close();
        }
    }

    public static void main(String[] args) {
        // TODO Auto-generated method stub
        MusicPlay mp = new MusicPlay("d:\\alarm9.wav");
        mp.mPlay();
    }
}
```

上述代码的实现过程如下。

1）调用 AudioSystem 类的 getAudioInputStream 静态方法，创建音频输入流类 AudioInput-Stream 的对象 audioInputstream。

2）调用 audioInputstream 对象的 getFormat 方法，创建音频格式对象 format。

3）实例化嵌套类 DataLine.info，根据指定格式 format，构造信息对象。

4）调用 AudioSystem 类的 getLine 静态方法，获得信息对象的源数据行 SourceDataLine

类对象 dataline。

5）调用 dataline 对象的 start 方法，启动流的读写操作。

6）调用 audioInputstream 对象的 read 方法，从音乐文件中读取内容到字节数组 bufBytes 中，如果读取值为-1，则表示文件读取完毕。

7）调用 dataline 对象的 write 方法，每次将字节数组 bufBytes 中的 readBytes 个字节写入到混频器中，即播放音乐。

同步练习：音乐播放器项目 MusicPlayerProj 中，能够选择音乐，并播放音乐。

练习提示：请充分利用前面练习已写的代码。

2. 利用线程实现动画

计算机游戏中多线程技术的利用率是非常高的，在一个游戏场景中，几乎所有能动的对象都需要线程来控制，想象一下驾驶飞机战斗的游戏，游戏中玩家掌控的飞机、敌机、障碍物、音响效果，甚至炮弹都需要线程来控制。

动画实现的基本原理：Java 的图形界面，每个组件都是由 paint/paintComponent 方法绘制出来的，通过定时重新绘制组件，就可以产生动画效果，定时触发绘制是由线程来实现的，绘制动作本身则是通过重写 paint/paintComponent 方法完成的。关于 paint 与 paintComponent 的区别，见项目 4 的 4.4.2 节。

例 9-11：圆形钟动画。

```
package com.thread.animate;

import java.awt.Color;
import java.awt.Dimension;
import java.awt.Font;
import java.awt.Graphics;
import java.util.Calendar;
import javax.swing.JFrame;
import javax.swing.JPanel;

public class CircleTimer extends JFrame implements Runnable{
    ClockPanel panel ;
    int hour;
    int minute;
    int second;
    Calendar cl;
    public CircleTimer(){
        panel = new ClockPanel();//创建时钟面板
        panel.setFont(new Font("Courier", Font.BOLD, 16));
        this.add(panel);
        this.setVisible(true);
        this.setPreferredSize(new Dimension(400,400));//设置窗体尺寸
        this.pack();
        this.setDefaultCloseOperation(JFrame.EXIT_ON_CLOSE);
```

```
        panel.setParameter(this.getWidth(), this.getHeight());//设置时钟面板尺寸
    }

    @Override
    public void run() {
        // TODO Auto-generated method stub
        while(true){
            try{
                cl = Calendar.getInstance();//创建日历对象
                this.hour = cl.get(Calendar.HOUR); //获取系统时间的时
                this.minute = cl.get(Calendar.MINUTE);//获取系统时间的分
                this.second = cl.get(Calendar.SECOND);//获取系统时间的秒
                //调用 ClockPanel 的方法，设置参数，触发重绘组件动作
                panel.curTime(this.hour, this.minute, this.second);
                System.out.println(this.hour + " " + this.minute +" "+ this.second);
                Thread.sleep(1000);//线程休眠 1000 毫秒
            }catch(InterruptedException e){
                e.printStackTrace();
            }
        }
    }

    public static void main(String[] args) {
        // TODO Auto-generated method stub
        CircleTimer ct = new CircleTimer();
        Thread th = new Thread(ct);
        th.start();
    }
}
//时钟面板
class ClockPanel extends JPanel{
    int centerX;
    int centerY;
    int radius;
    int hour;
    int minute;
    int second;
    int width;
    int height;

    public void paintComponent(Graphics g){//重写绘制方法
        super.paintComponent(g);//清除之前画布
        //绘制时钟上的字
        g.setColor(Color.BLACK);
```

```
        g.drawString("12", centerX - 5, centerY - radius + 16);
        g.drawString("6", centerX - 3, centerY + radius - 3);
        g.drawString("9", centerX - radius + 3, centerY - 3);
        g.drawString("3", centerX + radius - 10, centerY + 3);
        //绘制时钟圆
        g.setColor(Color.GRAY);
        g.drawOval(centerX - radius, centerY - radius, radius * 2, radius * 2);
        //绘制时针
        int hourLength = (int)(radius * 0.5);
        //hour = 10, minute =30; hour%12 + minute/60 = 10.5，得出小时值
        //圆上每个点的 X 坐标=a + Math.sin(2*Math.PI / 360) * r; Y 坐标=b +
Math.cos(2*Math.PI / 360) * r;
        int hourX = (int)(centerX + hourLength * Math.sin((this.hour % 12 +
this.minute / 60.0) * (2 * Math.PI / 12)));
        int hourY = (int)(centerY - hourLength * Math.cos((this.hour % 12 +
this.minute / 60.0) * (2 * Math.PI / 12)));
        g.setColor(Color.BLACK);
        g.drawLine(centerX, centerY, hourX, hourY);
        //绘制分针
        int minuteLength = (int)(radius * 0.7);
        int minuteX = (int)(centerX + minuteLength * Math.sin(this.minute *
(2 * Math.PI / 60)));
        int minuteY = (int)(centerY - minuteLength * Math.cos(this.minute *
(2 * Math.PI / 60)));
        g.setColor(Color.BLUE);
        g.drawLine(centerX, centerY, minuteX, minuteY);
        //绘制秒针
        int secondLength = (int)(radius * 0.8);
        int secondX = (int)(centerX + secondLength * Math.sin(this.second
                                        * (2 * Math.PI / 60)));
        int secondY = (int)(centerY - secondLength * Math.cos(this.second
                                        * (2 * Math.PI / 60)));
        g.setColor(Color.RED);
        g.drawLine(centerX, centerY, secondX, secondY);
    }

    //设置时钟的半径、圆心
    public void setParameter(int width, int height){
        this.radius = (int)(Math.min(width, height) * 0.7 * 0.5);
        this.centerX = width / 2;
        this.centerY = height / 2;
    }

    //获取当前时间的时、分、秒
    public void curTime(int hour, int minute, int second){
        this.hour = hour;
```

```
            this.minute = minute;
            this.second = second;
            repaint();//重绘时钟面板画布
        }
    }
```

运行结果，如图 9-9 所示。

代码解释：

1）时钟面板 ClockPanel 类，定义了电子时钟的时、分、秒以及尺寸等参数；重写了 paintComponent 方法，其功能是绘制时钟；定义了 curTime 方法，用于设置新一帧画面的时、分、秒值，并调用 repain 方法，使得 paintComponent 被重新调用，达到刷新时钟画面的目的。

2）paintComponent 方法中，依据三角函数来计算时、分、秒针的位置，如指针的 *x*、*y* 坐标，分别来自于 sin 和 cos 公式，角度的计算则是根据圆的弧度与指针位置的变化，如对于时针，将圆形分割是为 12 份，即每小时的弧度 2 * Math.PI/12，由于每天为 24 小时，而时钟圆上仅有 12 个刻度，需要进行 this.hour % 12 运算，同时结合分钟的变化 this.minute / 60.0，最终得到时针所在的准确角度（图 9-10）；重新绘制画面时，要注意先擦去原有的画面，调用父类的 paintComponent(g)方法，即可实现。

3）主类 CircleTimer 是一个 JFrame 的子类，即窗体，将 ClockPanel 类作为窗体的面板，同时该类实现了 Runnable 接口，也就是说该窗体也是一个线程，在 run 方法中，每隔 1000 毫秒，调用一次 ClockPanel 类中 curTime 方法，并将当前时、分、秒作为方法参数，从而实现每秒重新绘制一次时钟画面的动画效果。

图9-9　例9-11运行结果

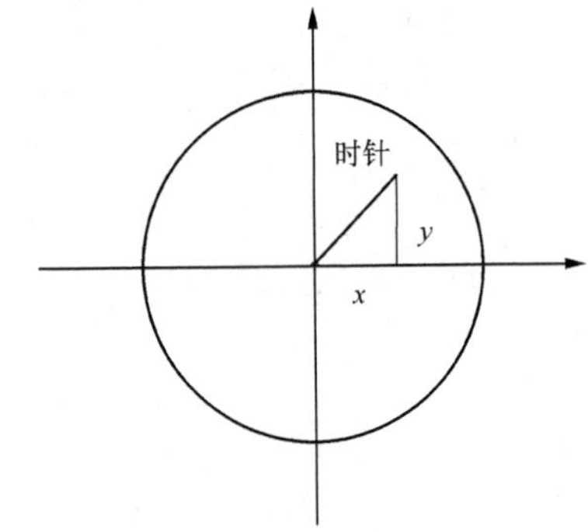

图9-10　时钟的指针坐标示意图

同步练习：设计并实现一个具有动画效果的生日贺卡，包括音乐、动画和文字内容。

9.2.3 任务实施

闹钟工具软件中，当到达设定时间时，将会触发铃声的播放，单击“停止”时，音乐停止播放，而闹钟的其他功能同时也可以使用，通过线程能够很好地控制它们。设置时间选择铃声时，也可以单击“试听”来播放铃声。

完善实战任务十一的时间监听类 TimeListen 中 run 方法的代码：

```
public class AlarmUI extends JFrame {
    ……//主类变量声明代码，省略
    public AlarmUI(){
```

```
        ……//构造方法部分代码，省略

        btnListen_1 = new JButton("试听");
        btnListen_1.setFont(font_2);
        btnListen_1.setBounds(225, 50, 70, 30);
        btnListen_1.addActionListener(new ActionListener(){
            @Override
            public void actionPerformed(ActionEvent arg0) {
                // TODO Auto-generated method stub
                if(ckbFile_1.getItemCount() <= 1){
                    JOptionPane.showMessageDialog(null, "暂无铃声，无法试听",
                        "提示信息", JOptionPane.OK_OPTION);
                    return;
                }
                if("试听".equals(btnListen_1.getText())){
                    //音乐播放
                    System.out.println(ringIndex);
                    ringTh1 = executeRing(alarmPaths.get(ringIndex));
                    //将按钮显示更改为"停止"
                    btnListen_1.setText("停止");
                    ckbFile_1.setEnabled(false);
                }else if("停止".equals(btnListen_1.getText())){
                    //如果铃声在播放，则中断该铃声播放
                    if(ringTh1 != null){
                        if(ringTh1.isAlive()) ringTh1.close(); //运行状态停止
                    }
                    //重置时、分、秒选项
                    ckbHour_1.setSelectedIndex(0);
                    ckbMinute_1.setEnabled(false);
                    ckbSecond_1.setEnabled(false);
                    //下位列表可使用
                    ckbFile_1.setEnabled(true);
                }
            }
        });

        ……//构造方法部分代码，省略
}

//时间监听内部类
class TimeListen implements Runnable{
        ……//变量声明，构造方法，省略

        @Override
        public void run() {
            // TODO Auto-generated method stub
            while(true){
```

```
                try{
                    Thread.sleep(1000); //休眠1000 ms，即1秒
                }catch(Exception e){
                    e.printStackTrace();
                }
                //调用方法获得剩余时间
                String msg =
                    getRemaintime(clockIndex,this.target_h,this. target_m,
this.target_s);
                if(msg != null){ //定时时间到
                    //选择每日提醒，则重复计算剩余时间，否则不再重复计算
                    if(this.clockIndex == 1 && rbRepeat_1.isSelected()){
                        ringTh1 = executeRing(this.filepath);  //音乐播放
                    }else if(this.clockIndex == 1 && rbNorepeat_1.isSelected()){
                        ringTh1 = executeRing(this.filepath);  //音乐播放
                        break;
                    }
                    //第二个闹钟播放音乐的处理代码，省略
                }
            }
        }
    }

    //播放铃声线程创建的方法
    public RingPlayer executeRing(String path){
        RingPlayer th = new RingPlayer(path, true);//创新音乐播放线程类对象
        th.start();
        return th;
    }

    ……//主类后续代码，省略
}

//音乐播放线程类
package com.alarm.utility;

import java.io.File;
import java.io.IOException;
import java.util.logging.Level;
import java.util.logging.Logger;
import javax.sound.sampled.AudioFormat;
import javax.sound.sampled.AudioInputStream;
import javax.sound.sampled.AudioSystem;
import javax.sound.sampled.DataLine;
import javax.sound.sampled.SourceDataLine;
import javax.sound.sampled.UnsupportedAudioFileException;
import com.alarm.ui.AlarmUI;
```

```
public class RingPlayer extends Thread{
    private Logger rLogger = AlarmLogger.getLogger(AlarmUI.class.getName());
    private String fileName; //音乐文件
    private boolean isRun; //播放标志

    public RingPlayer(String fileName, boolean isRun){
        this.fileName = fileName;
        this.isRun = isRun;
    }

    public void run(){
        File musicFile = new File(fileName);
        //创建音频输入流对象
        AudioInputStream audioInputstream = null;
        try{
            audioInputstream = AudioSystem.getAudioInputStream(musicFile);
        }catch(UnsupportedAudioFileException ue){
            rLogger.log(Level.SEVERE,"不支持的文件类型");
            ue.printStackTrace();
            return;
        }catch(IOException ioe){
            rLogger.log(Level.SEVERE,"文件读取出错");
            ioe.printStackTrace();
            return;
        }

        AudioFormat format = null;//创建音频格式对象
        DataLine.Info info = null;//嵌套类 DataLine.Info 根据指定格式构造信息对象
        //源数据行，使得音频数据可写入该数据行，充当混频器的源
        SourceDataLine dataline = null;
        try{
            format = audioInputstream.getFormat();
            info = new DataLine.Info(SourceDataLine.class, format);
            dataline = (SourceDataLine)AudioSystem.getLine(info);
            dataline.open(format);//按指定格式打开的数据行
            dataline.start();   //允许数据行进行 IO 操作
        }catch(Exception e){
            e.printStackTrace();
            rLogger.log(Level.SEVERE, "音乐源出错");
            return;
        }

        //从输入流中读取数据发送到混音器
        int readbytes = 0;
        byte[] bufbytes = new byte[1024];
        try{
```

```
            while(readbytes != -1&& isRun){
                readbytes = audioInputstream.read(bufbytes);
                if(readbytes > 0){
                    dataline.write(bufbytes, 0, readbytes);
                }
            }
        }catch(IOException e){
            e.printStackTrace();
            rLogger.log(Level.SEVERE, "音频播放出错");
            return;
        }finally{
            //清空数据缓冲，并关闭源数据行
            dataline.drain();
            dataline.close();
        }
    }

    //停止线程
    public void close(){
        this.isRun = false;
    }
}
```

代码解释：

1）当 getRemaintime 方法返回值为非空时，表示设定时间到，通过调用 executeRing 方法来启动音乐播放线程。

2）RingPlayer 是一个自定义的外部线程类，音乐播放的实现原理与例 9-10 是一样的，只不过是将音乐播放代码放在 run 方法中；当单击“停止”按钮时，音乐会停止，所谓音乐停止就是线程停止，因此，定义了一个标志变量 isRun，并作为 run 方法中 while 循环的条件，控制数据是否继续写入混频器，当 close 方法被调用时，isRun 为 false，线程也就会终止。

知识延伸：Java 中终止正在运行的线程，有以下三种方法。

1）使用退出标志，使线程正常退出，也就是当 run 方法完成后线程终止。

2）使用 stop 方法强行终止，但是不推荐这个方法，因为 stop 和 suspend 及 resume 一样都是过期方法。

3）使用 interrupt 方法中断线程。

同步练习：音乐播放器项目 MusicPlayerProj 中，改进音乐播放功能，使得音乐播放过程中，可以暂停或停止音乐。

练习提示：请充分利用前面练习已写的代码。

知识梳理

- 程序是指具有完整功能的一段静态代码。在多任务操作系统中，每个程序的一次动态执行，称为一个进程，其生命周期包括进程的产生、发展和消亡三个阶段。线程是 CPU 的最小执行单位，是进程内部的执行线索，但它与进程具有相同的生命周期。一个进程在执行过程中，可以产生一个或多个线程，处理器会为每个进程分配独立的内存空间，而线程则要共享所属进程的内存空间，也就是说，创建线程无须再申请空间，因此，线程间的切换是在同一内存空间进行的，线程较进程的开销明显要小。

• Java 创建线程方法有三种：通过继承 Thread 类创建；通过实现 Runnable 接口创建；利用 Callable 接口创建。本项目重点介绍了前两种常用的方法。当程序中类需要继承多个类，或是线程类仅使用一次时，利用 Runnable 接口来创建线程更为合适。

• 线程生命周期中，包括五个状态。①**新建状态**：当线程类的实例被创建时，获得内存资源分配，进入新建状态；②**就绪状态**：调用 start 方法，线程将被启动，进入就绪状态，此时该线程已具备了运行的条件，进入线程队列等待 CPU 的执行；③**运行状态**：线程被 CPU 调度并获得所需资源时，也就进入了运行状态，自动调用 run 方法，并依次执行其中的每条语句；④**阻塞状态**：假如线程处于睡眠、等候或正被另一个线程阻断时，则进入阻塞状态。利用 sleep、wait 方法，线程将主动进入阻塞状态。如果线程受到输入/输出操作的阻塞，只有等待输入/输出操作结束。当共享资源被占用时，需要等待该共享资源被释放。⑤**死亡状态**：当 run 方法执行完或采取某种方式主动终止，则线程死亡，前者称为自然死亡，后者则是线程被杀死。在程序中若需要主动终止线程，多采取设置退出标志的方式。

• 多线程指的是一个程序运行时（进程）产生了不止一个线程，且这些线程要共用当前进程的资源，如内存空间、变量、I/O 设备等。

• 所谓线程并发，是指通过 CPU 调度算法，让用户感觉到多个线程在同时执行，但并非真正地同一时刻。如果在并发情况下，某段代码经过多线程调用，线程的调用顺序不会影响这段代码的执行结果，则称这段代码是线程安全的。

• 同步机制可以实现多线程对资源有序高效的访问，Java 提供了同步机制的多种实现方式。synchronized（互斥锁）是通过对共享资源访问的互斥，来实现线程同步最简单的一种方式，synchronized 的作用是保证了多线程操作的互斥性、可见性和顺序性。synchronized 有三种常用方法：修饰普通方法、修饰静态方法和修饰代码块。当多个线程需要访问同一资源时，可通过加"互斥锁"来达到某一时刻仅能允许一个线程访问的目的，这里线程间没有逻辑关系，执行顺序是一个乱序。

• Java 线程协作机制（线程通信），用于实现线程间协作，以共同完成任务。实现线程协作的关键在于：一是线程间共享资源的互斥，二是线程执行状态的传递。通过利用 synchronized，以及 wait、notify/notifyAll 方法，可以解决以上问题。实际应用中，常常需要线程间交替执行，共同完成一个任务，此时线程间是合作关系，执行要求按照一定顺序，利用线程同步机制，可以实现对共享资源的互斥但逻辑有序的访问。

• 线程并发控制中，需要合理使用同步机制，避免死锁现象发生。所谓死锁是指两个或多个线程分别拥有不同的资源，而同时又需要对方释放资源才能继续运行。利用同步机制，使得多线程能够有序访问共享资源，但在一定程度上会牺牲性能，所以，使用"互斥锁"应尽量减小锁的粒度。

• 在实际应用中，常常会需要使用多线程技术，尤其是在游戏开发中动画效果的实现。Java 中利用线程实现动画的基本思路：通过线程实现每隔一定时间，调用 repaint 方法重新绘制组件，即重写 paint/paintComponent 方法，从而产生动画效果。

Java

10 Chapter

项目 10
利用 Socket 实现铃声远程上传/下载

【知识要点】

- 客户端/服务器模型
- 网络协议
- TCP 和 UDP 协议
- 套接字
- ServerSocket 和 Socket
- DatagramSocket 和 DatagramPacket

引子：在 Java 中实现远程访问容易吗?

所谓远程访问即同一台或不同机器上的两个进程间的通信过程。这样的应用普遍存在，比如用户使用浏览器访问 Web 网页，这个就是典型的进程间通信，其中发起访问请求的浏览器是一个进程，被访问的 Web 服务器是另一个进程。通常把发起访问请求的进程称为客户端，把被访问的进程称为服务器，并将其所构成的系统称为客户端/服务器架构系统。

实现客户端/服务器架构系统看起来是一个很难的事情，就好比两个人在一间屋子内交谈是很简单的，但两个人在不同地方，要实现很好地交谈就不是那么容易了，在这种情况下，就需要一些工具来帮助，比如电话。在 Java 中，实现客户端/服务器架构系统也有类似于电话这样的工具，被称为基础平台，有了基础平台，实现远程数据访问就变成了轻而易举的事情。

10.1 实战任务十三：确定铃声文件远程上传的编程架构

10.1.1 任务解读

前面项目利用数据库服务器实现了铃声文件的上传和下载，这里采用另一种方式：闹钟工具软件，允许用户将从本地将文件上传到远程服务器主机的指定目录下，也可以从远程服务器主机上将最新的铃声文件下载到本地。要实现这种方式，需要利用网络编程知识，完成文件远程读写操作，我们将其分为两子任务。

1）文件上传——实现将本地文件内容写到远程服务器主机指定目录中。

2）文件下载——实现从远程主机上读取文件，写到本地指定目录中。

本项目实战任务十三、十四、十五均是围绕文件上传功能，进行分析实现，文件下载与上传较为类似，因此，这里仅提供思路，具体实现作为同步练习，由读者完成。

10.1.2 知识学习

1. 初识网络编程

网络编程就是在两个或两个以上的计算机之间传输数据。开发人员要做的事情就是把数据发送到指定的位置，或者接收指定的数据。和普通的单机程序相比，网络程序最大的特点是，参与交换数据的程序分别运行于同一个网络中不同的计算机上，这样就造成了数据交换的复杂性。本项目引文中已提到，Java 提供了类似于电话这样的基础平台，使得具体实现的难度大大降低。基础平台包括网络编程所需的网络协议、套接字和网络类库。我们需要先了解一下网络通信，它是网络编程的基础。

（1）请求-响应模型

网络通信基于“请求-响应”模型。为了理解这个模型，来看一下生活中的一个场景，上课时，老师提问同学，通常的过程是这样的：

老师：请问张同学，你能说出三种 Java 中基本数据类型吗?

张同学：整型、浮点型、双精度。

老师：整型占的字节数是多少?

张同学：4 个字节。

老师：……

上述过程中，老师问、学生答，且只有在老师问的情况下，学生才回答，这样的一问一答形式等同于网络中的“请求-响应”模型，它的特点是，通信的一端发送数据，另一端接收数据，并能返回数据给前者，但如果前者不发送数据，则后者什么都不做。

在网络通信中，第一次主动发起通信的程序，被称作客户端（Client）程序，简称客户端，而在第一次通信中等待连接请求的程序被称作服务器端（Server）程序，简称服务器。一旦通信建立，则客户端和服务器完全一样，没有本质的区别，两者可运行于同一台计算机上，也可以在不同的计算机上。

由客户端和服务器组成的网络编程结构被称为客户端/服务器（Client/Server）结构，简称 C/S 结构。我们大家都用过的 QQ 软件，就是典型的客户端/服务器结构，每个 QQ 用户计算机上运行的程序是客户端，如用户登录向服务器发出连接请求及用户登录信息（用户名和密码），服务器程序则运行于腾讯公司的某台主机上，它会接收用户的登录信息，验证用户是否合法，并返回验证结果给客户端，同时还提供客户端间数据传送等服务。

开发 C/S 结构的软件，需要分别编写客户端和服务器程序，优势在于客户端可以实现更丰富的表现效果，但开发维护成本高，通用性较差。大多数时，可以采用浏览器作为客户端，即浏览器/服务器（Browser/Server）结构，简称 B/S 结构，它的好处是开发维护压力小，只要编写服务器程序即可，但表现力较弱。这两种常用的网络编程结构，可根据项目业务需要来选择。

（2）网络通信方式

主要的网络通信方式有两种：TCP（传输控制协议）方式和 UDP（用户数据报协议）方式。仍以日常生活场景为例，我们常用手机来传递消息，如果使用电话方式，需先打通对方电话，再将事件说清楚（信息发送给对方），可靠但速度慢，与 TCP 类似；而使用短信方式，则可先写好内容直接发送，不过无法确定对方是否收到信息，速度快但不可靠，与 UDP 类似。

TCP 方式：先建立客户端与服务器的虚拟连接，然后进行可靠的数据传输，如果数据发送失败，则客户端会自动重发该数据。适于传输质量要求高的情况，如传送文件或是重要数据。

UCP 方式：不需要事先建立专门的虚拟连接，传输也不是很可靠，如果发送失败，客户端也无法知晓。适用于要求速度快，但对可靠性要求不高的应用场景，如网上聊天。

根据程序功能的具体需要，可以有选择性使用这两种通信方式。

2. 网络协议

网络协议规定了计算机之间连接的物理、机械（网线与网卡的连接规定）、电气（有效的电平范围）等特征以及计算机之间的相互寻址、数据发送冲突的解决、长的数据如何分段传送与接收等规则。简单地说，网络协议是计算机之间交互所要遵循的一系列规则。

网络划分为几个层次，每一层完成相对独立的工作。每一层向比它更高的层提供一些接口，为高层提供服务。在因特网上使用的 TCP/IP 协议簇是网络分层结构的杰出代表，是一个应用广泛的模型，如图 10-1 所示。TCP/IP 协议簇是以传输控制协议 TCP 和网际协议 IP 为核心的一组协议。

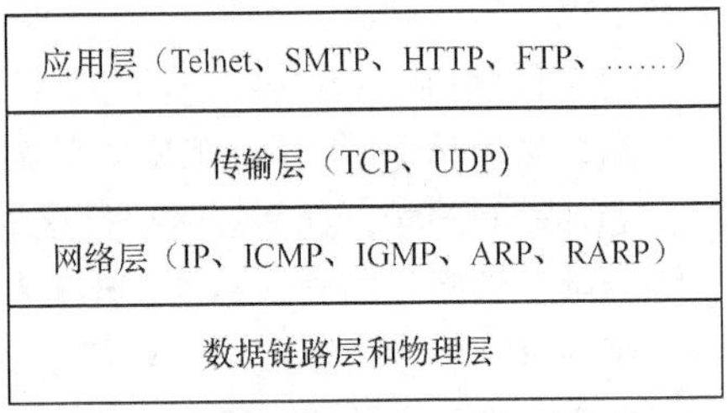

应用层（Telnet、SMTP、HTTP、FTP、……）
传输层（TCP、UDP）
网络层（IP、ICMP、IGMP、ARP、RARP）
数据链路层和物理层

图10-1　TCP/IP协议参考模型

（1）IP 协议

IP 是 Internet Protocol 的简称，意思是“网络之间互联的协议”，也就是为计算机网络相互连接并进行通信而设计的协议。IP 协议规定了计算机在因特网上进行通信时应当遵守的规则，从而能使连接到网上的所有计算机实现相互通信。任何厂家生产的计算机系统，只要遵守 IP 协议就可以与因特网互联互通。因此，IP 协议也可以称作“因特网协议”。

IP 协议中还有一个非常重要的内容，那就是给因特网上的每一个可访问的对象都规定了一个唯一的地址，叫作“IP 地址”。由于有这种唯一的地址，才保证了用户在联网的计算机上操作时，能够高效且方便地从千千万万台计算机中定位自己所需要的那台。

IP 地址在计算机内部的表现形式是一个 32 位的二进制数，实际表现为一个四点格式的数据，由点号（.）将数据分为四个部分，比如 211.184.22.3，每个数字代表一个 8 位二进制数，总共 32 位，刚好是 IP 地址的位数。由于一个 8 位二进制数的最大值为 255，因此，数字范围为 0~255。

（2）TCP 与 UDP 协议

在 TCP/IP 协议簇中，有两个高级协议是网络程序开发人员应该了解的，即传输控制协议 TCP 与用户数据报协议 UDP。

TCP 协议是一种面向连接的协议，面向连接的通信是指通信双方在交换数据前，要建立一个连接（connect），交换完毕后断开连接（disconnect）。它提供了两台计算机之间可靠的数据传送。TCP 可以保证从一端数据送至另一端时，数据能够准确送达，而且抵达的数据的排列顺序和送出时的顺序相同，因此，TCP 协议适合可靠性要求比较高的场合，如文件传送等。

UDP 是面向无连接的协议，不保证数据传输是可靠的，但能够向若干个目标发送数据，接收发自若干个源的数据。采用 UDP 协议传送数据，接收方接收的数据排列顺序和送出时的顺序不一定相同，且有可能部分数据丢失。因此，UDP 协议适合于一些对数据准确性要求不高的场合，如网络聊天室、在线视频等。

3. 套接字

套接字不是一个硬件概念，它包含主机地址与服务端口号，主机地址即客户端或服务器所在计算机的 IP 地址，它用于唯一标识网络上的一个通信实体（计算机），端口号则用于唯一标识通信实体上进行网络通信的程序。套接字可以理解为客户端与服务器之间连线的“两端”。客户端/服务器的通信基于套接字（Socket），客户端创建客户套接字，服务器也有服务器的套接字。双方的套接字建立起连接，数据将通过该连接进行传送。图 10-2 说明了客户端/服务器通信模式。

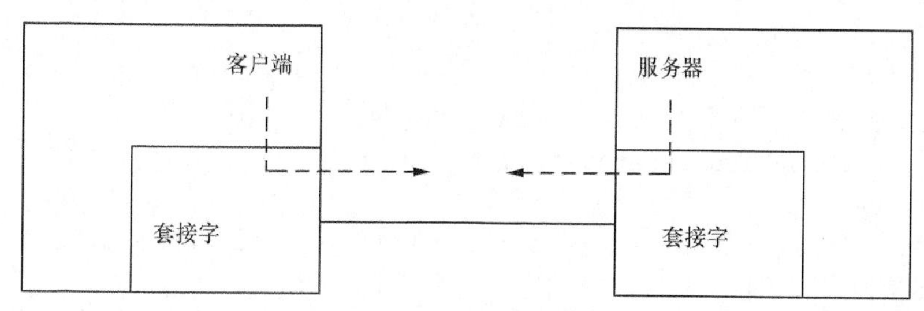

图10-2 客户端/服务器通信模式

套接字中的端口被规定为一个在 0～65535 之间的整数。TCP/IP 模型中的应用层协议，使用的是“著名”（well-known）端口，比如 HTTP 协议使用 80 端口等。也就是说，特定的协议总是使用对应的著名端口。“著名”端口一般取值在 0～255 之间，所以自定义的端口不要选在这个范围之内，以免引起冲突。表 10-1 列出了几个常用协议所使用的端口。

表 10-1　常用协议所使用的端口列表

端口号	应　用
21	FTP，传输文件
23	Telnet，远程登录
25	SMTP，邮件服务
67	BOOTP，提供引导时配置
80	HTTP，Web 服务
109	POP，远程访问邮件

4. Java 网络类

java.net 包包括了有关网络方面的功能，所提供的网络功能可大致分为四大类。

① InetAddress 类，用于标识网络上的硬件资源，主要是 IP 地址。

② URL 类和 URLConnection 类，是网络功能中最高级的一种。利用这些，Java 程序可以直接读取网络上的数据，或者把自己的数据传送到网络的另一端。

③ Socket，即套接字，利用 Socket 进行通信是传统网络程序中最常用的方法。一般在 TCP/IP 网络协议下，客户端/服务器系统都采用 Socket 作为网络交互的方式。

④ Datagram，是网络功能中最简单的一种。以 Datagram 的方式传送数据时，只是把数据的目的地记录在数据包中，然后直接放在网络上传输，系统不保证数据一定能够安全送达，也不保证什么时候到，也就是说，Datagram 不能保证传送质量。后续章节会对 Datagram 类做进一步讲解。

（1）InetAddress 类

用于标识网络上的主机 IP 地址，该类无构造方法，需要通过 getLocalHost 方法获得实例。

例 10-1：InetAddress 类的应用示例。

```
package com.remote.inetaddress;

import java.net.InetAddress;
import java.net.UnknownHostException;

public class InetAddressDemo {

    public static void main(String[] args) {
        // TODO Auto-generated method stub
        try {
            InetAddress address =InetAddress.getLocalHost(); //获取本机的
InetAddress 实例对象
            String host = address.getHostName(); //获取本机的计算机名
            String ip = address.getHostAddress();//获取 IP 地址
            System.out.println(host);
            System.out.println(ip);
            //获取指定主机的 InetAddress 实例
            InetAddress address2 =InetAddress.getByName("指定主机名");
```

```
            System.out.println(address2.getHostName());//获取指定主机的名字
            System.out.println(address2.getHostAddress());//获取指定主机的 IP 地址
        } catch (UnknownHostException e) {
            // TODO Auto-generated catch block
            e.printStackTrace();
        }
    }
}
```

由于主机不同，例 10-1 运行的结果会不一样，要注意代码中的斜体部分需要替换为具体的主机名。

（2）URL 和 URLConnection 类

例 10-2：使用 URL 和 URLConnection 类读取网页内容。

```
package com.remote.url;

import java.io.BufferedReader;
import java.io.InputStreamReader;
import java.net.URL;
import java.net.URLConnection;
import java.util.Date;

public class URLdemo {
    public static void main(String[] args) throws Exception{
        System.out.println("starting…");
        String line;
        URL url=new URL("Http://www.sohu.com");//创建指向互联网资源 URL 对象
        URLConnection urlcon=url.openConnection();//打开到此 URL 的连接
        System.out.println("The date is: "+new Date(urlcon.getDate())); //当前日期
        System.out.println("content_type: "+urlcon.getContentType());//内容类型
        //将字节流转为字符流，作为输入流对象
        BufferedReader buf = new BufferedReader(new InputStreamReader
                                    (urlcon.getInputStream(),"UTF-8"));
        int count = 0;
        while(((line=buf.readLine())!=null)){ //输出该站点网页的前 10 行
            if(count++ > 10) break;
            System.out.println(line);
        }
        buf.close();
    }
}
```

运行结果，如图 10-3 所示。

（3）Socket 类

① Socket 通信模型

Socket 是基于 TCP 协议实现网络通信的类，它包括服务器 ServerSocket 类和客户端 Socket

类。TCP 协议是通过建立连接，形成传输数据的通道，以字节流的方式发送数据，适于进行大量数据的传输，可靠有序，但效率会稍低。

```
starting...
The date is: Sat Aug 12 09:30:49 CST 2017
content_type: text/html;charset=UTF-8
<!DOCTYPE html>
<html>

<head>
<title>搜狐</title>
<meta name="Keywords" content="搜狐,门户网站,新媒体,网络媒体,新闻,财经,体育,娱乐,时尚,汽车,房产,科技,图片,论
<meta name="Description" content="搜狐网为用户提供24小时不间断的最新资讯，及搜索、邮件等网络服务。内容包括全球热
<meta charset="utf-8"/>
<meta http-equiv="X-UA-Compatible" content="IE=Edge,chrome=1"/>
<meta name="renderer" content="webkit">
<meta name="viewport" content="width=device-width, initial-scale=1,maximum-scale=1" />
```

图10-3　例10-2运行结果

基于 TCP 协议的 Socket 通信模型工作过程，如图 10-4 所示。

a. 创建 ServerSocket（服务器套接字）。

b. 调用 accept 方法等待客户端发送连接请求。

c. 客户端创建 Socket，请求与服务器建立连接。

d. 服务器接收客户端的连接请求，同时创建一个新的 Socket 与客户端 Socket 建立连接，随后，服务器将通过 ServerSocket 继续等待新的请求。

e. 当前连接使得客户端和服务器间形成了一个专用的数据通信通道，通过字节流方式，在客户端和服务器间进行数据交换，处理结束后，关闭连接，通道随之消失。

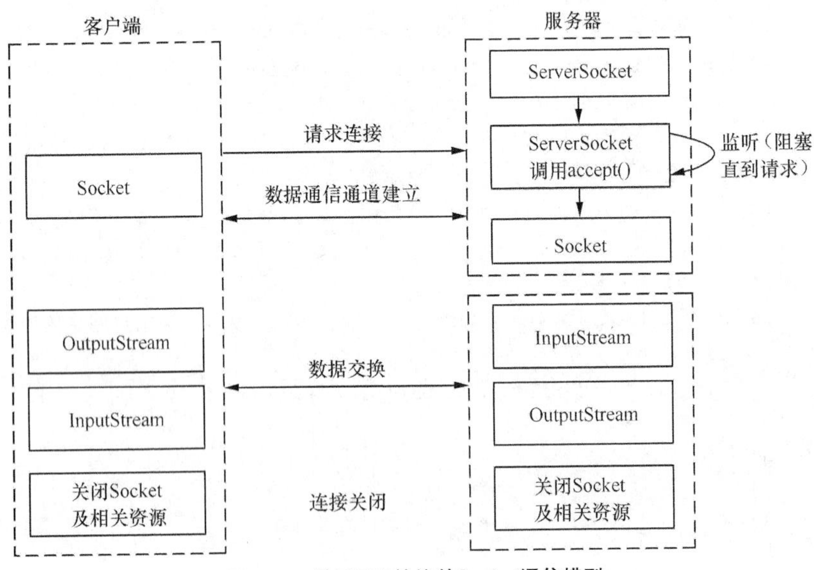

图10-4　基于TCP协议的Socket通信模型

② Socket 网络编程

服务器的编写步骤如下。

a. 创建 ServerSocket 对象，绑定监听端口。

b. 通过 accept 方法监听客户端请求，一旦有请求，将创建 Socket 建立连接。

c. 通过字节输入流读取客户端发来的数据。

d. 通过字节输出流向客户端发回信息。

e. 重复 c、d 步，直到数据接收完毕。

f. 关闭 Socket 及相关资源。

下面来看一下 ServerSocket 类的相关语法。

ServerSocket 类常用的构造方法是 ServerSocket(int port)，它将在指定端口（port）上，建立一个服务器套接字。

ServerSocket 类的常用方法如下。

- accept()：使服务器套接字监听客户端，如有请求接收它，并返回一个新的 Socket 对象与客户建立连接。
- getInetAddress()：返回服务器套接字所在主机的地址。
- getLocalPort()：返回正监听的客户端端口。
- getPort()：返回服务器套接字的端口。
- close()：关闭服务器套接字。

例 10-3：服务器示例。

```
1  package com.remote.aloneCS;

2  import java.io.BufferedReader;
3  import java.io.IOException;
4  import java.io.InputStream;
5  import java.io.InputStreamReader;
6  import java.io.PrintWriter;
7  import java.net.ServerSocket;
8  import java.net.Socket;

9  public class AloneServer {
10     ServerSocket server_socket;
11     Socket s_c_socket;

12     public AloneServer(){
13         serverProcess();
14     }
15     public void serverProcess(){
16         BufferedReader br = null;
17         InputStreamReader is = null;
18         PrintWriter pw = null;
19         try {
20             server_socket = new ServerSocket(2000);//创建 ServerSocket 对象
21             System.out.println("server start…");
22             s_c_socket = server_socket.accept();//监听请求，创建 Socket 对象
```

```
23              //先从客户端读取信息
24              is = new InputStreamReader(s_c_socket.getInputStream());
25              br = new BufferedReader(is);
26              String line = br.readLine();
27              System.out.println("message from client: " + line );
28              //再写回客户端
29              pw = new PrintWriter(s_c_socket.getOutputStream(),true);
30              pw.println("hi, i am server");
31          } catch (IOException e) {
32              // TODO Auto-generated catch block
33              e.printStackTrace();
34          } finally{
35              try{//关闭 Socket 及输入/输出流
36                  if(is != null) is.close();
37                  if(br != null) br.close();
38                  if(pw != null) pw.close();
39                  if(s_c_socket != null) s_c_socket.close();
40              }catch (IOException e) {
41                  e.printStackTrace();
42              }
43          }
44      }

45      public static void main(String[] args) {
46          // TODO Auto-generated method stub
47          new AloneServer();
48      }
49  }
```

例 10-3 中，语句 24 “s_c_socket.getInputStream();” 是获得 Socket 的字节输入流对象；语句 29 “s_c_socket.getOutputStream();” 则是获得 Socket 的字节输出流对象；PrintWriter 类实例时，其构造方法的第二个参数为 true，表示当使用 println 方法时，缓冲区会被自动刷新。

接着，来看一下如何写客户端程序。

客户端程序的编写步骤如下。

a. 创建 Socket 对象，指明需要连接的远程主机地址和端口号，建立连接。

b. 通过输出流向服务器端发送数据。

c. 通过输入流读取服务器的响应信息。

d. 重复 b、c 步，直到数据发送完毕。

e. 关闭 Socket 及相关资源。

相应地，Socket 类常用的构造方法是 Socket(InetAddress address,int port)，它建立套接字，其中 address 是要连接的远程主机地址（服务器所在的主机地址），port 则是端口号。

Socket 类的常用方法如下。

- getInetAddress()：返回套接字所连接的远程主机地址。

- getLocalAddress()：返回套接字连接的本地主机地址。
- getPort()：返回套接字所连接的远程主机端口。
- getInputStream()：返回该套接字的输入流。
- getOutputStream()：返回该套接字的输出流。

例 10-4：对应例 10-3 的客户端示例。

```
package com.remote.aloneCS;

import java.io.BufferedReader;
import java.io.IOException;
import java.io.InputStreamReader;
import java.io.PrintWriter;
import java.net.Socket;
import java.net.UnknownHostException;

public class AloneClient {
    Socket c_socket;

    public AloneClient(){
        clientProcess();
    }

    public void clientProcess(){
        BufferedReader systemBufr = null;
        BufferedReader serverBufr = null;
        PrintWriter pw =  null;
        try {
            //创建 socket 对象，请求服务器建立连接
            c_socket = new Socket("127.0.0.1", 2000); //127.0.0.1 表示本地主机
            //从控制台读入用户信息
            InputStreamReader systemIsr = new InputStreamReader(System.in);
            systemBufr = new BufferedReader(systemIsr);
            String c_line = systemBufr.readLine();
            //先写到网络输出流对象
            pw = new PrintWriter(c_socket.getOutputStream(),true);
            pw.println(c_line);
            //再从网络输入流中读取数据
            InputStreamReader serverIsr = new
                            InputStreamReader(c_socket.getInputStream());
            serverBufr = new BufferedReader(serverIsr);
            String s_line = serverBufr.readLine();
            System.out.println("message from server: " + s_line);
        } catch (UnknownHostException e) {
            // TODO Auto-generated catch block
```

```
                e.printStackTrace();
            } catch (IOException e) {
                // TODO Auto-generated catch block
                e.printStackTrace();
            } finally{
                try {
                    if(systemBufr != null) systemBufr.close();
                    if(pw != null) pw.close();
                    if(serverBufr != null) serverBufr.close();
                    if(c_socket != null) c_socket.close();
                    System.out.println("client is over");
                } catch (IOException e) {
                    e.printStackTrace();
                }
            }
        }

        public static void main(String[] args) {
            // TODO Auto-generated method stub
            new AloneClient();
        }
    }
```

特别要注意的是，数据交换过程的顺序，客户端和服务器端不可同时为输入或输出方。

同步练习：编写客户端和服务器，使得客户端能够多次发送消息给服务器，服务器每收到一条信息，都向客户端返回收到确认信息，当客户端发送“bye”时，服务器将停止接收信息。

10.1.3 任务实施

文件远程上传程序具有典型的客户端/服务器结构，且要求数据的传送是在一个可靠的数据通道上进行，因此，应采用基于 TCP 的网络通信，即利用 Socket 类编写网络通信程序。

同步练习：设计文件下载的客户端/服务器模型，并描述利用该模型实现文件下载的工作过程。

10.2 实战任务十四：实现铃声文件远程上传模块的服务器

10.2.1 任务解读

满足铃声文件上传功能要求的服务器程序，需要具有以下功能。

1）服务器应能够接收客户端发来的上传文件请求。

2）服务器应能够读取铃声文件内容。

3）服务器能够同时满足多个客户端的访问需要。

由图 10-4 可知，服务器创建 ServerSocket 套接字对象后，会一直监听客户端，一旦有请求发来，ServerSocket 套接字对象会随即创建一个 Socket 对象，与请求方客户端 Socket 建立通信连接。当多个客户端发来请求时，将会有多个请求先后或者同时发送至服务器，需要多线程机制的支持，即服务器主线程只负责监听和接收请求，以及创建连接，而数据通道建立后的数据交换由子线程完成。

10.2.2 任务实施

（1）创建服务器类

闹钟工具软件的服务器类为 AlarmServer，在其构造方法中，创建服务器套接字 ServerSocket 对象（下面代码片段中的黑体字部分）。

```
public class AlarmServer {
    ServerSocket s_socket;
    Socket c_socket;
        public AlarmServer (){
            try{
                //创建 ServerSocket 对象，监听端口为 8901
                s_socket = new ServerSocket(8901);
                System.out.println("server thread is start…");
            }catch(IOException e){
                System.out.println("server is not start");
                e.printStackTrace();
            }
            System.out.println("Server is listening…");


        }
    }
```

（2）服务器的监听处理

服务器主要工作是监听和接收请求，并创建子线程。由子线程来处理与客户端的数据传输，服务器主线程不参与。如果有多个客户端请求，服务器在接收并处理好一个请求后，将需要继续监听，以便为其他客户端提供服务。

ServerSocket 类的 accept 方法是一个阻塞式方法，无请求时该方法没有任何操作，一旦有请求发来，则创建并返回 Socket 对象，创建子线程 TransferLoad，接收客户端上传的文件。打个比喻，ServerSocket 对象好比饭店门口的礼仪小姐，当有顾客进来时，就领顾客进门，然后招呼其他服务员为顾客提供餐饮服务，那么，服务员相当于 TransferLoad 线程对象，接下来，礼仪小姐继续回到饭店门口等待下一位顾客。

监听线程处理代码如下：

```
while(true){ //无限循环
    try {
        //调用了阻塞方式的 accept 方法，监听客户请求
        c_socket = s_socket.accept();
        //一旦接收到客户端请求，返回 Socket 对象，读取客户端请求类型
        //并启动相应线程为客户端服务
        br = new BufferedReader(
```

```
                                    new InputStreamReader(c_socket.getInputStream()));
                String str = br.readLine();
                if(str == null) break;
                if(str.equals("upload")){   //客户端发来上传文件请求消息
                    new TransferLoad(c_socket).start();//创建线程读取客户端数据
                }
            } catch (IOException e) {
                e.printStackTrace();
            }
```

（3）数据通信类

TransferLoad 线程类是服务器端的数据通信类，其主要任务是：在服务器与客户端套接字连接建立后，负责与客户端之间的数据通信工作（数据交换）。具体地说，先读取客户端上传的铃声文件，并将文件内容写入服务器本地指定目录下的文件中。数据通信，包括数据的输入和输出操作，在该任务中，铃声文件以字节流形式传至服务器端，服务器端读取后转为 DataInputStream（对应客户端的输出流）形式，再以 FileOutputStream 输出流形式，写入到指定目录下的文件中。

（4）服务器完整代码

```
/**
*铃声文件远程上传的服务器类
**/
package com.example.server;

import java.io.BufferedInputStream;
import java.io.BufferedOutputStream;
import java.io.BufferedReader;
import java.io.BufferedWriter;
import java.io.DataInputStream;
import java.io.DataOutputStream;
import java.io.File;
import java.io.FileInputStream;
import java.io.FileOutputStream;
import java.io.IOException;
import java.io.InputStreamReader;
import java.io.OutputStreamWriter;
import java.io.PrintWriter;
import java.math.RoundingMode;
import java.net.ServerSocket;
import java.net.Socket;
import java.text.DecimalFormat;
import java.util.ArrayList;
import java.util.List;
```

```
public class AlarmServer {
    ServerSocket s_socket;
    Socket c_socket;
    BufferedReader br;
    PrintWriter pw;

    public AlarmServer(){
        try {//创建 server socket，端口设为 8901
            s_socket = new ServerSocket(8901);
            System.out.println("Server thread is start…");
        } catch (IOException e1) {
            e1.printStackTrace();
        }
        while(true){
            try {
                c_socket = s_socket.accept(); //接收客户端请求
                br = new BufferedReader(new
                    InputStreamReader(c_socket.getInputStream()));
                String str = br.readLine();
                if(str == null) break;
                if(str.equals("upload")){
                    new TransferLoad(c_socket).start();//创建线程，读取客户端数据
                }
            } catch (IOException e) {
                // TODO Auto-generated catch block
                e.printStackTrace();
            }
        }
    }

    //内部类：与客户端交互线程，用于读取客户端上传的文件
    class TransferLoad extends Thread{
        Socket c_socket ;
        DataInputStream dis ;
        FileOutputStream fos;
        BufferedOutputStream buf_os;

        File directory;
        File file;
        String fileName;
        long fileLength;

        public TransferLoad(Socket c_socket){
            this.c_socket = c_socket;
```

```
        }

        public void run(){
            //读取文件头部信息
            fileName = null;
            fileLength = 0;
            try {
                //创建输入流对象
                dis = new DataInputStream(this.c_socket.getInputStream());
                byte[] nameBytes = new byte[1024];
                fileName = dis.readUTF(); //读取文件名
                fileLength = dis.readLong();//读取文件长度
            } catch (IOException e1) {
                // TODO Auto-generated catch block
                e1.printStackTrace();
            }

            //设置文件保存目录
            directory = new File(AlarmServer.class.getResource("/").getPath()
                                + File.separatorChar + "resource" );
            if(!directory.exists()){
                directory.mkdir();
            }
            //创建文件对象
            file = new File(directory.getAbsolutePath() + File.separatorChar +
fileName);
            //按字节数组读取文件并保存到指定路径
            try {
                fos = new FileOutputStream(file);
                buf_os = new BufferedOutputStream(fos);
                byte[] r_bytes = new byte[1024];
                while(dis.read(r_bytes, 0, r_bytes.length) != -1){
                    buf_os.write(r_bytes);
                    buf_os.flush();
                }
            } catch (IOException e) {
                // TODO Auto-generated catch block
                e.printStackTrace();
            } finally{
                try {
                    if(dis != null) dis.close();
                    if(buf_os != null) buf_os.close();
                    if(fos != null) fos.close();
                    if(c_socket != null) c_socket.close();
```

```
                } catch (IOException e) {
                    // TODO Auto-generated catch block
                    e.printStackTrace();
                }
            }
            System.out.println(fileName);
            System.out.println("文件上传成功[文件名：" + fileName + "；文件大小：" +
                        getFileSize(fileLength) + "] ");
        }
    }

    //格式化文件长度
    private String getFileSize(long bytes){
        // 设置数字格式，保留一位有效小数
        DecimalFormat df = new DecimalFormat("#0.0");
        df.setRoundingMode(RoundingMode.HALF_UP); //四舍五入
        double size = ((double)bytes)/ (1<<30); // 1 GB = 1024 MB = 2^30 bytes
        if(size >= 1) return df.format(size) + "GB";
        size = ((double)bytes)/ (1<<20); //1 MB = 1024 KB = 2^20 bytes
        if(size >= 1 ) return df.format(size) + "MB";
        size = ((double)bytes)/ (1<<10);// 1KB = 1024 bytes =2^10 bytes
        if(size >= 1 ) return df.format(size) + "KB";
        return df.format(size) + "B";
    }
    public static void main(String[] args){
        new AlarmServer();
    }
}
```

代码解释：run 方法完成了两个工作，一是从套接字输入流读取文件信息和文件内容，二是将所读取的文件保存到服务器本地指定目录下。

同步练习：音乐播放器项目 MusicPlayerProj 中，利用客户端/服务器模型实现音乐下载，编写服务器程序。

练习提示：从服务器下载文件的前提是，服务器目录上已准备了多个文件，服务器程序的功能应包括负责将其本地目录上的文件列表，发送给客户端；以及逐个读取文件，传送给客户端。

10.3 实战任务十五：实现铃声文件远程上传模块的客户端

10.3.1 任务解读

闹钟工具软件中，在单击“上传铃声”菜单项，打开文件选择对话框，选中要上传的文件时，该文件将会被发送给远程主机上的服务器程序，由服务器程序读取文件内容，并将文件保存到服务器本地指定目录下。通过创建一个客户端程序，能够连接服务器，将铃声文件发送至服务器，并能接收服务器返回的信息。

10.3.2 任务实施

（1）客户端套接字

明确客户端需要连接的服务器 IP 地址和套接字端口，以便创建客户端套接字对象。假设服务器所在主机地址为 172.16.10.1，套接字端口号为 8901，则客户端套接字对象为：

```
Socket clientSocket = new Socket("172.16.10.1",8901);
```

如果客户端和服务器在同一台主机上，可以使用“127.0.0.1”或“localhost”表示本地 IP 地址。

（2）数据通信类

UploadFiles 类是客户端的数据通信类。客户端连接服务器成功之后，UploadFiles 类的工作内容与服务器端 TransferLoad 类类似，但读取操作顺序正好相反。具体地说，建立客户端与服务器的连接，上传铃声文件到服务器端，通过 FileInputStream 输入流从本地读取铃声文件内容，再使用 DataOutputStream 流对象将读到的文件内容写入套接字输出流，传递给服务器。

（3）客户端完整实现代码

```
   /**
   *铃声文件远程上传的客户端
   **/
1  package com.alarm.utility;

2  import java.io.BufferedInputStream;
3  import java.io.BufferedReader;
4  import java.io.DataInputStream;
5  import java.io.DataOutputStream;
6  import java.io.File;
7  import java.io.FileInputStream;
8  import java.io.FileNotFoundException;
9  import java.io.IOException;
10 import java.io.PrintWriter;
11 import java.net.Socket;

12 public class UploadFiles {
13     Socket client_socket;
14     PrintWriter pw;
15     BufferedReader br;
16     DataInputStream dis;
17     DataOutputStream dos;
18     FileInputStream fis;
19     BufferedInputStream buf_is;
```

```
20      File file;
21      String filePath;

22      //上传多个文件
23      public boolean UploadHandle(File[]  files){
24          boolean rs = false;
25          int count = 0;
26          for(int i = 0; i < files.length; i++){
27              rs = sendFile(files[i]);
28              if(rs) count++;
29          }
30          return (count == files.length)?true:false;
31      }

32      //与服务器通信
33      public boolean sendFile(File file){
34          boolean flag = false;
35          try {
36              client_socket = new Socket("127.0.0.1",8901);
37              //向服务器发消息，要求上传文件
38              pw = new PrintWriter(this.client_socket.getOutputStream(), true);
39              pw.println("upload");

40              //创建输入输出流
41              fis = new FileInputStream(file);
42              buf_is = new BufferedInputStream(fis);
43              dos = new DataOutputStream(this.client_socket.getOutputStream());
44              //向服务器传文件名、长度
45              String name = new String(file.getName().getBytes(), "utf-8");
46              dos.writeUTF(name); //写文件名
47              dos.writeLong(file.length()); //将文件长度写入输出流
48              //向服务器发送文件内容
49              byte[] i_byte = new byte[1024];
50              while(buf_is.read(i_byte, 0, i_byte.length) != -1){
51                  dos.write(i_byte);
52                  dos.flush();
53              }
54              flag = true;
55          } catch (FileNotFoundException e) {
56              // TODO Auto-generated catch block
57              e.printStackTrace();
58          } catch (IOException e) {
59              // TODO Auto-generated catch block
60              e.printStackTrace();
```

```
61          }finally{
62              try {
63                  if(buf_is != null) buf_is.close();
64                  if(fis != null) fis.close();
65                  if(dos != null) dos.close();
66                  if(client_socket != null) client_socket.close();
67              } catch (IOException e) {
68                  // TODO Auto-generated catch block
69                  e.printStackTrace();
70              }
71          }
72          return flag;
73      }
74  }
```

代码解释：

1）UploadHandle 方法，通过循环实现多个文件的上传。

2）sendFile 方法，负责每个文件上传功能的具体实现，即与服务器的通信，包括向服务器发请求建立连接，读取客户端本地文件，将文件内容写到套接字输出流。

3）语句 43 使用 DataOutputStream 输出流对象，原因是写的内容包括不同类型的数据，如文件名为 String，文件长度 Long，文件内容为 byte[]，对应的服务器端也会采用同样的方式，读取套接字输入流。

4）语句 45 将字符串的编码格式指定为 UTF-8，可避免传到服务器，服务器端出现乱码。

同步练习：音乐播放器项目 MusicPlayerProj 中，利用客户端/服务器模型实现音乐下载，编写客户端程序。

练习提示：客户端下载文件时，可先读取服务器系统目录上的文件列表，再逐个去读取每个文件。充分利用前面练习已写的代码。

10.4 拓展任务：实现消息的快速传递

10.4.1 任务解读

对于效率要求高，但准确性要求相对低的消息传递，如网络电话、视频，或是聊天等，TCP 协议显然不太适用，前面所讲的另一种传输协议 UDP，适于可靠性要求不高，但能够提供较快的传送效果，符合任务中所提出的要求。

10.4.2 知识学习

数据报 Socket 编程

基于 UDP 协议的网络通信，由于无须事先建立连接，相对而言，实现起来较为简单。对应的是 java.net 包中的 Datagram（数据报）类，数据报是通过网络传输数据的基本单元，包含数据报头和数据本身，其中报头描述了数据的目的地以及和其他数据之间的关系。它具有许多不确定因素，如到达时间、到达内容、是否能到达等。

java.net 包中有两个类 DatagramSocket 和 DatagramPacket，为基于 UDP 协议的网络通信编程提供服务。

基于 UDP 协议的客户端和服务器通信的实现步骤如下（见图 10-5）。

1）创建 DatagramSocket 类对象，建立数据报 Socket，DatagramSocket 的构造方法有两种。

① public DatagramSocket()：构造一个数据报 Socket，并使其与本地主机任一可用的端口绑定。若无法打开 Socket，则抛出 SocketException 异常。

② public DatagramSocket(int port)：构造一个数据报 Socket，并使其与本地主机指定的端口绑定。若无法打开 Socket 或 Socket 无法与指定的端口绑定，则抛出 SocketException 异常。

2）利用 DatagramPacket 类，创建 DatagramPacket 对象，它是一个数据容器，用于将需要发送或者接收到的数据打包，称为数据包，包括数据、包长度、目标地址和目标端口。作为客户端发送数据时，需要创建一个包含待发数据的 DatagramPacket 对象，采用的构造方法为：

```
DatagramPacket(byte bufferedarray[],int length,InetAddress address,int port)
```

其中 bufferedarray 字节数组，保存要发送的数据，length 是数据长度，该长度值必须小于等于 bufferedarray.length，address 是接收数据的服务器 IP 地址，port 则是服务器端口号。

DatagramPacket 类提供了以下几个方法来获取数据包相关信息。

① public byte[] getData()：返回发送/接收的数据包的数据。

② public int getLength()：返回发送/接收数据包的数据的长度。

③ public InetAddress getAddress()：返回发送/接收数据包的主机 IP 地址。

④ public int getPort()：返回发送/接收数据包的主机的端口号。

3）发送数据。调用 DatagramSocket 对象的 send 方法，将封装在 DatagramPacket 对象中的数据发送出去。

4）接收数据。作为服务器接收数据，需要创建 DatagramPacket 对象，该实例预先分配了一些空间，用于存储接收到的数据，使用的构造方法为：

```
DatagramPacket(byte[] bufferedarray,int length)
```

这里只需要指明用于存储接收数据的缓冲区和长度即可。

然后，调用 DatagramSocket 对象的 receive 方法，以 DatagramPacket 对象为参数，接收数据包中的数据，该方法会一直阻塞，直到收到一个数据包，并存于 DatagramPacket 对象的缓冲区中。从数据包中，可以获取发送者 IP 地址、主机端口号等信息。

5）使用所接收的数据，实现程序逻辑处理。

6）网络通信结束后，使用 DatagramSocket 对象的 close 方法，关闭数据报 Socket。JVM 会自动释放 DatagramSocket 和 DatagramPacket 所占用的资源。

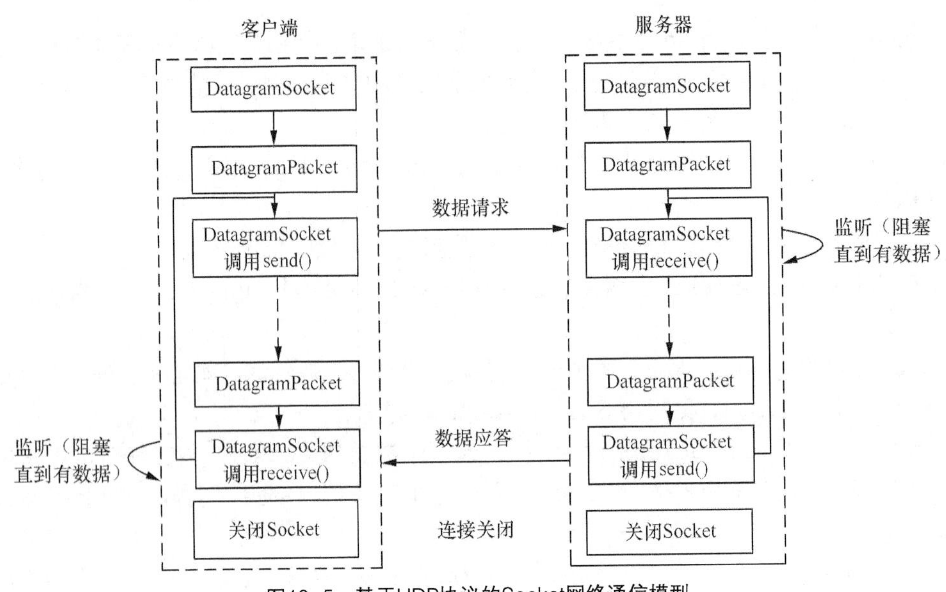

图10-5　基于UDP协议的Socket网络通信模型

10.4.3　任务实施

（1）服务器完整代码

```
package com.remote.udp;

import java.io.IOException;
import java.net.DatagramPacket;
import java.net.DatagramSocket;
import java.net.SocketException;

public class UDPServerCommunication{

    public static void main(String[] args){
        try{
            //创建数据报套接字
            DatagramSocket receiveSocket=new DatagramSocket(5000);
            byte buf[]=new byte[1000];
            //创建数据包对象，接收报文
            DatagramPacket receivePacket=new DatagramPacket(buf,buf.length);
            System.out.println("Starting to receive packet");
            while(true){
                receiveSocket.receive(receivePacket);//接收数据包
                //获得接收该数据包的主机地址
                String name=receivePacket.getAddress().toString();
                System.out.println("host name: "+name+" port:
                                    "+receivePacket.getPort());
```

```
                //获得数据包中的数据
                String s=new String(
                    receivePacket.getData(),0,receivePacket.getLength());
                System.out.println("The receive data: "+s);
                receiveSocket.close();
            }
        }catch(SocketException e){
            e.printStackTrace();
            System.exit(1);
        }catch(IOException e){
            e.printStackTrace();
        }
    }
}
```

这里，服务器采用循环方式，可以接收客户端多次发来的数据请求。

（2）客户端完整代码

```
package com.remote.udp;

import java.io.IOException;
import java.net.DatagramPacket;
import java.net.DatagramSocket;
import java.net.InetAddress;
import java.net.SocketException;

public class UDPClientCommunication{
    public static void main(String[] args){
        try{
            //创建数据报套接字
            DatagramSocket sendSocket=new DatagramSocket(1111);
            String str="Send data to server";
            byte[] databyte=new byte[100];
            databyte=str.getBytes();
            //创建数据包对象，发送报文
            DatagramPacket sendPacket=new DatagramPacket(
                databyte,str.length(),InetAddress.getByName("127.0.0.1"),5000);
            sendSocket.send(sendPacket);//发送数据包
            System.out.println("Send the data:hello ! this is the client");
            sendSocket.close();
        }catch(SocketException e){
            e.printStackTrace();
        }
        catch(IOException e){
            e.printStackTrace();
```

```
            }
        }
    }
```

客户端实现了发送数据请求的功能，但只发送一次，如果发送多次需要利用循环实现，具体实现与服务器类似，请读者自行补充。

同步练习：创建基于 UDP 协议的客户和服务器程序，实现客户端和服务器间的消息传送，且客户端和服务器端均是既可发送信息，也可接收信息。

知识梳理

- 网络编程是指在两个或两个以上的计算机之间传输数据，即通过编程实现将数据发送到指定的位置，或者接收指定的数据。通常，将发送数据方称为客户端，将接收数据方称为服务器。
- 网络编程的特点是参与交换数据的程序分别运行于同一个网络中不同的计算机上，使得数据交换有较大的复杂性。
- 网络编程是对数据交换的实现，即编写网络通信程序，而网络通信是位于网络上不同位置的源主机（计算机）和目的主机（计算机）间信息交互的过程。端口用于表示源和目的主机位置，其中物理端口即 IP 地址唯一标识主机在网络中的物理地址，是由“.”分隔的 4 个 0～255 数字组成，逻辑端口（port）则唯一标准主机上某个进程的逻辑地址，是一个 0～65535 之间的整数，但开发程序时应选用大于 256 的逻辑端口，避免与全球公用的端口冲突；网络协议用于规定源和目的主机之间信息交互的规则，包括数据格式、连接方式等。
- 网络通信是基于“请求—响应”模型，即客户端发送请求，服务器才接收请求并进行相应处理后，返回响应结果；网络通信方式包括面向连接和无连接两种，前者对应 TCP 协议，后者采用 UDP 协议。
- Java 为网络编程提供的支持，包括网络协议、套接字（Socket）和网络类库，相关类在 java.net 包中，使得网络编程变得更为容易。套接字（Socket）是为网络服务提供的一种机制，通信的两端都有 Socket，Socket 与源/目的主机 IP 地址和端口（逻辑端口）绑定，使得网络通信变成了 Socket 间的通信，数据在两个 Socket 间，通过字节流方式的 I/O 进行传输。
- Java 中基于 TCP 协议的网络编程，其实现方法是服务器创建 ServerSocket，调用 accept 方法监听，接收到客户端请求将创建 Socket，与客户端建立通信通道，进行数据交换。如果服务器需要为多个客户端提供服务，则需要使用多线程机制来实现。
- Java 中基于 UDP 协议的网络编程，其实现方法是服务器创建 DatagramSocket 对象，以及用于接收数据的 DatagramPacket 对象，调用 receive 方法监听，等待接收客户端数据请求，客户端创建 DatagramSocket 对象，及用于发送数据的 DatagramPacket 对象，调用 send 方法完成数据请求的发送。

Java

Appendix

附录
知识图谱

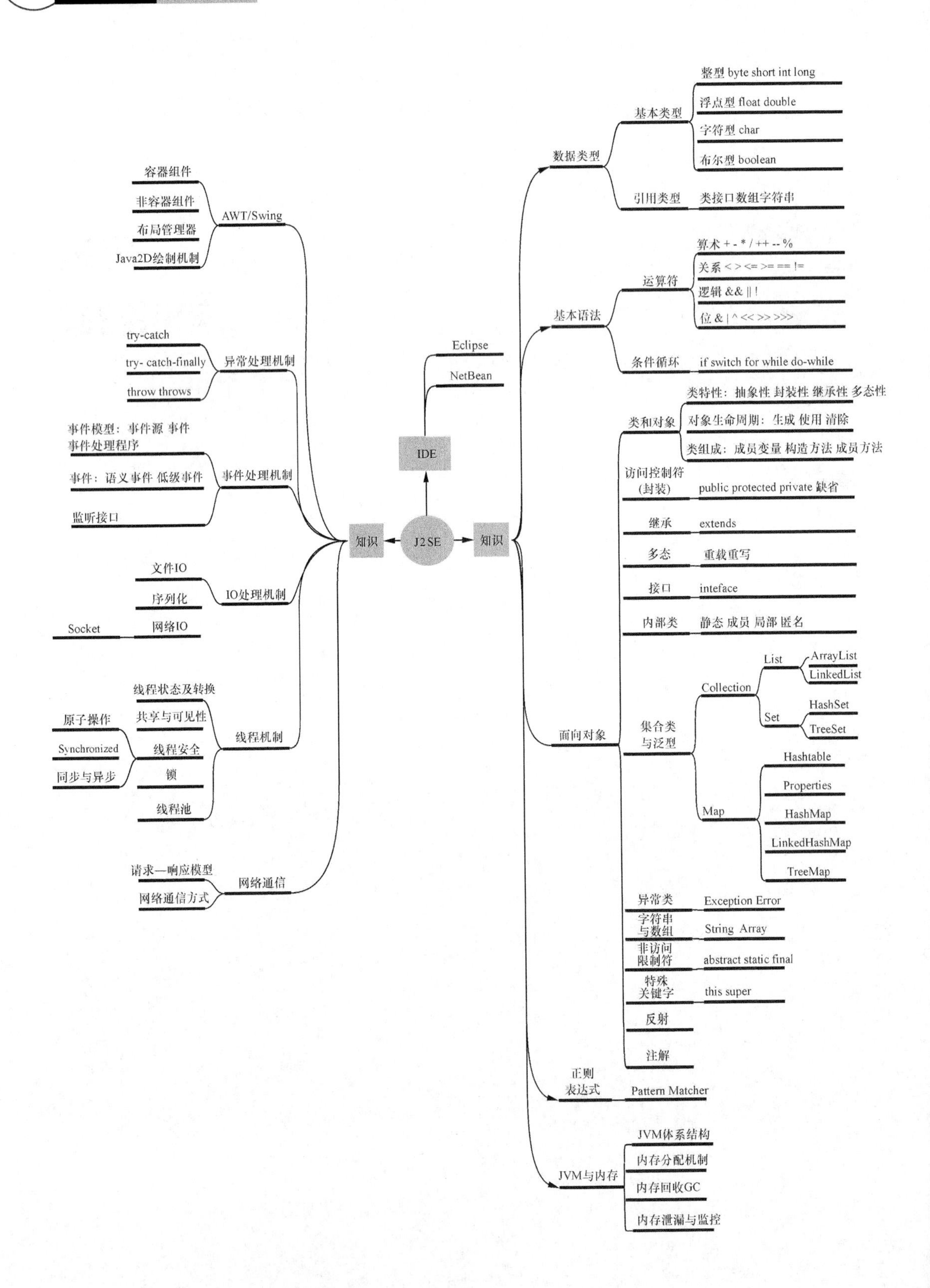
J2 SE
IDE
Eclipse
NetBean
知识
AWT/Swing
容器组件
非容器组件
布局管理器
Java2D绘制机制
异常处理机制
try-catch
try- catch-finally
throw throws
事件处理机制
事件模型：事件源 事件
事件处理程序
事件：语义事件 低级事件
监听接口
IO处理机制
文件IO
序列化
网络IO
Socket
线程机制
线程状态及转换
共享与可见性
线程安全
锁
线程池
原子操作
Synchronized
同步与异步
网络通信
请求—响应模型
网络通信方式
知识
数据类型
基本类型
整型 byte short int long
浮点型 float double
字符型 char
布尔型 boolean
引用类型
类接口数组字符串
基本语法
运算符
算术 + - * / ++ -- %
关系 < > <= >= == !=
逻辑 && || !
位 & | ^ << >> >>>
条件循环
if switch for while do-while
面向对象
类和对象
类特性：抽象性 封装性 继承性 多态性
对象生命周期：生成 使用 清除
类组成：成员变量 构造方法 成员方法
访问控制符
(封装)
public protected private 缺省
继承
extends
多态
重载重写
接口
inteface
内部类
静态 成员 局部 匿名
集合类
与泛型
Collection
List
ArrayList
LinkedList
Set
HashSet
TreeSet
Map
Hashtable
Properties
HashMap
LinkedHashMap
TreeMap
异常类
Exception Error
字符串
与数组
String Array
非访问
限制符
abstract static final
特殊
关键字
this super
反射
注解
正则
表达式
Pattern Matcher
JVM与内存
JVM体系结构
内存分配机制
内存回收GC
内存泄漏与监控